地方电厂运行人员技术等级考核题库

第二版

电 厂 化 学

辽宁省电力工业局 组编　　张慧 主编

中国电力出版社
CHINA ELECTRIC POWER PRESS

内 容 提 要

近 10 多年来，全国有一大批地方电厂、企业自备电厂和热电厂的 6～100MW 火力发电机组相继投产，运行岗位新职工和生产人员迅速增加。为了搞好运行生产人员岗位技术培训和技能鉴定，按照部颁《国家职业技能鉴定规范·电力行业》、《电力工人技术等级标准》和《火力发电厂运行岗位规范》以及运行规程的要求，突出岗位重点、注重操作技能、便于考核培训等，组织专家对 1996 年出版的第一版内容进行了全面修订和出版了《地方电厂运行人员技术等级考核题库》（第二版），分为锅炉运行、汽轮机运行、电气运行、热工控制与运行和电厂化学 5 册，并与《地方电厂岗位运行培训教材》（第二版）相配套使用。

本书是《地方电厂运行人员技术等级考核题库（第二版）》（电厂化学），共分 4 章，内容包括化学基础知识、分析化学、电厂水化验、电厂水处理运行、电力用油、燃料化验等专业知识及操作技能。

全书内容广泛、重点突出，按照电厂化学运行岗位初、中、高三个等级进行编写，分填空、判断、选择、计算、问答等五类题型，并附有答案。

本书是作为全国地方电厂、企业自备电厂和热电厂 6～100MW 火力发电机组、具有高中及以上文化程度的电厂化学生产人员、工人、技术人员、管理干部以及有关电厂化学专业师生等的岗位技能与职业技能的培训认定和晋升技术等级的考核依据。

图书在版编目（CIP）数据

地方电厂运行人员技术等级考核题库．电厂化学/张慧主编；辽宁省电力工业局组编．—2 版．—北京：中国电力出版社，2007.1（2020.6 重印）
ISBN 978-7-5083-4815-5

Ⅰ．地…　Ⅱ．①张…②辽…　Ⅲ．①火电厂－运行－资格考核－习题②火电厂－电厂化学－资格考核－习题　Ⅳ．TM621-44

中国版本图书馆 CIP 数据核字（2006）第 107343 号

中国电力出版社出版、发行
（北京市东城区北京站西街 19 号　100005　http://www.cepp.sgcc.com.cn）
三河市航远印刷有限公司印刷
各地新华书店经售
＊
1996 年 12 月第一版
2007 年 1 月第二版　　2020 年 6 月北京第八次印刷
850 毫米×1168 毫米　32 开本　12.5 印张　331 千字
印数18031—19030 册　定价46.00 元

电力工业部水电开发与农村电气化司
关于推荐《地方电厂岗位运行培训教材》
一书的通知

（办农电〔1993〕155 号）

各省、市、自治区电力局（农电局）：

近些年来，一大批小型供热发电机组相继投产，运行岗位新人员迅速增加。尽快提高运行人员技术素质，是确保地方电厂和电网安全经济运行的当务之急。

为了搞好运行人员技术培训，按部颁《国家职业技能鉴定规范·电力行业》、《电力工人技术等级标准》（火力发电部分）和《火力发电厂运行岗位规范》的要求，我司委托辽宁省电力工业局，组织有较深造诣和现场经验丰富的技术人员，经过三年多的时间，编写出一套《地方电厂岗位运行培训教材》，分锅炉、汽轮机、电气、热工、化学等五个专业分册。本教材在收集近年来许多电厂运行资料的基础上，结合地方电厂运行人员的实际水平，在理论上由浅入深，在实际上注重可操作性，是小型火力发电厂运行人员岗位培训和技能鉴定的理想教材。本教材将配有初、中、高三个技术等级的考核题库，可作为认定和晋升技术等级的考核依据。

1993 年 6 月 2 日

前　言

　　近 10 多年来，有一大批地方电厂、企业自备电厂和小型供热发电厂的发电机组相继投产，运行岗位新职工和生产人员迅速增加。尽快提高运行人员的技术水平，是确保地方电厂和电网安全经济运行的当务之急。

　　为了搞好运行人员技术培训和技能鉴定，参照部颁《国家职业技能鉴定规范·电力行业》、《电力工人技术等级标准》（火力发电部分）和《火力发电厂运行岗位规范》的要求，1993 年受电力工业部水电开发和农村电气化司委托，辽宁省电力工业局组织大连电力学校和一些地方电厂具有丰富现场运行经验和教学经验的工程技术人员和教师，经过三年多的时间，于 1995 年 4 月编写并由中国电力出版社出版了本套《地方电厂岗位运行培训教材（第一版）》，本次是对第一版进行全面修订，并将本套教材分为锅炉运行、汽轮机运行、电气运行、热工控制与运行和电厂化学五个分册。

　　本套教材根据地方电厂发电设备运行的实际情况和运行人员的特点，从实用性出发，在系统、全面的基础上，依据规范标准，理论突出重点，实践注重技能操作，便于自学、培训和考核，对地方电厂运行工人和生产人员掌握应知专业理论知识和应会操作技能将起很大作用。

　　本套教材作为从事 6 ~ 100MW 火力发电机组运行工作、具有高中文化程度的运行人员培训教材，也可作为电力中等职业学校和技工学校的教材。

　　为配合本套教材的教学、考核命题以及运行生产人员平时带着问题自学的需要，我们还将对 1996 年底与《地方电厂岗位运行培训教材（第一版）》相配套编写出版的一套《地方电厂运行人员技术等级考核题库（第一版）》进行全面修订，也分为锅炉运行、汽轮机运行、电气运行、热工控制与运行和电厂化学五个分册，并与本套教材的第二版相配套，以满足培训和考核需要。

《地方电厂运行人员技术等级考核题库（第二版）》（电厂化学）是根据部颁《国家职业技能鉴定规范·电力行业》、《电力工人技术等级标准》（火力发电部分）和《火力发电厂运行岗位规范》的要求，结合地方电厂现状进行编写的，是作为地方电厂、企业自备电厂和热电厂 6～100MW 火力发电机组电厂化学生产人员的岗位技能与职业技能的培训认定和晋升技术等级的考核依据。

《地方电厂运行人员技术等级考核题库（第二版）》（电厂化学）由大连电力学校张慧担任主编，并改编了第一、二、四章内容，金昌改编了第三章内容。本书第一版由金昌主编，张慧编写第一、二章，金昌编写第三章，安德轩编写第四章。本书由大连电力学校于萱审稿，最后由辽宁省电力工业局张金凯审定。

由于编者水平和经历有限，书中难免存在不妥之处，希望读者批评指正。

编　者

2005 年 12 月

目　录

第一章 油 务 员

第一节 初 级 工

一、填空题

1. 油品闪点测定法之所以要分成闭口杯法和开口杯法，主要决定于油品的 ① 和 ② 。

答：①性质；②使用条件。

2. 乳化液有两种类型：一种叫"油包水"型乳化液，又叫 ① ；另一种叫"水包油"型乳化液，又叫 ② 。

答：①憎水型乳化液；②亲水型乳化液。

3. 油品的低温流动性是指油品的黏度随温度的降低而 ① ，即其流动性逐渐变 ② 的特性。

答：①增大；②差。

4. 在低温时，油品失去流动性的原因有两个方面，一是 ① ；二是 ② 。

答：①黏温凝固；②构造凝固。

5. 破乳化剂又称 ① ，能提高油品的 ② 性能，并能使油水乳化液迅速分离。

答：①抗乳化剂；②抗乳化。

6. 一般，汽轮机油形成乳状液的条件有三个：一是 ① ；二是 ② ；三是 ③ 。

答：①水分的存在；②乳化剂的存在；③剧烈搅拌。

7. 在相同的温度下，液体的 ① 与它的 ② 之比，称为运动黏度，其单位为 ③ 。

答：①动力黏度；②密度；③mm^2/s。

8. 电力用油的主要性能通常分为 ① 性能、化学性能和

② 性能。

　　答：①物理；②电气。

　　9. 运行中，汽轮机油的开口闪点应不比新油标准值低 ① ，不应比前次测定值低 ② 。

　　答：①8℃；②8℃。

　　10. 微水测定前，先将仪器电解插座簧片短接，自校 ① 指示，测量指示应为 ② 。

　　答：①电解；②最大值。

　　11. 变压器油的牌号是根据油品的 ① 划分的，如45号变压器油的凝点为 ② 。

　　答：①凝点；②-45℃。

　　12. 汽轮机油的牌号是根据油品在 ① 时的 ② 黏度的平均数划分的。

　　答：①40℃；②运动。

　　13. 对试验次数的要求，一般应做 ① 次，取其 ② 值。

　　答：①两；②平均。

　　14. 试验用水一般使用 ① 或 ② 。

　　答：①蒸馏水；②除盐水。

　　15. 凝点是油品在规定的条件下失去 ① 性时的 ② 温度。

　　答：①流动；②最高。

　　16. 皂化1g试样用油中的可皂化组分所需 ① 的毫克数叫 ② 值。

　　答：①氢氧化钾；②皂化。

　　17. 油品的倾点通常比凝点高 ① 。

　　答：①2~3℃。

　　18. 水溶性酸或碱是评定油品中含水溶性酸碱组分的 ① 指标，又称 ② 试验。

　　答：①重要；②水抽出物。

19. 在试验条件下，油品能从标准容器中流出的 ① 温度称为 ② 。

答：①最低；②倾点。

20. 油品的氢氧化钠试验分为 ① 个等级，等级愈高，油品的质量愈 ② 。

答：①四；②差。

21. 一般同一油品的皂化值 ＿＿＿ 于酸值。

答：大。

22. 油品氧化后，颜色 ① ，透明度 ② ，电气性能 ③ 。

答：①加深；②降低；③下降。

23. 单位体积油品的质量称为油品的 ① ，表示符号为 ② 。

答：①密度；②ρ。

24. 恩氏黏度是 ① 黏度，运动黏度是 ② 黏度。

答：①相对；②绝对。

25. 油品在 ＿＿＿ 时的密度为标准密度。

答：20℃。

26. 高沸点组分的油品，其闪点 ① ；低沸点组分的油品，其闪点 ② 。

答：①高；②低。

27. 石油主要由 ① 和 ② 两种元素组成。

答：①碳；②氢。

28. 对于同碳数烃类的密度， ① 最小， ② 最大。

答：①烷烃；②芳香烃。

29. 石油中的非烃化合物有： ① 、 ② 、 ③ 及胶态沥青状物质。

答：①含氧化合物；②含氮化合物；③含硫化合物。

30. 对抗氧化剂的要求是：抗氧化能力 ① ，油溶性 ② ，挥发性 ③ 。

答：①强；②好；③小。

31. 广义理解石油产品的氧化，应包括　①　、　②　和　③　等形式。

答：①燃烧；②高温氧化；③自动氧化。

32. 油中常见的杂质有：　①　、　②　、　③　和游离碳。

答：①水分；②灰分；③机械杂质。

33. 运行中的　　用油容易产生游离碳。

答：断路器。

34. 组成石油的烃类中，　①　烃吸水性最强，　②　烃吸水性最弱。

答：①芳香；②烷。

35. 试验所用的试剂、蒸馏水、乙醇等都　①　是　②　的。

答：①必须；②中性。

36. 试验时，所加入的酚酞、甲基橙等指示剂的量，不能　①　规定的　②　。

答：①超过；②滴数。

37. 盛标准溶液的瓶子应贴有　①　，并要注明溶液的　②　。

答：①标签；②名称。

38. 对易受光线影响的溶液，应置于　①　瓶内，存放干燥　②　的地方，避免阳光直射。

答：①棕色；②阴凉。

39. 做汽轮机油系统正常监督试验时，由　①　采样，检查油箱脏污程度时，由　②　采样。

答：①冷油器；②油箱底部。

40. 误差可分为　①　和　②　。

答：①系统误差；②偶然误差。

41. 加热易燃试剂时，必须用　①　、　②　等，绝不能用明火。

答：①油浴；②水浴。

42. 油品闪点的测定方法有 __①__ 杯法和 __②__ 杯法两种；对于变压器油，应测其 __③__ 闪点。

答：①开口；②闭口；③闭口。

43. 金属腐蚀分为 __①__ 和 __②__ 两种。

答：①化学腐蚀；②电化学腐蚀。

44. 酸碱指示剂本身就是一种 __①__ 或 __②__ 。

答：①弱有机酸；②弱有机碱。

45. 油品的黏度随温度的升高而 __①__ ，随温度的降低而 __②__ ，这种黏度随温度的升降而明显变化的性质称为油品的 __③__ 。

答：①减小；②增大；③黏温特性。

46. 热虹吸器的容量，即其盛装吸附剂的量应为变压器油量的 __①__ ，以保证运行中的油得以 __②__ 。

答：①0.5%～1.5%；②净化。

47. 运行变压器油质量标准是：pH 值≥ __①__ ，酸值≤ __②__ mgKOH/g。

答：①4.2；②0.1。

48. 中和1g试样用油中的酸性组分所需 __①__ 的毫克数称为酸值，单位是 __②__

答：①氢氧化钾；②mgKOH/g。

49. 苛性钠试验是作为检查油品中有无 __①__ 及其 __②__ 存在的一种定性试验。

答：①环烷酸；②皂类。

50. 在规定条件下，绝缘油承受击穿电压的能力叫 __①__ ，测定结果以 __②__ 或 __③__ 表示。

答：①绝缘强度；②平均击穿电压；③绝缘强度。

51. 油品自动氧化的三个阶段为 __①__ 、 __②__ 、 __③__ 。

答：①开始阶段；②发展阶段；③迟滞阶段。

52. 对汽轮机油的质量要求有：____①____ 安定性，抗乳化性 ____②____，____③____ 防锈性，抗泡沫性要好，良好的润滑性和适当的黏度。

答：①较好的；②要好；③较好的。

53. 水分测定时，若试样用油中的水分少于 0.03%，则认为是 ____①____，如果接受器中没有水，则认为试样用油中 ____②____。

答：①痕量；②无水。

54. 对不同 ____①____ 的油品，原则上不宜 ____②____ 使用；必须混合时，要通过有关 ____③____ 确定可否混用。

答：①牌号；②混合；③试验。

55. 废油的再生方法有 ____①____、____②____ 和 ____③____。

答：①物理净化法；②物理—化学净化法；③化学再生法。

56. 油的净化方法有 ____①____、____②____ 和 ____③____。

答：①沉降法；②过滤法；③离心分离法。

57. 水在油中存在的形态有 ____①____、____②____ 和 ____③____ 三种。

答：①游离水；②溶解水；③乳状水。

58. 新变压器油、汽轮机油一般为____色。

答：淡黄。

59. 石油或石油产品中的烃类主要有 ____①____、____②____ 和 ____③____ 等。

答：①烷烃；②环烷烃；③芳香烃。

60. 滴定管按用途可分为 ____①____ 和 ____②____ 两种。

答：①酸式滴定管；②碱式滴定管。

61. 汽轮机油又称 ____①____，属 ____②____ 油类。

答：①透平油；②润滑。

62. 绝缘油是重要的液体绝缘介质，又称 ____①____，其中包括 ____②____、____③____ 等。

答：①电气用油；②变压器油；③断路器油。

63. 汽轮机油主要用于汽轮发电机组的油系统中，起 ____①____、____②____ 和调速作用。

答：①润滑；②冷却散热。

64. 变压器油主要用于油浸式电力变压器、电流和电压互感器等电气设备中，起__①__、__②__等作用。

答：①绝缘；②冷却散热。

65. 断路器用油用于油浸式高压断路器中，主要起__①__和__②__作用。

答：①熄灭电弧；②绝缘。

66. 电力系统中油质不合格，会加速油品的__①__，缩短油品和设备的__②__。

答：①劣化；②使用寿命。

67. 影响油品闪点的主要因素有__①__和__②__等。

答：①化学组成；②大气压力。

68. 黏温系数是油品在规定的__①__范围内，每变化__②__时的黏度的平均变化值。

答：①温度；②1℃。

69. 油品的氧化产物按性质可分为__①__产物、__②__产物、水和挥发性产物三类。

答：①酸性；②中性。

70. 黏度表示方法有__①__、__②__和__③__三种。

答：①动力黏度；②运动黏度；③恩氏黏度。

71. 标准恩氏黏度计的水值为__①__。

答：①51±1s。

72. 在配制稀硫酸时，应把__①__慢慢地注入__②__中。

答：①浓硫酸；②水。

73. 分子是由参加化学反应的最小单位____组成的。

答：原子。

74. 由不同元素组成的物质叫____。

答：化合物。

75. 0.0100有____位有效数字。

答：3。

76. 将试样用油在规定的条件下加热，直到它的蒸气与空气的混合气接触　①　发生闪火现象，此时的最低油温称之为油品的　②　。

答：①火焰；②闪点。

77. 凡含有　①　和　②　两种元素的有机化合物称为烃。

答：①碳；②氢。

78. 对漏汽、漏水的机组，应添加　①　防锈剂，其添加量为油量的　②　。

答：①T746；②0.02%～0.03%。

79. 为了保证采到的油样具有代表性，在 21～50 桶为一批量时，应从　①　个桶中采样，在 400 桶以上为一个批量时，应从　②　个桶中采样。

答：①4；②20。

80. SF_6 的重要性能是　①　和　②　。

答：①绝缘；②灭弧。

二、判断题（在题末括号内作出记号：√表示对，×表示错）

1. 抗氧化剂 T501 溶于油，也溶于水。（　　）

答：×。

2. 运行中的汽轮机油的酸值大于 0.2mgKOH/g。（　　）

答：×。

3. 绝缘油用于变压器、电压互感器、电流互感器上。（　　）

答：√。

4. 绝缘油适宜的沉降温度为 25～35℃。（　　）

答：√。

5. 硅胶的主要成分是 SiO_2。（　　）

答：√。

6. 空白试验是消除由试剂和器皿带进杂质所造成的系统误差。（　　）

答：√。

7. 精密度高，准确度就一定高。（   ）

答：×。

8. 仅由碳、氢两种元素组成的化合物称为烃。（   ）

答：√。

9. 油品的密度与温度无关。（   ）

答：×。

10. 同一油品，颜色愈浅，性能愈好。（   ）

答：√。

11. 闪点和燃点是同一概念。（   ）

答：×。

12. SF_6 气体的密度比空气小得多。（   ）

答：×。

13. 润滑油馏分中，芳香烃含量最多，饱和烃次之。（   ）

答：×。

14. 汽轮机油的作用是润滑、调速、冷却散热和密封。（   ）

答：√。

15. 绝缘油就是用来作为电气设备的绝缘介质。（   ）

答：×。

16. 抗燃液是一种非矿物液体，具有较强的溶剂效应。（   ）

答：√。

17. 当变压器油的 pH 值接近 4 或颜色骤然变深时，应加强对其监督。（   ）

答：√。

18. 当油中含有游离碳和水分时，油的击穿电压随着碳粒量的增多而升高。（   ）

答：×。

19. 稀释浓硫酸时，必须在烧杯、锥形瓶等容器内进行，将水慢慢地倒入浓硫酸中。（   ）

答：×。

20. 油中溶解气体含量超过规定的注意值时，可以认为设备存在故障。（　　）

答：×。

21. 从运行设备上取油样时，应由设备所在分场、工区的运行或检修人员进行操作，化验人员在场进行监督，并提出要求。（　　）

答：√。

22. 机组大修完毕启动前，必须做油的简化分析；变压器大修后、投运前，必须做油的色谱分析。（　　）

答：√。

23. 凡能产生刺激性、腐蚀性、有毒或恶臭气体的试验操作，必须在通风柜中进行。（　　）

答：√。

24. 一般要求绝缘油能使用10～20年，汽轮机油能使用10～15年。（　　）

答：√。

25. 在吉林、黑龙江地区，使用25号变压器油即可。（　　）

答：×。

26. 电力用油包括绝缘油和汽轮机油。（　　）

答：√。

27. 绝缘油在电气设备中起着良好的绝缘、冷却散热和消弧的作用。（　　）

答：√。

28. 电力用油在变压器内起润滑作用，在机组内起绝缘作用。（　　）

答：×。

29. 测定油品击穿电压时，油杯、电极间距离一般规定为2.5mm。（　　）

答：√。

30. 采取油样时，应在设备或容器的上部进行。（　　）

答：×。

31. 对分析天平及其他精密仪器应定期（1~2年）校正。（　　）

答：√。

32. 在测定恩氏黏度时，必须预先脱水、除杂质，并不允许存在气泡。（　　）

答：√。

33. 对测闪点的油品，不必预先脱水。（　　）

答：×。

34. 物理性能试验分别包括外观、透明度、密度、黏度、闪点、凝点等试验。（　　）

答：√。

35. 在相同的温度下，油品的运动黏度与其密度之比称为动力黏度。（　　）

答：×。

36. 影响击穿电压最重要的因素是乳化水。（　　）

答：×。

37. 热虹吸器中，油是从上向下流动的。（　　）

答：√。

38. 油中三种形态的水分通过离心分离可全部除去。（　　）

答：×。

39. 绝缘油应测开口闪点。（　　）

答：×。

40. 在51~100桶为一批量时，应从7桶中采样。（　　）

答：√。

41. 热虹吸器的容量，应为变压器油量的0.5%~1.0%。（　　）

答：×。

42. 汽轮机油适宜的沉降温度为 40 ~ 50℃。（　　）

答：√。

43. 变压器油的代号是 HU。（　　）

答：×。

44. 油的净化方法大体上可分为两种：沉降法和过滤法。（　　）

答：×。

45. 25 号绝缘油绝对不可以同 45 号绝缘油混合使用。（　　）

答：×。

46. 在通常情况下，新油中应不含无机酸。（　　）

答：√。

47. 断路器用油中的游离碳是在高温电弧的作用下，因氧化分解而产生的。（　　）

答：√。

48. 油品在规定的条件下，失去流动性时的最低温度称为油品的凝点。（　　）

答：×。

49. 烘箱的鼓风作用是加快升温速度。（　　）

答：×。

50. 液体受外力作用而移动时，分子间的内摩擦阻力称为黏度。（　　）

答：√。

51. 润滑油的劣化是由于它在较高的温度下受到空气中氧的作用而发生的。（　　）

答：√。

52. 电力用油的添加剂只有两种。（　　）

答：×。

53. 测定破乳化时间的方法有通汽法和搅拌法两种。（　　）

答：√。

54. 购买新汽轮机油时，向供油单位索取油质全分析化验单后就可以使用了。（　　）

答：×。

55. 对变压器油进行色谱分析时，当 C_2H_2 和 H_2 的含量较高时，说明变压器内部存在局部放电现象。（　　）

答：√。

56. 原则上不同牌号的油品不宜混用。（　　）

答：√。

57. 恩氏黏度表示的是油品的绝对黏度。（　　）

答：×。

58. 对运行中油，随时都可以补加 T501 抗氧化剂。（　　）

答：×。

59. 运行中油补加 T746 防锈剂，通常根据运行油的定期液相锈蚀试验确定的。（　　）

答：√。

60. 石油产品的主要组成是碳氢化合物。（　　）

答：√。

61. 用真空滤油机除去油中水分时，水的沸点与其真空度成正比。（　　）

答：×。

62. 运行中的汽轮机有漏汽、漏水现象时，应根据小型试验确定 T746 的添加量。（　　）

答：√。

63. 无论采用哪种方法再生，再生后的油品都要符合新油的质量标准。（　　）

答：√。

64. 使用天平砝码时，可以用手直接拿取。（　　）

答：×。

65. 试验后，剩余的标准溶液倒入原溶液中，以免浪费。（　　）

答：×。

66. 以酸度计法测油中的水溶性酸所用的水为除盐水。（　　）

答：×。

67. 取油样时，不得在相对湿度大于 70% 的气候下或阴雨天进行。（　　）

答：√。

68. 影响绝缘油击穿电压的主要因素是水分和杂质。（　　）

答：√。

69. 油中各种烃的比例，随其来源和加工方法的不同而不同。（　　）

答：√。

70. 油品的密度也叫油品的比重。（　　）

答：×。

71. 油品的低温流动性是以凝点作为评定依据的。（　　）

答：√。

72. 表面活性物质会增加油品的界面张力。（　　）

答：×。

73. 油品的深度精制更能提高其抗氧化安定性。（　　）

答：×。

74. T501 对所有油品的抗氧化性能是一样的。（　　）

答：×。

75. 绝缘油的介质损耗越大，它的质量越差。（　　）

答：√。

76. 纯净的绝缘油是电的良导体。（　　）

答：×。

77. 温度升高时，可大大地加快油品的氧化。（　　）

答：√。

78. 油中极性杂质的存在，会使绝缘油在一定电压下被击穿。（　　）

答：√。

79. 油中存在水分，不是油品乳化的条件。（　　）

答：×。

80. 油中石蜡成分多，凝点高；反之，凝点低。（　　）

答：×。

81. 使用酒精灯时，酒精加入量可以为灯容量的 3/4 以下。
（　　）

答：×。

82. 配制标准溶液时，要准确测量的是溶剂的体积。（　　）

答：×。

83. DB-25 的凝点不得高于 -25℃。（　　）

答：√。

84. 一般标准溶液的保存期限为九个月。（　　）

答：×。

85. 油的氧化是化学反应。（　　）

答：√。

86. 介质损耗表示的是油品的化学性能。（　　）

答：×。

87. 不同牌号的汽轮机油的黏度不同。（　　）

答：√。

88. SF_6 在通常状态下，是一种无色、无味、无毒的气体。
（　　）

答：√。

89. 天平的灵敏度就是它的分度值。（　　）

答：×。

90. 分析天平是根据杠杆原理制成的。（　　）

答：√。

91. 电力用油的黏度，随其使用时间的延长而增加。（　　）

答：√。

92. 新汽轮机油的破乳化时间不应大于 8min。（　　）

答：√。

93. 测定油品闪点时，应严格控制升温速度，否则会使测定结果偏高或偏低。（　　）

答：√。

94. 测定油品黏度是检查新油或储存油是否混入轻质成分的措施。（　　）

答：×。

95. 电力用油的黏温特性要好，即其黏度不因温度的升降而急剧变化。（　　）

答：√。

96. 油品氧化后，其物理性质有显著变化，其化学性质不变。（　　）

答：×。

97. 油品烃类氧化连锁反应学说把油品的氧化分为三个阶段。（　　）

答：√。

98. T501 是抗氧化剂。（　　）

答：√。

99. 油品的酸值随油的氧化程度的加深而增加。（　　）

答：×。

100. 绝缘油不是单质，而是由不同的液态烃组成的混合物。（　　）

答：√。

101. 酸值是中和 1g 试样用油中的酸性组分所需氢氧化钠的毫克数。（　　）

答：×。

102. 石油的分馏是按组分沸点的差别，用蒸馏装置把石油分为不同馏分的过程。（　　）

答：√。

103. 油品中各种烃类溶解水的能力不同，烷烃最强，芳香

烃最弱。（　　）

答：×。

104. 运行汽轮机油的闪点不应比新油低 10℃以上。（　　）

答：×。

105. 运行汽轮机油的酸值应不大于 0.1mgKOH/g。（　　）

答：√。

106. 变压器运行温度通常是指其上层的油温。（　　）

答：√。

107. 石油产品中的烃类主要有烷烃、环烷烃和芳香烃。（　　）

答：√。

108. T746 防锈剂是电力用油的添加剂。（　　）

答：√。

109. 油品精制程度越深越好。（　　）

答：×。

110. 常用的汽轮机油有五个牌号，它们是 HU－20、HU－30、HU－40、HU－50、HU－60。（　　）

答：×。

111. 高寒地区可选用 DB－45 牌号的变压器油。（　　）

答：√。

112. 油品的密度受温度的影响，温度升高，密度增大；温度降低，密度减小。（　　）

答：×。

113. 油品的化学组成是影响油品闪点的主要因素。（　　）

答：√。

114. 高沸点组分油品的闪点高；低沸点组分油品的闪点低。（　　）

答：√。

115. 油品失去流动性的原因有两方面：一方面是黏温凝固；另一方面是构造凝固。（　　）

答：√。

116. 破乳化时间是评定汽轮机油抗乳化性能的质量指标，又称"抗乳化度"，是一个条件性指标。（　　）

答：√。

117. 油品氧化后，颜色加深，透明度下降，破乳化时间增大，密度、黏度也有所增大，电气性能明显下降。（　　）

答：√。

118. 油品烃类氧化的特点是：氧化反应所需能量较多，产物较为复杂，有气体、液体、沉淀物等。（　　）

答：×。

119. 抗燃油的最大特点是燃点高，而且抗氧化性能、润滑性能也较好。（　　）

答：√。

三、选择题 [将正确答案的序号"（×）"写在题内横线上]

1. 运行油中 T501 含量低于 0.15%时，应进行补加。补加时，油的 pH 值不应低于_____。

（1）4；（2）4.5；（3）5.0

答：（3）。

2. 在汽轮机油的连续再生装置中，吸附剂的用量应为油重的_____。

（1）1% ~ 2%；（2）5% ~ 7%；（3）5% ~ 10%

答：（1）。

3. 运行变压器油中的水分的来源为_____。

（1）外界掺入，油品冷却后分解；（2）外界掺入，空气或油接触的材料中残存的潮气，油品氧化或设备中有机材料老化生成的微量水分；（3）外界掺入，加热分解

答：（2）。

4. 反映油品中酸性物质的指标有三个，即：_____。

（1）碱值、水溶性碱、皂化值；（2）酸值、水溶性酸碱、皂化值；（3）酸值、水溶性酸碱、钝化值

答：(2)。

5. 炼油厂生产的绝缘油一般都加有 T501 抗氧化剂，其含量为_____。

(1) 0.3%～0.5%；(2) 0.5%～0.7%；(3) 1%～1.2%

答：(1)。

6. 在气温低于 -10℃ 的地区，变压器油的凝点应不高于_____。

(1) -10℃；(2) -25℃；(3) -45℃

答：(2)。

7. 绝缘油中三种烃类的抗氧化能力为_____。

(1) 芳香烃 > 环烷烃 > 烷烃；(2) 烷烃 > 环烷烃 > 芳香烃；(3) 芳香烃 > 烷烃 > 环烷烃

答：(1)。

8. 油品乳化需要具备的条件是_____。

(1) 水分、乳化剂；(2) 水分、高速搅拌；(3) 水分、乳化剂、高速搅拌

答：(3)。

9. 断路器用油的主要作用是_____。

(1) 冷却散热；(2) 消弧；(3) 润滑

答：(2)。

10. 不同牌号的油混合使用时，必须做混合油的_____试验。

(1) 抗氧化安定性；(2) 开口杯闪点；(3) 油泥析出

答：(3)。

11. 运行中汽轮机油的闪点不应比新油低_____以上。

(1) 5℃；(2) 8℃；(3) 10℃

答：(2)。

12. 通常把液体分子之间的_____称为黏度。

(1) 阻力；(2) 吸引力；(3) 内摩擦力

答：(3)。

13. 判断液相锈蚀试验合格的标准是_____。

(1) 轻锈；(2) 中锈；(3) 无锈

答：(3)。

14. 绝缘油的牌号是根据该油品的_____划分的。

(1) 凝点；(2) 闪点；(3) 运动黏度

答：(1)。

15. 通常测定挥发性较大的轻质油品的闪点采用_____。

(1) 开口杯法；(2) 闭口杯法；(3) 开口杯或闭口杯法

答：(2)。

16. 在保证汽轮机转子正常润滑的条件下，尽量选用_____的油品。

(1) 破乳化度小；(2) 黏度大；(3) 黏度小

答：(3)。

17. 黏温系数愈小的油品，其品质_____。

(1) 愈坏；(2) 愈好；(3) 无变化

答：(2)。

18. 下列添加剂中是防锈剂的是_____。

(1) T501；(2) T746；(3) T201

答：(2)。

19. 油质标准中，国家标准代号为_____。

(1) GB；(2) SY；(3) YS

答：(1)。

20. 25 号绝缘油的凝点应不高于_____。

(1) 25℃；(2) -25℃；(3) 0℃

答：(2)。

21. T501 抗氧化剂在油的_____加入有抑制油品氧化的作用。

(1) 发展阶段；(2) 开始阶段；(3) 迟滞阶段

答：(2)。

22. 油品中的灰分_____时，将会影响油的正常的绝缘性或润滑性。

(1) 低；(2) 高；(3) 没有

答：(2)。

23. 常用标准溶液保存期限为_____。

(1) 三个月；(2) 五个月；(3) 六个月

答：(1)。

24. 一般氢气瓶的颜色为_____色。

(1) 绿；(2) 蓝；(3) 黑

答：(1)。

25. 为保证油品在不同的温度下有良好的润滑作用，要求油品的黏度随温度变化_____。

(1) 越大越好；(2) 越小越好；(3) 适当最好

答：(2)。

26. 汽轮机油中含有的机械杂质颗粒若_____最小油膜厚度，则会刮坏轴瓦面。

(1) 小于；(2) 等于；(3) 大于

答：(3)。

27. 影响油品凝点的主要物质是_____。

(1) 水分；(2) 油泥；(3) 石蜡

答：(3)。

28. 油品的抗氧化性能好，则氧化曲线中的_____。

(1) 开始阶段长；(2) 发展阶段长；(3) 迟滞阶段长

答：(1)。

29. 运行油中 T501 含量低于_____时，需要补加。

(1) 0.15%；(2) 0.5%；(3) 0.25%

答：(1)。

30. 电力用油中含量最多的组分是_____。

(1) 烷烃；(2) 芳香烃；(3) 环烷烃

答：(3)。

31. 变压器热量的扩散主要由_____来完成。

（1）绝缘油；（2）空气；（3）其本身

答：（1）。

32. 变压器的运行温度通常是指_____油温。

（1）上层；（2）中层；（3）下层

答：（1）。

33. 变压器油中 H_2 含量的正常值是_____。

（1）不大于 50mg/L；　（2）不大于 100mg/L；　（3）不大于 200mg/L

答：（2）。

34. 运行中的变压器（220～500kV）用油的检验周期每年至少为_____。

（1）1 次；（2）2 次；（3）3 次

答：（2）。

35. 运行变压器油的酸值应_____ mgKOH/g。

（1）≤0.1；（2）≤0.2；（3）≤0.3

答：（1）。

36. 要求汽轮机油的使用寿命为_____。

（1）10～15 年；（2）15～20 年；（3）20～25 年

答：（1）。

37. 电力用油是一种_____。

（1）单质；（2）化合物；（3）混合物

答：（3）。

38. 测一变压器油的凝点，其测试数据为：－38.5℃、－39.1℃，那么该变压器油的牌号为：_____。

（1）DB－10；（2）DB－25；（3）DB－45

答：（3）。

39. SF_6 气体的分解产物中，对皮肤、口鼻腔黏膜有强烈刺激作用的是_____。

（1）S_2F_{10}；（2）SF_4；（3）HF

答：（3）。

40. 汽轮机油的正常监督试验应从_____。

（1）轴承里取样；（2）冷油器中取样；（3）主油泵出口取样

答：（2）。

41. 使绝缘油的介质损失升高最快的是_____。

（1）沉积水；（2）溶解水；（3）乳化水

答：（3）。

42. 新变压器油的介质损耗因数（90°）不得大于_____。

（1）0.5%；（2）1.0%；（3）1.5%

答：（1）。

43. 微水测定时，取油样不得在相对湿度大于_____的情况下进行。

（1）70%；（2）80%；（3）90%

答：（1）。

44. 运行中汽轮机有漏汽、漏水现象时，应根据小型试验添加_____。

（1）抗氧化剂；（2）破乳化剂；（3）T746 防锈剂

答：（3）。

45. 对于运行中的汽轮机油，根据_____试验结果确定是否需要补加防锈剂。

（1）T501 含量测定；（2）液相锈蚀；（3）破乳化时间的测定

答：（2）。

46. 下列物质中为化合物的是_____。

（1）生石灰；（2）石油；（3）空气

答：（1）。

47. 添加 T746 防锈剂的标准应为_____。

（1）0.2%～0.3%；（2）0.02%～0.03%；（3）2%～3%

答：（2）。

48. 液相锈蚀试验结果后，试棒生锈面积_____则为中锈。

（1）小于试棒的 1% 时；（2）小于或等于试棒的 5% 时；（3）大于试棒的 5% 时

答：(2)。

49. 测定油品运动黏度时，要求恒温。恒温的允许误差为_____。

(1) ±0.05℃；(2) ±1℃；(3) ±0.1℃

答：(3)。

50. 热虹吸器的高度和直径的比例要合适，一般有效高度为直径的_____。

(1) 1.0~1.2倍；(2) 1.0~1.5倍；(3) 1.3~1.5倍

答：(3)。

51. 液相锈蚀试验所用试棒可经处理后重复使用，但直径不得小于_____。

(1) 8.5mm；(2) 9.0mm；(3) 9.5mm

答：(3)。

52. 电力用油气相色谱分析的气体对象一般为_____。

(1) O_2、N_2、CH_4、C_2H_6、C_2H_4、C_2H_2、CO、CO_2；(2) H_2、CH_4、C_2H_6、C_2H_4、C_2H_2、CO、CO_2；(3) H_2、N_2、CH_4、C_2H_4、C_2H_2、CO、CO_2

答：(2)。

53. _____可以反映变压器油的电气性能。

(1) 闪点；(2) 黏度；(3) 绝缘强度

答：(3)。

54. 汽轮机油共有_____牌号。

(1) 3种；(2) 4种；(3) 5种

答：(3)。

55. 测定透明度时，汽轮机油应冷却到_____。

(1) 0℃；(2) 2℃；(3) 5℃

答：(1)。

56. 于油箱中取样应在_____进行。

(1) 底部；(2) 中部；(3) 上部

答：(1)。

57. 下列通式中，是烷烃的是_____。

(1) C_nH_{2n+2}；(2) C_nH_{2n}；(3) C_nH_{2n-2}

答：(1)。

58. 测定毛细管黏度计常数时，应重复进行_____。

(1) 2次；(2) 3次；(3) 5次

答：(3)。

59. 在水溶性酸测定中，加入_____溴甲酚绿指示剂。

(1) 0.15mL；(2) 0.20mL；(3) 0.25mL

答：(3)。

60. 使用天平前，应首先检查_____。

(1) 水平；(2) 零点；(3) 其他

答：(1)。

61. 运行变压器油的流动方向为_____。

(1) 由下向上；(2) 由内向外；(3) 无一定规律

答：(2)。

62. T746 防锈剂的作用机理是：_____。

(1) 在金属表面形成保护膜；(2) 与水反应生成稳定的物质；(3) 改变油品的某些性能

答：(1)。

63. 当断路器被大电流开断后，油品的_____。

(1) 酸值将增大；(2) 密度将增大；(3) 水分将增加

答：(2)。

64. 绝缘油注入新变压器后，表面张力将_____。

(1) 增大；(2) 不变；(3) 减小

答：(3)。

65. 油中存在电弧（温度超过 1000℃）时，油裂解的气体大部分是_____。

(1) 乙炔和氢气，并有一定量的甲烷和乙烯；(2) 甲烷和乙烷；(3) 乙烯和乙炔

答：(1)。

66. 影响油品闪点的主要因素是_____。

(1) 油品的化学组成；(2) 油品的物理组成；(3) 油品的凝点

答：(1)。

67. 代号为 DB – 45 的油表示_____。

(1) 凝固点为 – 45℃的润滑油；(2) 凝固点为 – 45℃的变压器油；(3) 凝固点为 + 45℃的变压器油

答：(2)。

68. 分析天平一般能称准至_____g。

(1) ± 0.0002；(2) ± 0.1；(3) ± 0.0001

答：(1)。

69. 卡氏试剂是一种_____。

(1) 指示剂；(2) 电解液；(3) 吸附剂

答：(2)。

70. 采用库仑法测绝缘油中微量水分含量属于_____。

(1) 光学分析法；(2) 电化学分析法；(3) 色谱分析法

答：(2)。

71. 油被"击穿"时，_____。

(1) 电阻突降为零；(2) 电阻无限大；(3) 电阻不变

答：(1)。

72. 在测试_____过程中，发生了化学反应。

(1) 密度；(2) 黏度；(3) 酸值

答：(3)。

73. 测定油品击穿电压时的电极间距离为_____。

(1) 1.2mm；(2) 2.0mm；(3) 2.4mm

答：(1)。

74. 测变压器油运动黏度所用毛细管的内径为_____。

(1) 0.8mm；(2) 1.0mm；(3) 1.2mm

答：(2)。

75. 一般油中水分的存在形态有_____种。

(1) 2；(2) 3；(3) 4

答：(2)。

76. 氢氧化钠试验将试油分为_____等级。

(1) 4个；(2) 5个；(3) 6个

答：(1)。

77. 新绝缘油和汽轮机油一般为_____色。

(1) 黄；(2) 淡黄；(3) 蓝

答：(2)。

78. 变压器油共有_____牌号。

(1) 3种；(2) 4种；(3) 5种。

答：(1)。

四、计算题

1. 称取某汽轮机油样 10.0g，用 0.05mol/L 的氢氧化钾乙醇溶液滴定，消耗氢氧化钾乙醇溶液 0.2mL，已知空白试验时消耗氢氧化钾乙醇溶液 0.025mL，求该油样的酸值。

解：该油样的酸值为

$$x = \frac{c(V - V_1) \times 56.1}{m} = \frac{0.05 \times (0.2 - 0.025) \times 56.1}{10.0}$$

$$= 0.049(\text{mgKOH/g})$$

答：试油样的酸值为 0.049mgKOH/g。

2. 某次主变压器大修后补油，油箱油位由 4.5m 下降到 2.85m，已知油箱内径为 2.5m，油的密度为 0.86t/m³，试计算本次补油多少千克？

解：油箱的横截面积为

$$A = \frac{1}{4}\pi d^2 = \frac{1}{4} \times 3.14 \times \left(\frac{2.5}{2}\right)^2 = 1.226(\text{m}^2)$$

本次补油，油位下降了 4.50 - 2.85 = 1.65（m）

所补油的容积为 $V = 1.65 \times 1.226 = 2.023$（m³）

所补油的质量为

$$m = \rho V = 0.86 \times 2.023 = 1.74(\text{t}) = 1740(\text{kg})$$

答：本次应补油 1740kg。

3. 某电厂建成一个设计容量为 4500m³ 的汽轮机油罐，其室外最高气温为 40℃，今购买了 3840t HU – 20 油，其 $\rho_{20} = 0.8700\text{g/cm}^3$，问该油罐能否将这些油装完？

解：20℃时 3840t HU – 20 油的体积为

$$V_{20} = \frac{3840}{0.8700} = 4414(\text{m}^3)$$

因为

$$V_t = \frac{V_{20}}{1 - f(t - 20)}$$

所以

$$V_{40} = \frac{4414}{1 - 0.00074(40 - 20)}$$

$$= 4480(\text{m}^3) < 4500\text{m}^3$$

答：该油罐可装完这些油。

4. 测某试样用油的恩氏黏度，已知 50℃时所测的 $\tau_{50} = 83.4\text{s}$，该黏度计的水值 $K_{20} = 51.0\text{s}$，求该试样用油的恩氏黏度。

解：该试样用油的恩氏黏度为

$$E_{50} = \frac{\tau_{50}}{K_{20}} = \frac{83.4}{51.0} = 1.635(E_{50}^0)$$

答：该试油的恩氏黏度为 1.635。

5. 称取试样用油 100.1g 做水分定量测定，试验结束后，接受器中收集水的体积为 5.8mL，已知试油密度 $\rho = 0.87\text{g/cm}^3$，求试样用油的含水量。

解：试油中水分的质量百分含量为

$$w = \frac{\rho V}{m} \times 100\%$$

$$= \frac{0.87 \times 5.8}{100.1} \times 100\%$$

$$= 5\%$$

答：该试样用油的含水率为 5%。

6. 测某汽轮机油的开口闪点，已知大气压力为 96.5kPa，闪点为 240.1℃，求在 101.3kPa 大气压下的开口闪点。

解： $\Delta t = (0.0015t + 0.028) \times (101.3 - p)$

$\qquad = (0.015 \times 240.1 + 0.028) \times (101.3 - 96.5)$

$\qquad = 0.3 （℃）$

$\quad t_0 = t + \Delta t = 240.1 + 0.3$

$\qquad = 240.4 （℃）$

答： 该汽轮机油在 101.3kPa 大气压下的开口闪点为 240.4℃。

7. 测某变压器油的闭口闪点，两次测定的数据为 146.0℃ 和 150.0℃。已知测定时的大气压力为 $p = 94.3$kPa，求大气压力 $p_0 = 101.3$kPa 时，该油品的闪点 t_0。

解： 因为两次测定的允许差 < 6℃，所以可以用两者的平均值作为该油的闪点 t，即

$$t = \frac{146.0 + 150.0}{2} = 148（℃）$$

闪点修正值为

$$\Delta t = 0.25 \times (101.3 - 94.3) = 1.8（℃）$$

该油品在 101.3kPa 大气压下的闪点为

$$t_0 = t + \Delta t = 148 + 1.8$$

$$= 149.8（℃）$$

答： 该油品的闪点为 149.8℃。

8. 求 0.001mol/L 的氢氧化钠溶液的 pH 值、pOH 值。

解： $pOH = -\lg [OH^-] = -\lg 0.001 = 3$

$\qquad pH = 14 - pOH = 14 - 3 = 11$

答： 该溶液的 pH 值为 11，pOH 值为 3。

9. CO_2 和 H_2 的混合气体加热到 1073K 时，建立下列平衡：$CO_2 + H_2 \rightleftharpoons CO + H_2O （g）$。在此温度下，$K_c = 1$，如平衡时有

90%的 H_2 转化为水蒸气,则反应开始时,CO_2 与 H_2 的浓度比是多少?

解:设反应开始时,$[CO_2] = x$,$[H_2] = y$。

$$CO_2 + H_2 \rightleftharpoons CO + H_2O \ (g)$$

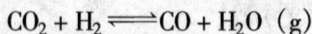

开始浓度(mol/L):x y 0 0

平衡浓度(mol/L):$x - 0.9y$ $0.1y$ $0.9y$ $0.9y$

$$K_c = \frac{0.9y \times 0.9y}{0.1y(x - 0.9y)} = 1$$

$$\frac{0.81y}{0.1x - 0.09y} = 1$$

故有 $$\frac{x}{y} = 9$$

答:CO_2 与 H_2 的量的浓度比为 9:1。

10. 已知某黏度计的常数为 $0.478 mm^2/s^2$,试样用油在 50℃ 时的流动时间为 318.0s、322.4s、322.6s、321.0s,求试样用油的运动黏度。

解:流动时间的算术平均值为

$$\tau_{50} = \frac{318.0 + 322.4 + 322.6 + 321.0}{4}$$

$$= 321.0(s)$$

各次流动时间与平均流动时间的允许误差 $\Delta\tau$ 为 $\Delta\tau = \frac{321.0 \times 0.5}{100} = 1.6$(s)

由于读数 318.0 与平均流动时间 321.0 的差已超过 1.6s,因此应将此读数弃去。故平均流动时间为

$$\tau_{50} = \frac{322.4 + 322.6 + 321.0}{3}$$

$$= 322.0(s)$$

试样用油的运动黏度为

$$\nu_{50} = c\tau_{50} = 0.478 \times 322$$

$$= 154(mm^2/s)$$

答：该试样用油的运动黏度为154mm^2/s。

五、问答题

1. 划分汽轮机油牌号的依据是什么？有哪几种汽轮机油牌号？

答：汽轮机油的牌号是根据该油品在40℃时的运动黏度的平均数划分的。共有五种牌号，即 HU－32、HU－46、HU－68、HU－100。

2. 划分变压器油牌号的依据是什么？有哪几种变压器油牌号？

答：变压器油的牌号是根据其凝点划分的。共有三种牌号，即 DB－10、DB－25、DB－45。

3. 在25℃、101.3kPa 大气压下，C$_{17}$以上的正构烷烃为固体，而变压器油等多为 C$_{17}$以上的烃类组成，为什么是液体？

答：在25℃、101.3kPa 大气压下，C$_{17}$以上的正构烷烃为固体，但在石油的加工过程中，这部分正构烷烃已被除去，剩下的是电力用油的理想组分。虽然变压器油等多为 C$_{17}$以上的烃类组成，但并不含有高分子的正构烷烃，故为液体。

4. 生产电力用油时，选用哪种石油馏分为好？为什么要从高沸点馏分中制取电力用油？

答：生产电力用油时，选用高沸点石油馏分为好。由于电力用油是在比较高的温度条件下运行的，故只有从高沸点馏分中制取电力用油，才能保证电力生产的安全运行。

5. 什么是油品的密度？影响油品密度的主要因素是什么？

答：单位体积油品的质量称为油品的密度。影响油品密度的因素主要有以下两点：

（1）化学组成。同碳数烃类的密度是：烷烃最小，芳香烃最大，环烷烃居中。非烃类化合物的密度较大，若油中混入水分、机械杂质或产生游离碳，以及油品劣化严重时，其密度都比新油的大。

（2）温度。油品的密度受温度的影响较大：温度升高，密度减小；反之，密度则增大。

6. 何谓油品的闪点？有哪些主要影响因素？

答：在规定的条件下加热油品，随着油温的升高，油蒸气在空气中的含量达到一定的浓度，当与火源接触时，则在油面上出现短暂的蓝色火焰，还往往伴随着轻微的爆鸣声，发生这种闪火现象的最低油温称为油品的闪点。影响油品闪点的因素主要有以下三点：

（1）化学组成。含挥发性组分多的油品的闪点特别低。高沸点组分的油品的闪点高，低沸点组分的油品闪点低。若低沸点油品混入高沸点油品中，则高沸点油的闪点将大大降低。

（2）大气压力。油品的闪点随大气压力的增大而升高。

（3）其他。油品的闪点还受测定仪器和试验条件的影响。

7. 什么是油品的黏度？有哪几种表示方法？

答：油品在外力作用下做相对层流运动时，油品分子间产生内摩擦阻力的性质称为油品的黏度。内摩擦力愈大，黏度愈大。油品黏度的表示方法有三种，即动力黏度、运动黏度、恩氏黏度。

8. 何谓油品添加剂和黏度添加剂？

答：油品添加剂是指加入油中并能改善油品某些性能的微量（或少量）物质。黏度添加剂是指能改善油品黏度或黏温性的某些物质。

9. 何谓油品的凝点？油品失去流动性的原因是什么？

答：油品在规定的条件下，失去流动性的最高温度叫油品的凝点。油品失去流动性的原因有以下两点：

（1）黏温凝固。由于温度降低，黏度增大，流动的油品变成了凝胶体，从而失去了流动性。

（2）构造凝固。含蜡油品冷却到一定温度时，油中会有针状或片状蜡晶粒析出，并逐步形成三维网状晶体结构，油则被吸附在晶体上形成凝胶体，使整个油品失去了流动性。

10. 何谓降凝剂？降凝剂的作用机理是什么？

答：能改善油品的低温流动性，降低其凝固点，使油品在低温下正常使用的少量高聚物叫降凝剂。降凝剂之所以能发挥其作用，主要原因有两方面：一方面是吸附作用，当油中析出蜡晶粒时，降凝剂被吸附在刚生成的晶核表面，并直接影响到蜡晶粒的生长和形状。吸附层还阻碍了蜡晶粒对油品分子的吸附作用，避免与蜡形成凝胶体，从而降低了油品的凝点。另一方面是共晶作用，当蜡晶粒逐步析出时，降凝剂本身分子中的长烷基侧链可与蜡分子一起共同形成晶体，这种共晶现象的出现，使晶粒的生长速度大为减慢，以各向异性方式生长的蜡晶体变成了各向同性方式生长，从而影响了空间晶网结构的形成，降低了油品的凝点。

11. 何谓油品的抗乳化性能、破乳化时间？

答：油品的抗乳化性能是指油品本身抵抗油—水乳状液形成的能力，通常以破乳化时间表示。

破乳化时间是评定汽轮机油抗乳化性能的质量指标，又称"抗乳化度"。在规定的条件下，先将蒸汽通入试油中，让其形成乳状液，随后再测定该乳状液达到完全分层所需的时间，这段时间称为该油的破乳化时间。

12. 简述常用的破乳化方法。

答：油品的破乳化方法有加热、沉降、离心分离、机械过滤、高压电脱水，以及向油品中加入破乳化剂等。如果汽轮机油乳化较严重，可将上述方法联合使用，其效果较好。

13. 何谓酸值和皂化值？

答：中和 1g 试油中的酸性组分所需氢氧化钾的毫克数称为油品的酸值，单位为 mgKOH/g。

皂化 1g 试油中的可皂化组分所需氢氧化钾的毫克数叫皂化值，单位为 mgKOH/g。

14. 试简述氢氧化钠试验。

答：氢氧化钠试验是将试样用油与氢氧化钠水溶液一起煮沸，所生成的皂化物及原来存在于油中的部分杂质便溶于此碱性水溶液中。当用盐酸酸化该溶液时碱液即变浑浊，根据碱液浑浊程度，可确定试油的等级。按试验规定，碱性浑浊程度分为四个等级，可用该指标来判别油品精制和再生净化的程度，并可大致判别运行油质量变化的情况。

15. 试说出油中水分的来源，其存在形态有几种？

答： 油中水分的来源：一是外界渗入；二是空气或与油接触的材料中残存的潮气；三是油品氧化或设备中有机材料老化生成的微量水分。油中水分的存在形态有溶解水、乳状水和沉积水三种。

16. 影响水在油中溶解度的因素有哪些？

答： 水在油中的溶解度与下列因素有关：

(1) 油品的化学组成。油品中烷烃吸水能力最弱，环烷烃较强，芳香烃最强。若运行油中存在较多的油泥、游离碳、酚类和有机酸等，则水的溶解度也会增大。

(2) 空气的相对湿度。在相同的其他条件下，若空气相对湿度增大，则水在油中的溶解度增大。

(3) 温度。在一定的范围内，水在油中的溶解度随其温度的增高而增大。

17. 油中的机械杂质对油品的使用有什么危害？

答： 油中的机械杂质在机组油系统中将破坏油膜，磨损设备机件，并有可能导致调速器的部件卡涩、失灵。在电气设备中，特别是当有水分存在时，机械杂质能急剧地降低油和设备的电气性能，可直接威胁设备的安全运行。

18. 今有 A、B、C 三种刚出厂的新绝缘油，在其他条件相同时，测得油中含水量分别为 0.0024%、0.0033%、0.0039%。试分析三种油中芳香烃含量的趋势，哪种油的含量可能最大？

答： 因为是新绝缘油且其他条件相同，所以油中的含水量与油品的烃类组成密切相关。在油品烃类中，由于芳香烃吸水性最强，这三种油中芳香烃含量由大到小的顺序为：C > B > A，可能 C 种油芳香烃含量最高。

19. 油品氧化后有哪些变化？何为油品的抗氧化安定性？

答：油品氧化后，外观变化较明显，如颜色逐步加深，透明度减弱直至消失，油泥、沉淀物增多，有腐烂、油焦气味。除此之外，物理、化学性质也有较显著的变化，如酸值、破乳化时间明显增大，密度、黏度也增大，产生水溶性酸，绝缘油的电气性能明显下降。

所谓油品的抗氧化安定性是指厚油层中油品本身抵抗氧化作用的能力。

20. 油品烃类氧化的特点是什么？

答：油品烃类的自动氧化反应有三个特点：一是氧化反应所需能量较少，在室温以下就能进行；二是氧化反应的产物较为复杂，有气体、液体、沉淀物等，其中有机物居多，也有少量的无机物；三是在恒温和相同的外界条件下，油品烃类的自动氧化趋势较为特殊，通常可分为三个阶段，即开始阶段、发展阶段、迟滞阶段。

21. 油品氧化后，可生成哪些主要产物？对油品的使用有何危害？

答：油品氧化后，其产物按性质可分为以下三类：

（1）酸性产物如羧酸、羟基酸、酚类、沥青质酸等。

（2）中性产物如过氧化物、醇、醛、酮、酯、胶质、沥青质等。中性产物中大多是中间产物。

（3）水和挥发性产物，如油品氧化后有微量的水生成，还有 CO_2、CO、低分子酸、低沸点烃等挥发性产物生成。

油品氧化后，其危害有以下几点：

（1）腐蚀设备的有关部件，缩短其使用寿命，影响设备的安全、经济运行。

（2）降低绝缘油和电气设备的电气性能。严重时，有可能造成重大的设备和人身事故。

（3）由于油泥、沉淀物的生成，使油品的黏度增大，堵塞油路，有损于油的冷却散热、润滑、调速作用。

（4）部分氧化产物可降低汽轮机油的抗乳化性能，严重者可造成调速器的失灵，烧毁轴承等重大事故。

此外，氧化产物会加速油品自身的氧化和固体绝缘材料的老化。

22. 外界因素对油品氧化有何影响？

答：外界因素对油品氧化的影响有：

（1）温度的升高，使得油品的氧化速度加快；而且加快二次氧化产物的生成；温度较高时，会使氧化曲线发生变化。

（2）氧气的存在是油品氧化的根本原因。氧气浓度的增大或压力的升高都会加速油品的氧化。

（3）部分金属及其盐类均能加速油品的氧化。

（4）电场的存在，会加速沉淀物的生成和皂化值的升高；日光中的紫外线会加快油品的氧化。

（5）多数绝缘材料，长期与油接触时，会对油品的氧化产生不同程度的催化作用。

23. 什么是抗氧化剂？抗氧化剂分为几类？T501 属于哪一类？

答：能改善油品抗氧化安定性的少量物质称为油品的抗氧化剂。

抗氧化剂按作用机理可分为抑制剂和分解剂两类，细分可分为第Ⅰ类、第Ⅱ类、第Ⅲ类三类。

T501 属于第Ⅲ类抗氧化剂。

24. 油品中芳香烃含量是不是越多越好？为什么？

答：油品中的芳香烃含量不是越多越好。虽然芳香烃的抗氧化安定性较其他烃类为好，又能对氧化过程起抑制作用，但氧化后易产生沉淀，量太多时对油品的其他性能有不利的影响。所以说，芳香烃的含量不是越多越好。

25. 油品氧化分哪几个阶段，简单说明之。

答：油品氧化分三个阶段，即开始阶段、发展阶段、迟滞阶段。

（1）开始阶段是油品发生氧化的初期，在比较缓和的条件下，油品氧化速度十分缓慢，生成的氧化产物极少。

（2）发展阶段中油品氧化速度急剧增加，油中氧化产物明显增多。

（3）迟滞阶段中油品的氧化反应受到一定的阻碍作用，氧化速度减慢，氧化产物的生成减少。

26. 何谓击穿电压？何谓绝缘强度？

答：绝缘油处在高电场电导区，若再升高其电压至某一极限值时，则通过油品的电流将猛增，此时的绝缘油失去了绝缘能力，变为导体，这一过程称为绝缘油的"击穿"，击穿时的电压为击穿电压，此时的电场强度称为绝缘油的绝缘强度。

27. 废油的再生方法有哪些？

答：废油的再生方法有重力沉降法、压力过滤法、离心分离法、吸附净化法、电净化法以及化学再生法。

28. 汽轮机油的维护措施有哪些？

答：汽轮机油的维护措施有：①添加抗氧化剂；②安装净油器；③添加防锈剂；④防止水、冷和杂质的浸入；⑤检查、清洗油系统；⑥防止油品的乳化。

29. 为什么要密闭保存氢氧化钠和过氧化钠？写出有关的反应方程式。

答：因为氢氧化钠极易吸收空气中的二氧化碳，生成碳酸钠和水，即

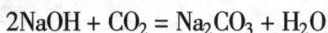

$$2NaOH + CO_2 = Na_2CO_3 + H_2O$$

过氧化钠也会与空气中的二氧化碳作用，生成碳酸钠并放出氧气，即

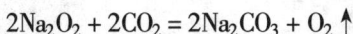

$$2Na_2O_2 + 2CO_2 = 2Na_2CO_3 + O_2\uparrow$$

因此，对氢氧化钠和过氧化钠应密闭保存。

30. 用有玻璃塞的试剂瓶长时间存放氢氧化钠溶液会发生什么现象？并解释之。

答：用有玻璃塞的试剂瓶长时间存放氢氧化钠溶液，瓶颈与玻璃塞会黏在一起。因为氢氧化钠能与玻璃中的二氧化硅反应生

成硅酸钠（俗称水玻璃）。硅酸钠是一种黏合剂，因此应用有橡皮塞的试剂瓶存放氢氧化钠溶液。

第二节　中　级　工

一、判断题（在题末括号内作出记号：✓表示对，×表示错）

1. 0.02430 是四位有效数字。（　　）

答：×。

2. 影响溶液溶解度的因素有溶质和溶剂的性质、溶液温度。（　　）

答：✓。

3. 当强酸、碱溅到皮肤上时，应先用大量清水冲洗，再分别用 0.5% 的碳酸氢钠或 1% 的稀醋酸清洗，然后送医院急救。（　　）

答：✓。

4. 溶液呈中性时，溶液里没有 H^+ 和 OH^-。（　　）

答：×。

5. 在滴定试验中，滴定终点和理论终点并不一致。（　　）

答：✓。

6. 凡是有极性键的分子都是极性分子。（　　）

答：×。

7. 用浓度为 300g/L 的食盐溶液 A 和 100g/L 的食盐溶液 B 配制成 150g/L 的食盐溶液，所用的 A、B 两种溶液的质量比为3:1。（　　）

答：×。

8. 在石油中，碳、氢两种元素主要以单质形式存在。（　　）

答：×。

9. 石油及石油产品的密度通常比 1 大。（　　）

答：×。

10. 变压器油与断路器油的分类方法是相同的。（　　）

答：×。

11. 透平油是汽轮机油的旧名称。（　　）

答：√。

12. 测定油品闪点、燃点时，不需要进行大气压校正。（　　）

答：×。

13. 烃是由碳、氢和磷、硫等元素组成的有机化合物。（　　）

答：×。

14. 含有 16 个及以上碳原子的烷烃为液体。（　　）

答：×。

15. 只有含有单独苯环的烃才是芳香烃。（　　）

答：×。

16. 石油产品及石油的密度与其组成无关。（　　）

答：×。

17. 大气压对闪点的测定无影响。（　　）

答：×。

18. 石油及石油产品的密度与比重无区别。（　　）

答：×。

19. 机械设备使用了润滑油或润滑脂就不会发生磨损了。（　　）

答：×。

20. 水分在汽轮机油存在只有一种形式。（　　）

答：×。

21. 油中烃类物质抗氧化能力最强的是环烷烃。（　　）

答：×。

22. 黏度指数是衡量油品黏度随温度变化特性的一个恒定量。（　　）

答：×。

23. 石油产品的密度是根据阿基米德定律来测定的。（　　）

答：√。

24. 油品的黏温特性是指油品的黏度随温度升高而降低，随温度降低而增高的性质。（　　）

答：√。

25. 温度升高，油品密度增大。（　　）

答：×。

26. 动力黏度与运动黏度是同一数值的两种表述。（　　）

答：×。

27. 选用变压器油时，对其黏度性质无要求。（　　）

答：×。

28. 环烷基油最显著的性能是黏温特性。（　　）

答：×。

29. 工业盐酸显淡黄色主要因为其中含有铁离子杂质。（　　）

答：√。

30. 汽轮机油本身有腐蚀性。（　　）

答：×。

31. 只要是优级试剂都可作基准试剂。（　　）

答：×。

32. 电荷有正负两种，带有电荷的两个物体之间有作用力，且同性相吸，异性相斥。（　　）

答：×。

33. 环境保护中的"三废"是指废水、废气和废渣。（　　）

答：√。

34. 欧姆定律确定了电路中电阻两端的电压与通过电阻的电流同电阻三者之间的关系。（　　）

答：√。

35. 绘图比例 1:20 表示图纸上尺寸 20mm 长度在实际机件中

长度为 400mm。（　　）

答：√。

36. 对于冷、热和含有挥发性及腐蚀性的物体，不可放入天平称量。（　　）

答：√。

37. 氢氧化钠溶液应储存在塑料瓶中。（　　）

答：√。

38. 干燥器打开的盖子放在台上时，应当磨口向下。（　　）

答：×。

39. 滴定管读数时，对于无色或浅色溶液，视线应与其弯月形液面下缘最低点成水平。（　　）

答：√。

40. 倒取试剂时，应手握瓶签一侧，以免试剂滴流侵蚀瓶上标签。（　　）

答：√。

41. 使用具塞滴定管，转动活塞时不要向外拉或往里推。（　　）

答：√。

42. 滴定管读数时应双手持管，保持与地面垂直。（　　）

答：×。

43. 滴定分析中不一定需要标准溶液。（　　）

答：×。

44. 每瓶试剂必须标明名称、规格、浓度和配制时间。（　　）

答：√。

45. 毛细管黏度计可以任意选用。（　　）

答：×。

46. 测定微量水分对实验室的湿度没有要求。（　　）

答：×。

47. 25 号变压器油的凝点不应高于 − 25℃。（　　）

答：√。

48. 采用闭口杯法测定燃油闪点时，当试样的水分超过0.05%时，必须脱水。（　　）

答：√。

49. 油品取样器皿必须清洁无杂质颗粒，如有可能至少用油样冲洗一次。（　　）

答：√。

50. 变压器油的防劣措施之一是添加"T501"抗氧化剂。（　　）

答：√。

51. 柴油中混入汽油，则柴油的闪点温度降低。（　　）

答：√。

52. 油品开口闪点测定过程中，点火器的火焰长度为3～4mm。（　　）

答：√。

53. 在油品酸值测定过程中，使用的氢氧化钾乙醇溶液3个月内不用标定。（　　）

答：×。

54. 测定油品运动黏度时，对毛细管的选择使用无要求。（　　）

答：×。

55. 变压器油的牌号是根据倾点划分的。（　　）

答：×。

56. 测定油品的闪点时，应先点火而后观察温度计。（　　）

答：×。

57. 发电厂机组润滑应使用防锈汽轮机油。（　　）

答：√。

58. 进行油品液相锈蚀试验的时间要求为12h。（　　）

答：×。

59. 从油桶中取样应从油桶的中部取样。（　　）

答：×。

60. 更换微量水分电解液卡尔费休试剂的操作，可以不在通风柜内进行。（　　）

答：×。

61. 变压器油中的水分对绝缘介质的电性能和理化性能均有很大危害性。（　　）

答：√。

62. 变压器油在变压器与油开关中所起的作用是相同的。（　　）

答：×。

63. 测定油中水分对环境温度与湿度无要求。（　　）

答：×。

64. 测定油品界面张力时，如果仪器清洗不干净或有外界污染物存在，则测得的界面张力值偏低。（　　）

答：√。

65. 抗燃油的介电性能比矿物油差的多。（　　）

答：√。

66. 汽轮机油的破乳化度的时间越长越好。（　　）

答：×。

67. 汽轮机油液相锈蚀试验结果为轻锈，不须补加防锈剂。（　　）

答：×。

68. 汽轮机油新油的破乳化度指标为不大于 15min。（　　）

答：√。

69. 测定闭口闪点时，杯内所盛的油量多，测得结果偏高。（　　）

答：×。

70. 测定酸值的过程中，加入乙醇溶液的作用是萃取油中的酸性物质。（　　）

答：√。

71. 测定燃油中水分时，蒸馏瓶必须加入一些碎瓷片或玻璃珠。（　　）

答：√。

72. 采用真空滤油不能滤除油中的水分。（　　）

答：×。

73. 汽轮机油混入抗燃油中不会影响抗燃油的理化性能。（　　）

答：×。

74. 汽轮机油除了要求具有适当的黏度外，还要求油的黏温特性好。（　　）

答：√。

75. 测定黏度较大的渣油中水分前，为使油充分混匀，在试验前要将试样预先加热到 105~110℃，再摇匀。（　　）

答：×。

76. 随着油品的逐渐老化，油品的酸值将会上升，pH 值将会下降。（　　）

答：√。

77. 电力工作人员接到违反《电业安全工作规程》的命令，应拒绝执行。（　　）

答：√。

78. 《中华人民共和国计量法》规定的计量单位是国际单位制计量单位和国家选定的单位。（　　）

答：√。

79. 化验室内的一切用电设备的绝缘、线路、开关等，都应按期检查。（　　）

答：√。

80. 当浓酸溅到衣服上时，应先用水冲洗，然后用 20g/L 稀碱中和，最后再用水冲洗。（　　）

答：√。

81. 油品进行闪点试验时加热出的混合气体对人体无害。

（　　）

答：×。

82. 使用电气工具时，不准提着电气工具的导线或转动部分。（　　）

答：√。

83. 氧气瓶用的减压器压力表应由两个表头组成，一个指示氧气瓶中的压力，一个指示氧气减压后的压力。（　　）

答：√。

84. 为了改善油的低温流动性，在润滑油的生产过程中要进行脱蜡。（　　）

答：√。

85. 滴定管、移液管和容量瓶的标称容量一般是指 15℃时的容积。（　　）

答：×。

二、选择题［将正确答案的序号"（×）"写在题内横线上］

1. 用元素符号表示物质分子组成的式子，叫_____。

（1）化学式；（2）分子式；（3）方程式

答：（2）。

2. 有 pH = 2.00 和 pH = 4.00 的两种溶液等体积混合后，其 pH 是_____。

（1）2.3；（2）2.5；（3）2.8

答：（1）。

3. 酸碱指示剂的颜色随溶液的_____的变化而变化。

（1）电导率；（2）浓度；（3）pH 值

答：（3）。

4. 化学分析中的滴定终点是指滴定过程中_____改变的点。

（1）指示剂颜色；（2）pH 值；（3）溶液浓度

答：（1）。

5. 快速定量滤纸适用于过滤_____沉淀。

（1）非晶形；（2）粗晶形；（3）细晶形

答：(1)。

6. 按照有效数字的规则，28.5 + 3.74 + 0.145 应等于_____。

(1) 32.385；(2) 32.38；(3) 32.3

答：(3)。

7. 油品在使用过程中，油质劣化一般分为_____阶段。

(1) 2；(2) 3；(3) 4

答：(2)。

8. 油品劣化的连锁反应一般分为_____阶段。

(1) 2；(2) 3；(3) 4

答：(2)。

9. 下列变压器油溶解气体分析的组分中，不属于气态烃的是_____。

(1) 甲烷；(2) 一氧化碳；(3) 乙烯

答：(2)。

10. 我国国家标准规定石油及其产品在_____℃时的密度为标准密度。

(1) 0；(2) 10；(3) 20

答：(3)。

11. 石油主要由_____两种元素组成。

(1) 碳和氧；(2) 碳和氮；(3) 碳和氢

答：(3)。

12. 汽轮机油按 40℃运动黏度中心值将油分为 32、46、68、_____等四个牌号。

(1) 100；(2) 150；(3) 90

答：(1)。

13. 变压器油牌号分类，根据_____的不同划分为 10 号、25 号、45 号三种牌号。

(1) 运动黏度；(2) 凝固点；(3) 闪点

答：(2)。

14. 采集样品必须具有_____，这是保证结果真实的先决条件。

(1) 多样性；(2) 代表性；(3) 合法性

答：(2)。

15. 在下列物质中，介电常数最高的是_____。

(1) 空气；(2) 纯水；(3) 矿物油

答：(2)。

16. 变压器油在下列设备中，主要起绝缘作用的设备是_____。

(1) 变压器；(2) 电抗器；(3) 套管

答：(3)。

17. 下列不属于变压器油化学特性的性能是_____。

(1) 成分特性；(2) 中和值；(3) 凝固点

答：(3)。

18. 对油质劣化产物及可溶性极性杂质反映敏感的检测项目是_____。

(1) 闪点；(2) 界面张力；(3) 凝固点

答：(2)。

19. 对变压器油油中溶解气体浓度规定的状态是_____。

(1) 25℃、101.3kPa；　(2) 20℃、101.3kPa；　(3) 50℃、101.3kPa

答：(2)。

20. 在下列烃类中，化学稳定性最差的是_____。

(1) 烷烃；(2) 芳香烃；(3) 不饱和烃

答：(3)。

21. 下列项目中，能证明油品发生化学变化的项目是_____。

(1) 密度；(2) 闪点；(3) 酸值

答：(3)。

22. 石油产品试验方法的精密度用_____来表示。

(1) 误差；(2) 偏差；(3) 允许差

答：(2)。

23. 电力行业标准 DL/T 706—1999 对抗燃油自燃点测定再现性的规定为：_____。

(1) ≤2℃；(2) ≤5℃；(3) ≤20℃

答：(3)。

24. 在交流电电路中，电压和电流的_____随时间按一定的规律变化。

(1) 周期；(2) 频率；(3) 方向和大小

答：(3)。

25. 人们使用的照明电电压 220V，这个值是交流电的_____。

(1) 有效值；(2) 最大值；(3) 恒定值

答：(1)。

26. 压力的法定计量单位是_____。

(1) 大气压 (atm)；(2) 帕［斯卡］(Pa)；(3) 毫米汞柱 (mmHg)

答：(2)。

27. 造成火力发电厂效率低的主要原因是_____。

(1) 锅炉效率低；(2) 汽轮机排汽热损失；(3) 发电机损失

答：(2)。

28. 燃料在锅炉高温燃烧是把燃料的化学能转变成_____。

(1) 电能；(2) 热能；(3) 光能

答：(2)。

29. 氧气压力表每_____应经计量机关检定一次，以保证指示正确和操作安全。

(1) 半年；(2) 1 年；(3) 2 年

答：(3)。

30. 下列因素中，_____是影响变压器寿命的主要因素。

(1) 铁芯；(2) 绕组；(3) 绝缘

答：(3)。

31. 在开启苛性碱桶及溶解苛性碱时均需戴_____。

（1）手套、口罩、眼镜；（2）口罩、眼镜；（3）橡皮手套、口罩、眼镜

答：（3）。

32. 在使用有挥发性的药品时，必须在_____进行，并应远离火源。

（1）通风柜内；（2）室外；（3）化验室内

答：（1）。

33. 溶液的 pH 值每相差一个单位，相当于溶液中的氢离子浓度相差_____倍。

（1）10；（2）5；（3）1

答：（1）。

34. 适用于一般分析和科研工作的分析试剂的标签颜色为_____。

（1）绿色；（2）红色；（3）蓝色

答：（2）。

35. 油品取样容器为_____ mL 磨口具塞玻璃瓶。

（1）500～1000；（2）250～500；（3）1000～2000

答：（1）。

36. 在用标称为 5.0mL 的移液管取溶液时正确的排液方法是_____。

（1）用嘴吹气加压排液；（2）移液管垂直，让其自然流出；（3）让移液管尖端按规定等待时间顺沿流出

答：（3）。

37. 容量瓶的用途为_____。

（1）储存标准溶液；（2）量取一定体积的溶液；（3）将准确称量的物质准确地配成一定体积的溶液

答：（3）。

38. 下面玻璃量器中属于量入式量器的是_____。

（1）滴定管；（2）吸管；（3）容量瓶

答：(3)。

39. 下列溶液中需要避光保存的是_____。

(1) KOH；(2) KI；(3) KCl

答：(2)。

40. 在电气设备上取油样，应由_____指定人员操作。

(1) 电气分场；(2) 化学分场；(3) 化验员

答：(1)。

41. 测定油品酸值的 KOH 乙醇标准溶液不应储存时间太长，一般不超过_____。

(1) 1 个月；(2) 2 个月；(3) 3 个月

答：(3)。

42. 下面指标中，_____不是汽轮机油指标要求。

(1) 电阻率；(2) 运动黏度；(3) 泡沫特性

答：(1)。

43. 汽轮机油的正常监督试验取样点是_____。

(1) 油箱顶部；(2) 主油泵出口；(3) 冷油器出口

答：(3)。

44. 对密封油系统与润滑油系统分开的机组，应从密封油箱_____取样化验。

(1) 底部；(2) 中部；(3) 上部

答：(1)。

45. 测定油品燃点时，当试样接触火焰后立即着火并能继续燃烧不少于_____ s，此时立即从温度计读出温度作为燃点的测定结果。

(1) 1；(2) 3；(3) 5

答：(3)。

46. 采用闭口杯法测定变压器油闪点时，在试样温度到达预期闪点前 10℃时，对于闪点低于 104℃的试样每经_____℃进行点火试验。

(1) 1；(2) 2；(3) 4

答：(1)。

47. 石油产品闭口闪点测定法中，油杯要用＿＿＿洗涤，再用空气吹干。

(1) 柴油；(2) 煤油；(3) 无铅汽油

答：(3)。

48. 变压器油油中溶解气体分析用油样，在采集后的保存期一般不超过＿＿＿天。

(1) 1；(2) 4；(3) 7

答：(2)。

49. 进行油品破乳化度测定要求的试验温度为＿＿＿。

(1) 50 ± 1℃；(2) 40 ± 1℃；(3) 54 ± 1℃

答：(3)。

50. 在油品开口闪点测定法中，点火器的火焰长度，应预先调整为＿＿＿。

(1) 1 ~ 2mm；(2) 3 ~ 4mm；(3) 5 ~ 6mm

答：(2)

51. 测定油品酸值时，配制的氢氧化钾乙醇溶液用＿＿＿标定。

(1) 硫酸；(2) 盐酸；(3) 邻苯二甲酸氢钾

答：(3)。

52. 从一批25桶变压器油中取样时，按规定应取＿＿＿桶才有足够的代表性。

(1) 3；(2) 4；(3) 8

答：(2)。

53. 在水溶性酸比色测定法中，两个平行测定结果之差，不应超过＿＿＿个 pH 值。

(1) 0.05；(2) 0.1；(3) 0.2

答：(2)。

54. 根据试验温度选用毛细管黏度计，对内径 0.4mm 的黏度计，试样流动时间不得少于＿＿＿。

(1) 350s；(2) 200s；(3) 400s

答：(1)。

55. 国家标准中规定，新防锈汽轮机油破乳化度时间应不大于_____ min。

(1) 60；(2) 30；(3) 15

答：(3)。

56. 运行中汽轮机油闪点的标准是不比新油标准低_____℃。

(1) 15；(2) 5；(3) 3

答：(1)。

57. 变压器油的牌号是根据_____划分的。

(1) 闪点；(2) 黏度；(3) 凝点

答：(3)。

58. 现行汽轮机油的牌号是根据该油品在_____℃时的运动黏度是平均数划分的。

(1) 0；(2) 20；(3) 40

答：(3)。

59. 在油中水分测定中，取样不得在相对湿度大于_____的情况下进行。

(1) 40%；(2) 50%；(3) 70%

答：(3)。

60. 测定油品运动黏度时，要求温度变化范围不超过_____℃。

(1) ±0.01；(2) ±0.05；(3) ±0.1

答：(3)。

61. 国标中规定，新变压器油的酸值不应大于_____ mgKOH/g。

(1) 0.03；(2) 0.1；(3) 0.2；(4) 0.3

答：(1)。

62. 运行汽轮机油正常监督试验，应从_____取样。

（1）油箱底部；（2）油箱中部；（3）冷油器出口

答：（3）。

63. 国家标准中规定运行中变压器油的酸值不高于_____ mg KOH/g。

（1）0.1；（2）0.3；（3）0.01

答：（1）。

64. 破乳化度试验规定将试样和蒸馏水各_____ mL 注入量筒内。

（1）30；（2）40；（3）50

答：（2）。

65. 运行中汽轮机油的液相锈蚀试验周期为_____至少一次。

（1）每月；（2）半年；（3）1年

答：（2）。

66. 进行酸值测定煮沸 5min 的目的之一是将油中的_____用乙醇萃取出来。

（1）无机酸；（2）无机碱；（3）有机酸

答：（3）。

67. 测定酸值应先排除_____对酸值的干扰。

（1）乙醇；（2）二氧化碳；（3）氧气

答：（2）。

68. 测定变压器油水溶性酸的试验用水必须是_____。

（1）除盐水；（2）蒸馏水；（3）纯净水

答：（1）。

69. 在油品开口闪点测定法中，当试样温度达到预计闪点前 60℃时，调整加热速度，使试样温度达到闪点前 40℃时，能控制升温速度为每分钟升高_____。

（1）4℃±1℃；（2）5℃±1℃；（3）6℃±1℃

答：（1）。

70. 下列用品中，_____不属于一般安全用具。

（1）手套；（2）安全带；（3）护目眼镜

答：（1）。

71. 氮气瓶的颜色是_____。

（1）红色；（2）黑色；（3）白色

答：（2）。

72. 发电厂汽轮机油管道的标准颜色是_____。

（1）白色；（2）黄色；（3）蓝色

答：（2）。

73. 若发现有人触电，应立即_____。

（1）对触电者进行人工呼吸；（2）切断电源；（3）胸外心脏挤压

答：（2）。

74. 我国规定的最高安全电压等级是_____ V。

（1）50；（2）48；（3）36

答：（3）。

75. 若发现有人一氧化碳中毒，应立即_____。

（1）将中毒者移离现场至空气新鲜处；（2）将中毒者送往医院；（3）让病人吸氧

答：（1）。

76. 浓酸一旦溅入眼睛内，首先应采取_____办法进行急救。

（1）0.5%的碳酸氢钠溶液清洗；（2）2%稀碱液中和；（3）清水冲洗

答：（3）。

三、计算题

1. 准确称取草酸（$H_2C_2O_4 \cdot 2H_2O$）63g，溶于10L水中，求草酸标准溶液的浓度 c（$1/2 \cdot H_2C_2O_4 \cdot 2H_2O$）。

解： m（$1/2 H_2C_2O_4 \cdot 2H_2O$）= 63（g）

c（$1/2 H_2C_2O_4 \cdot 2H_2O$）= 63 ÷ 63 ÷ 10 = 0.1（mol/L）

答： 草酸标准溶液的浓度 c（$1/2 \cdot H_2C_2O_4 \cdot 2H_2O$）等于 0.1mol/L。

2. 在 1L 水中，加入 500mL20% 的 H_2SO_4 溶液，已知其密度为 $1.14g/cm^3$，求 c（$1/2H_2SO_4$）为多少 mol/L？

解：溶质 H_2SO_4 质量为

$500 \times 1.14 \times 20\% = 114g$

c（$1/2H_2SO_4$）$= 114 \div 49 \div 1.5 = 1.55$（mol/L）

答：c（$1/2H_2SO_4$）为 1.55mol/L。

3. 把 50mL、98% 的浓硫酸（密度为 $1.84g/cm^3$）稀释成 20% 的硫酸溶液（密度为 $1.14g/cm^3$），问需加多少水？

解：设需加水 x（mL），则

$$50 \times 1.84 \times 98\% = (50 + x) \times 1.14 \times 20\%$$

$$x = 345(mL)$$

答：需加水 345mL。

4. 在进行油的酸值分析中，消耗了 0.02mol/L 氢氧化钾乙醇溶液 4.2mL，共用试油 10g，求此油的酸值是多少？（空白值按 0 计算）

解：设此油的酸值为 X（mgKOH/g），即

$X = c(V - V_0)M/m = 0.02 \times (4.2 - 0) \times 56.1$

$= 0.47(mgKOH/g)$

答：此油的酸值为 0.47mgKOH/g。

四、问答题

1. 溶液的浓度表示方法有哪些？

答：（1）比例表示法。

（2）百分浓度表示法。

（3）物质 B 的质量浓度（g/L）表示法。

（4）物质 B 的浓度（mol/L）表示法。

（5）物质 B 的质量摩尔浓度（mol/kg）表示法。

（6）滴定度。

（7）质量分数表示法。

2. 法拉第电解定律的内容是什么？

答：（1）电流通过电解质溶解时，电极反应产物的质量与通

过的电量成正比。

（2）相同的电量通过各种不同的电解质溶解时，每个电极上电极反应产物的质量与它们的摩尔质量成正比。

3．简述油品添加剂的种类。

答：（1）抗氧化添加剂。

（2）黏度添加剂。

（3）降凝剂。

（4）防锈添加剂。

（5）抗泡沫添加剂。

（6）破乳化剂。

4．石油产品的炼制工艺程序及目的是什么？

答：（1）原油的预处理：去除原油中的水分、机械杂质及盐类。

（2）油的蒸馏与分馏：得到不同温度范围的馏分。

（3）油的精制：去除油中有害成分。

（4）脱蜡：改善油品低温流动性能。

（5）油的调制：添加添加剂，改善油品特殊指标。

5．什么是烧伤，它有哪些危险性？

答：（1）无论是被火烧伤、油品烫伤，还是接触高温物体、化学药品、电流放射线及有毒气体等，从而引起的人体受伤，统称为烧伤。

（2）主要危险性是使人体失去大量水分，烧伤后容易引起并发症。此外，被化学品烧伤，可引发身体中毒等。

6．滴定管使用前应做哪些准备工作？

答：（1）滴定管必须清洗干净。

（2）仔细检查有无渗漏情况。

（3）装入溶液前，先用蒸馏水清洗后用滴定溶液清洗。

（4）先放出部分溶液，而后检查滴定管内是否存在气泡。

（5）调整液面至零点。

7．在滴定分析中，怎样正确读取滴定管的读数？

答：（1）在读数时，应将滴定管垂直夹在滴定管夹上，并将管下端悬挂的液滴除去。

（2）对透明液体，读取弯月面下缘最低点处；对深色液体，读取弯月面上缘两侧最高点。

（3）读数时，眼睛与液面在同一水平线上，初读与终读应同一标准。

（4）装满溶液或放出溶液后，必须等一会儿再读数。

（5）每次滴定前，液面最好调节在刻度 0 左右。

8. 如何安全使用酒精灯？

答：（1）不能在点燃的情况下添加酒精。

（2）两个酒精灯不允许相互点燃。

（3）熄灭时应用灯罩盖灭。

（4）酒精注入量不得超过灯容积的 2/3。

9. 如何存放有毒、易燃、易爆物品？

答：凡是有毒、易燃、易爆的化学药品不准存放在化验室的架子上，应储放在隔离的房间和柜内，或远离厂房的地方，并有专人负责保管，易爆物品、剧毒药品应有两把钥匙分别由两人保管，使用和报废药品应有严格的管理制度。对有挥发性的药品也应存放在专门的柜内。

10. 测定酸值时，为什么要煮沸 5min 且滴定不能超过 3min？

答：（1）为了驱除二氧化碳的干扰。

（2）趁热滴定可以避免乳化液对颜色变化的识别。

（3）有利于油中有机酸的抽出。

（4）趁热滴定为了防止二氧化碳的二次干扰。

11. 测定油品水溶性酸碱的注意事项有哪些？

答：（1）试样必须充分摇匀，并立即取样。

（2）所用溶剂、蒸馏水、乙醇都必须为中性。

（3）所用仪器都必须保持清洁、无水溶性酸碱等物质残存或污染。

（4）加入的指示剂不能超过规定的滴数。

（5）pH 缓冲溶液应配制准确，且放置时间不宜过久。

12. 配制碱蓝 6B 指示剂应注意什么？

答：（1）指示剂要称准至 0.01g。

（2）不得直接在电炉上加热回流。

（3）回流时间不得超过 1h，且要经常搅拌。

（4）回流冷却后，一定要过滤。

（5）用盐酸中和一定要趁热。

（6）酸、碱用量要掌握好。

（7）注意指示剂颜色变化。

13. 遇到有人触电，应如何急救？

答：遇到有人触电时，应立即切断电源，使触电人脱离电源并进行急救。如果开关不在近旁，应使用不导电的东西把触电人身上的电线拉开，使触电人脱离电源。如果在高空工作，抢救时必须注意防止高空坠落。

14. 遇到哪些情况不能用水灭火？

答：（1）没有切断电源的电器着火。

（2）凡遇水分解，产生可燃气体和热量的物质着火。

（3）比水轻且不与水混溶的易燃液体着火。

第二章 燃料化验员

第一节 初 级 工

一、填空题

1. 火力发电厂中使用的燃料可分为三类，即___①___、___②___、___③___。

答：①固体燃料；②液体燃料；③气体燃料。

2. 煤在火力发电厂中的消耗量相当大，约占发电成本的___。

答：60%。

3. 根据煤的变质程度，可将其分为四大类，即___①___、___②___、___③___、___④___。

答：①泥煤；②褐煤；③烟煤；④无烟煤。

4. 新制定的中国煤炭分类国家标准，将煤分为___①___、___②___。

答：①14 大类；②17 小类。

5. 入厂煤按煤种以___为一批量进行采样，并作为一个分析测定单位。

答：1000t。

6. 采样工具的宽度不应小于煤样中最大粒度的___倍，并能充分容纳所采的煤样。

答：2.5~3。

7. 采样时，应在采样点___①___以下挖坑采集；采样工具可用宽度约___②___，长度约___③___的尖铲。

答：①0.4m；②250mm；③300mm。

8. 对于粒度大于 100mm 的洗中煤，不论车皮容量大小，均按___①___法采样；对于入厂原煤和筛选煤，不论车皮容量大小，均按___②___法采样。

答：①五点循环；②三点。

9. 煤耗是指每发___①___电所消耗标准煤的克数，其表示单位为___②___。

答：①1kWh；②g/kWh。

10. 标准煤是低位发热量为___①___的假定燃料。

答：①29300kJ/kg。

11. ___①___是衡量火力发电厂经济性的主要指标。

答：①煤耗。

12. 煤的组成可分为两部分，即___①___和___②___。

答：①可燃部分；②不可燃部分。

13. 煤的工业分析项目包括：___①___、___②___、___③___、___④___。

答：①水分；②灰分；③挥发分；④固定碳。

14. 煤中有机质主要由____五种元素组成。

答：碳、氢、氧、氮、硫。

15. 常用的煤的分析基准有：___①___、___②___、___③___、___④___。

答：①收到基；②空气干燥基；③干燥基；④干燥无灰基。

16. 除去____的煤就是空气干燥基状态的煤。

答：外在水分。

17. 煤中___①___水分是最容易发生变化的，一般放在室内，以___②___的方法除去。

答：①外在；②空气干燥。

18. 除去全部水分的煤称为____基煤。

答：干燥。

19. 干燥无灰基是指煤中的____部分，它包括有机部分和一部分可燃硫。

答：可燃。

20. 煤中水分的存在形态有三种，即：___①___、___②___和

____③____，其中____④____含量最少。

答：①外在水分；②内在水分；③结晶水；④结晶水。

21. 通常，把煤在温度为20℃，空气相对湿度为____的条件下失去的水分称为煤的外在水分。

答：65%。

22. 以化学力吸附在煤的____①____的水分为内在水分，内在水分含量与煤的____②____有关。

答：①内部小毛细孔中；②变质程度。

23. 与煤中矿物质分子相结合的水为____①____，其在____②____℃以上才能从化合物中逸出。

答：①结晶水；②200。

24. 制样主要有四个环节，即：____①____、____②____、____③____和____④____。

答：①破碎；②筛分；③掺合；④缩分。

25. 对破碎依现场条件，可采用____①____或____②____来实现，为减轻工作量，可采用____③____与____④____相结合的方法。

答：①机械方法；②人工方法；③破碎；④缩分。

26. 掺合可采用____①____法，该工作应重复进行____②____次。

答：①堆锥；②三。

27. 缩分可采用____①____分法，也可用____②____器进行缩分。

答：①四；②分样。

28. 制样必须在专用的____①____内进行，应不受____②____的影响。

答：①制样室；②环境。

29. 采用人工法破碎煤样，劳动强度____①____，易产生____②____误差。

答：①大；②系统。

30. 对于煤量不足300t的原煤，筛选煤子样数不得少于____个。

答：18。

31. 我国大多数火力发电厂之所以以燃煤为主，是因为煤的 ① 、 ② 、 ③ 。

答：①储量大；②开采量大；③价格低廉。

32. 煤中水分的测定方法有 ① 法和 ② 法两种，其中 ③ 法重现性好，但可能使煤中有机质分解。

答：①直接；②间接；③间接。

33. 在燃煤分析试样水分的测定中，一般加热至 ① ℃；若以快速法测之，则加热至 ② ℃，并鼓风干燥 1h。

答：①105～110；②145±5。

34. 测定燃煤灰分时，称取试样 ① ，缓慢升温至 ② ，并保持 ③ ，继续升温至 ④ ，再灼烧 1h。

答：①1±0.1g；②500℃；③30min；④815±10℃。

35. 测定燃煤灰分所用的高温炉应有____。

答：烟囱。

36. 以常规法测定煤中水分时，称取试样 ① ，称准至 ② mg，并在不断 ③ 的条件下进行。

答：①1±0.1g；②0.2；③鼓风干燥。

37. ① 煤因其易氧化，故常以 ② 法测其水分，但因使用有毒物质 ③ 或 ④ ，所以在分析大量试样时不宜采用此法。

答：①褐；②蒸馏；③甲苯；④二甲苯。

38. 以蒸馏法测煤中水分时，称取试样 ① ，称准至 ② mg。

答：①25g；②1。

39. 煤中矿物质来源于三个方面，即： ① 、 ② 和 ③ 。

答：①原生矿物质；②次生矿物质；③外来矿物质。

40. 原生矿物质含量虽少，但对锅炉的 ① 和 ② 影响很大。

答：①结渣；②腐蚀。

41. 外来矿物质在煤中的分布＿＿①＿＿，可用＿＿②＿＿的方法除去。

答：①不均匀；②洗选。

42. 煤中灰分越高，可燃成分相对＿＿①＿＿，发热量＿＿②＿＿。

答：①越少；②越低。

43. 煤中矿物质含量越高，则＿＿①＿＿、＿＿②＿＿、＿＿③＿＿的费用越多。

答：①采煤；②运输；③制粉。

44. 煤中灰分的测定方法有＿＿①＿＿和＿＿②＿＿两种。

答：①缓慢灰化法；②快速灰化法。

45. 煤燃烧后，由烟囱排出的大量＿＿①＿＿和＿＿②＿＿等物质，会污染环境，危害人们的身体健康。

答：①二氧化硫；②粉尘。

46. 煤的挥发分与测定时所用的＿＿①＿＿、加热＿＿②＿＿和加热＿＿③＿＿有关。

答：①容器；②温度；③时间。

47. 为了得到准确的挥发分测定结果，必须使用带有严密盖子的专用＿＿①＿＿，在＿＿②＿＿℃下隔绝空气加热＿＿③＿＿min。

答：①瓷制坩埚；②900±10；③7。

48. 在测定燃煤挥发分的条件下，析出的物质包括＿＿①＿＿和＿＿②＿＿等。

答：①分解产物；②水分。

49. 煤中挥发分过少时，则煤不易＿＿①＿＿，燃烧＿＿②＿＿，甚至＿＿③＿＿。

答：①点燃；②不稳定；③熄灭。

50. 控制燃烧过程，通常根据＿＿＿多少调整一、二次风量。

答：挥发分。

51. 测定挥发分，有＿＿①＿＿和＿＿②＿＿两种方法。

答：①单式；②复式。

52. 测定燃煤挥发分时，称取试样＿＿①＿＿g，精确到

_____② mg。

答：①1±0.01；②0.2。

53. 测定燃煤挥发分时，可不进行____试验。

答：检查性。

54. 煤的焦渣特征共分____级。

答：8。

55. 煤中水分含量越多，有机质含量就__①__，发热量就__②__。

答：①越少；②越低。

56. 燃料的发热量是指__①__的燃料完全燃烧时释放出来的热量，其单位为__②__或__③__。

答：①单位质量；②MJ/kg；③J/g。

57. 燃料的发热量表示方法有三种，即：__①__、__②__和__③__。

答：①弹筒发热量；②高位发热量；③低位发热量。

58. 测定燃煤发热量时使用的贝克曼温度计应进行__①__和__②__的校正。

答：①刻度校正；②平均分度值。

59. 量热计的热容标定不得少于__①__次，而且最大值与最小值之差不应大于__②__，取其__③__作为该量热计的热容。

答：①5；②41.816J/℃；③平均值。

60. 量热计有__①__和__②__两种。

答：①恒温式量热计；②绝热式量热计。

61. 贝克曼温度计的副标尺的示值范围为__①__℃，最小分度值为__②__℃。

答：①-20～+120；②4。

62. 以恒温式量热计测定燃煤发热量时，因内、外筒之间存在热量__①__，故应进行__②__。

答：①交换；②冷却校正。

63. 以三阶段法测定燃煤发热量，这三个阶段是__①__、

②　　 和 　　③　　 。

　　答：①初期；②主期；③末期。

　　64.燃煤发热量的大小主要决定于两个方面的因素，即：
　　①　　 和 　　②　　 。

　　答：①化学组成；②燃烧条件。

　　65. 　　①　　是煤的组成中最为重要的元素，也是煤中有机质含量最　②　　的成分。

　　答：①碳；②高。

　　66.一般随着煤的变质程度的加深，碳的含量　　①　　，氢的含量　　②　　。

　　答：①增多；②减少。

　　67.煤中　　①　　水分与　　②　　水分之和称为全水分。

　　答：①外在；②内在。

　　68.表征煤灰熔融性的四个特征温度是　　①　　、　　②　　、　　③　　和　　④　　。

　　答：①变形温度；②软化温度；③半球温度；④流动温度。

　　69.测定煤粉细度的两个筛子的孔径分别是　　①　　和　　②　　。

　　答：①88μm；②200μm。

　　70.无烟煤的煤化程度最　　①　　，　　②　　含量也最高，质地坚硬，不易　　③　　，由于挥发分含量低，所以不易　　④　　。

　　答：①高；②碳；③破碎；④点燃。

　　71.褐煤进一步煤化就是　　①　　煤，其品种最　　②　　，用途最广。

　　答：①烟；②多。

　　72.生成年代最浅的是　　①　　煤，其水分含量很　　②　　。

　　答：①泥；②高。

　　73.从煤矿生产出来的，只经人工拣矸的煤炭产品称为____。

　　答：原煤。

　　74.煤在空气中氧化后，会失去　　①　　，颗粒疏松，硬度变

②　，发热量　③　。

　　答：①光泽；②小；③降低。

　　75. 煤中可燃组分含量越多，着火点越　①　，煤就越易　②　，挥发分高的煤，其着火点都较　③　，灰分高的煤，着火点也　④　。

　　答：①低；②自燃；③低；④高。

　　76. 煤中硫有三种存在形态，即：　①　、　②　和　③　。

　　答：①硫化铁硫；②硫酸盐硫；③有机硫。

　　77. 煤中可燃硫包括：　①　、　②　。

　　答：①有机硫；②硫化铁硫。

　　78. 煤中　①　元素是有害元素，煤燃烧后由其生成　②　。

　　答：①硫；②二氧化硫。

　　79. 测定内筒的温升可用　①　温度计，其有两个水银泡，即　②　和　③　，为使读数准确，可使用　④　。

　　答：①贝克曼；②主泡；③储存泡；④测温放大镜。

　　80. 刻度校正可用　①　或　②　来完成。

　　答：①计算法；②作图法。

　　81. 由于主泡中的水银量的变化，使得　①　与基准温度不一致，故应进行　②　的校正。

　　答：①基点温度；②平均分度值。

　　82. 煤是由____转变而来的，这是成煤的主要条件之一。

　　答：植物。

　　83. 影响化学反应速度的因素主要有：　①　、　②　、　③　和催化剂。

　　答：①浓度；②压力；③温度。

　　84. 化学反应的主要类型有：　①　、　②　、　③　和　④　。

　　答：①中和反应；②沉淀反应；③络合反应；④氧化－还原反应。

85. 1mol 氢气的质量为＿＿ g，其在常温常压下为气态。

答：2。

86. pH 值大于 7 的水溶液呈＿①＿性，pH 值小于 7 的水溶液呈＿②＿性。

答：①碱；②酸。

87. 甲烷的分子式为＿①＿，其在常温常压下为＿②＿态。

答：①CH_4；②气。

88. 乙烷的分子式为＿①＿，其在常温常压下为＿②＿态。

答：①C_2H_6；②气。

89. ＿①＿烃和＿②＿烃是不饱和烃。

答：①烯；②炔。

90. 溶液中发生离子反应的条件是：＿①＿、＿②＿、生成难电离的物质。

答：①生成沉淀；②生成气体。

91. 对少于＿＿ t 的洗中煤，至少应采 6 个子样。

答：300。

92. 煤中水分的代表符号是＿①＿，灰分的代表符号是＿②＿，挥发分的代表符号是＿③＿，固定碳的代表符号是＿④＿。

答：①M；②A；③V；④FC。

93. 空气干燥基水分的表示符号是＿①＿，干燥基灰分的表示符号为＿②＿。

答：①M_{ad}；②A_d。

94. 测定值与真实值之间的差值叫＿①＿，测定值与测定平均值之间的差值叫＿②＿。

答：①误差；②偏差。

95. 氧化剂在化学反应中＿①＿电子，还原剂则＿②＿电子。

答：①得到；②失去。

96. 所采的煤样要立刻放入＿①＿的容器中，以防止损失

②　。

答：①密封；②水分。

97. 采样过程中不应该将应采的煤块、　①　、　②　漏掉或舍弃。

答：①矿石；②黄铁矿。

98. 制样人员在制样操作时，应最好穿专用的　①　，以免　②　煤样。

答：①制样鞋；②污染。

99. 煤中　①　的测定是一项规范性很强的试验。任何测定条件的改变，都会使测定结果发生变化。在加热过程中应防止煤样　②　。

答：①挥发分；②喷溅。

100. 氧弹的充氧时间不得少于___s。

答：30。

二、判断题（在题末括号内作出记号：√表示对；×表示错）

1. 煤是由古代的植物经过长期的细菌生物化学作用以及地热高温和岩石高压的成岩、变质作用逐渐形成的。（　　）

答：√。

2. 按煤变质程度的深浅可将其分为三大类，即泥煤、褐煤、烟煤。（　　）

答：×。

3. 灰分与煤中矿物质组成没有区别。（　　）

答：×。

4. 煤粉细度是表示煤粉中各种大小尺寸颗粒煤的质量百分含量的。（　　）

答：√。

5. 常以流动温度作为煤灰的熔点。（　　）

答：×。

6. 目前，我国火力发电厂中用得最多的是液体燃料。

（　　）

答：×。

7. 煤是由可燃成分和不可燃成分组成的。（　　）

答：√。

8. 煤的工业分析比元素分析具有规范性。（　　）

答：√。

9. 不计算不可燃成分的煤，其余成分的组合称为干燥无灰基。（　　）

答：√。

10. 不计算水分的煤，其余成分的组合称为空气干燥基。（　　）

答：×。

11. 对于煤中的结晶水，用常规法可以测得。（　　）

答：×。

12. 内在水分必须在常压下，温度高于 $200℃$ 时方能除去。（　　）

答：×。

13. 外在水分随气候条件的改变而改变。（　　）

答：√。

14. 煤中水分含量越少越好。（　　）

答：×。

15. 煤的全水分包括外在水分、内在水分和结晶水。（　　）

答：×。

16. 煤中水分含量高，会增加运输费用，同时燃煤发热量相对降低。（　　）

答：√。

17. 煤的矿物质中分布得最不均匀的是原生矿物质。（　　）

答：×。

18. 煤中的碳酸盐在 $600℃$ 以上时开始分解。（　　）

答：√。

19. 碱金属化合物和氯化物在 700℃ 以上时，部分挥发。
（　　）
答：√。

20. 测定煤的灰分产率时，温度规定为 900±10℃。（　　）
答：×。

21. 快速灰化法测定结果较缓慢灰化法测定结果偏低。
（　　）
答：×。

22. 测定煤中灰分的高温炉应有烟囱。（　　）
答：√。

23. 在不鼓风的条件下，煤中水分的测定结果会偏低。
（　　）
答：√。

24. 煤的焦渣特征共分 10 级，可用序号作为焦渣特征代号。
（　　）
答：×。

25. 焦渣外形特征与煤中有机质的性质没有关系。（　　）
答：×。

26. 煤中固定碳含量是通过测定得出的。（　　）
答：×。

27. 测过煤样挥发分后，残留物称为固定碳。（　　）
答：×。

28. 热量计的热容量是水当量的另一个称谓。（　　）
答：×。

29. 煤中的氮含量是以差减法求得的。（　　）
答：×。

30. 灰分含量越高，固定碳含量越低，发热量则越低。
（　　）
答：√。

31. 对于同一煤种，高位发热量高于弹筒发热量。（　　）

答：×。

32. 对于同一煤种，高位发热量高于低位发热量。（　　）

答：√。

33. 发热量有四种表示法。（　　）

答：×。

34. 煤在锅炉中燃烧时，真正可以利用的是高位发热量。（　　）

答：×。

35. 对普通温度计可以不进行刻度校正。（　　）

答：×。

36. 对贝克曼温度计应进行平均分度值的校正。（　　）

答：√。

37. 为使读数准确，可用测温放大镜。（　　）

答：√。

38. 测定燃煤发热量时，量热计外筒可以不装水。（　　）

答：×。

39. 量热计的氧弹中装的是自来水。（　　）

答：×。

40. 对普通温度计可以不进行平均分度值的校正。（　　）

答：√。

41. 搅拌器的作用在于使水温均匀一致。（　　）

答：√。

42. 标定量热计热容的基准物质是蔗糖。（　　）

答：×。

43. 热容的标定应不少于 5 次，且极限误差不超过 41.816J/℃。（　　）.

答：√。

44. 掺合的目的在于使煤样混合均匀。（　　）

答：√。

45. 原煤样应先缩分，再破碎、筛分，以减轻劳动量。

（　　）

答：×。

46. 于火车中采样时，斜线的始末两点应位于距顶点 1m 处，其余各点间距相等。（　　）

答：√。

47. 使用分析天平应遵守有关规定，对分析天平应进行定期校验。（　　）

答：√。

48. 对初次使用的瓷坩埚或方皿，须予以编号并烧至恒重。（　　）

答：√。

49. 分析试样的粒度为 1mm 以下。（　　）

答：×。

50. 入厂煤按煤种以 100t 为一批进行采样，并作为一个分析测定单位。（　　）

答：×。

51. 子样的最小质量不得少于 1kg。（　　）

答：×。

52. 测定燃煤挥发分时，如延长时间，坩埚内压力会下降，空气将渗入，造成煤的氧化，从而使测定结果偏高。（　　）

答：√。

53. 测定燃煤挥发分时，必须严格规定试验条件，如加热温度、加热时间等。（　　）

答：√。

54. 以快速法测定煤中灰分时，可以不进行检查性试验。（　　）

答：×。

55. 测定煤中挥发分时，可以不进行检查性试验。（　　）

答：√。

56. 测定燃煤挥发分应在 815±10℃下，加热 7min。（　　）

答：×。

57. 测定煤中灰分时，称取分析试样 10±0.1g。（   ）

答：×。

58. 煤中最有害的元素是硫。（   ）

答：√。

59. 制样的四个环节是破碎、筛分、掺合、缩分。（   ）

答：√。

60. 应将煤样破碎到 30mm 以下，才能进行缩分。（   ）

答：×。

61. 向氧弹中的充氧时间不得少于 1.5min。（   ）

答：×。

62. 对于批量不足 300t 的洗中煤，子样的最少数目为 18 个。（   ）

答：×。

63. 制样室应不受环境的影响，否则缩制后的煤样将发生变化。（   ）

答：√。

64. 掺合工序适用于人工缩分。（   ）

答：√。

65. 煤样的粒度愈大，不均匀度愈大。（   ）

答：√。

66. 失去电子、被还原的是氧化剂。（   ）

答：×。

67. 得到电子、被氧化是还原剂。（   ）

答：×。

68. 对于粒度小的煤，子样的最小质量不得少于 1kg。（   ）

答：×。

69. 组成铁的最小粒子是铁分子。（   ）

答：×。

70. 对于 0.01mol/L 的盐酸溶液，其 pH 值为 2。（　　）

答：√。

71. 某溶液的 pH 值大于 7，说明该溶液中不含有 H^+。（　　）

答：×。

72. $NaCl$、K_2SO_4 的水溶液呈中性。（　　）

答：√。

73. Na_3PO_4 的水溶液呈中性。（　　）

答：×。

74. 溶液的 pH 值一定大于零。（　　）

答：×。

75. 分子是物质进行化学反应的基本粒子。（　　）

答：×。

76. 天平空载达到平衡时，指针的位置称为零点。（　　）

答：√。

77. 一般在一定温度下，增加反应物的浓度，反应速度会加快。（　　）

答：√。

78. 烷烃的通式为 C_nH_{2n}。（　　）

答：×。

79. 炔烃的通式为 C_nH_{2n-1}。（　　）

答：×。

80. 钙元素的电子排布式为 $1S^22S^22P^63S^23P^64S^2$。（　　）

答：√。

81. 在硫酸中，硫的氧化数为 +6。（　　）

答：√。

82. pH 值大于 7 的溶液，一定是碱溶液。（　　）

答：×。

83. 化学反应平衡常数与反应物的浓度有关。（　　）

答：×。

84. 甲基橙的理论变色范围的 pH 值为 3.1~4.4。（   ）

答：√。

85. 酸碱中和反应属于置换反应。（   ）

答：×。

86. 检验碳酸盐常用的试剂是盐酸。（   ）

答：√。

87. 酸式滴定管不能盛放碱性溶液。（   ）

答：√。

88. 分子量最小的环烷烃是环丁烷。（   ）

答：×。

89. 滴定过程中，由于振荡过于激烈，少量溶液溅出锥形瓶，而使滴定结果偏低。（   ）

答：√。

90. 在滴定分析中，所使用的滴定管分为酸式和碱式两种。（   ）

答：√。

91. 测热室内应无强烈的热源和剧烈的空气对流，试验过程中应避免开启门窗。（   ）

答：√。

92. 对氧弹要进行在 20MPa 的压力下并保持 10min 的水压试验。（   ）

答：×。

93. 测定燃煤发热量时，搅拌器的转速以 400~600r/min 为宜，并能保持稳定。（   ）

答：√。

94. 采样具有随机性，该采的块煤、矸石、黄铁矿可以漏掉或舍弃。（   ）

答：×。

95. 缩分比应符合煤样缩制时，其最小质量与粒度级的关系。（   ）

答：√。

96. 采集煤样后，应立即制样。（　　）

答：√。

97. 挥发分、固定碳是煤中原有的形态。（　　）

答：×。

98. 发热量的大小，决定煤的价值。（　　）

答：√。

99. 结晶水在 300℃ 以上时才能从化合物中逸出。（　　）

答：×。

100. 室温下，自然干燥而失去的水分叫外在水分。（　　）

答：√。

101. 灰分是煤的主要杂质；高灰分煤的发热量一定较低。（　　）

答：√。

102. 灰分在煤燃烧时因分解吸热，燃用高灰分煤会大大地降低炉温，使煤着火困难。（　　）

答：√。

103. 一般实践认为：煤的收到基灰分在 10% ~ 40% 为宜。（　　）

答：×。

104. 入炉煤块的最大粒度应不超过 50mm。（　　）

答：×。

105. 常用的煤的分析基准有收到基、空气干燥基、干燥基、干燥无灰基四种。（　　）

答：√。

106. 选择煤质时，要以发热量为主要依据，而对灰分不能要求太苛刻了。（　　）

答：√。

107. 煤的发热量高低，一般与它含有的成分有关系。（　　）

答：√。

108. 由收到基换成干燥无灰基的换算系数为 $\dfrac{100}{100-M_{ar}}$。
（   ）

答：×。

109. 由收到基换成干燥基的换算系数为 $\dfrac{100}{100-M_{ad}}$。（   ）

答：×。

110. 由空气干燥基换成干燥无灰基的换算系数为 $\dfrac{100}{100-A_{ad}}$。
（   ）

答：×。

111. 由干燥基换成干燥无灰基的换算系数为 $\dfrac{100}{100-A_{d}}$。
（   ）

答：√。

112. 对氧弹应定期进行水压试验。（   ）

答：√。

113. 低灰熔点的煤在固态排渣的锅炉中容易结渣，影响锅炉的燃烧和正常运行，甚至造成停产。（   ）

答：√。

114. 我国的燃煤锅炉比燃油锅炉发电成本高。（   ）

答：×。

115. 粒级煤是指经过洗选或筛选加工后，清除了大部分的杂质与矸石，粒度在 10mm 以上的煤炭产品。（   ）

答：×。

116. 精煤是指经过选煤厂加工后供炼焦用的洗选煤炭产品。
（   ）

答：√。

117. 采、制、化人员必须经过专业培训并经考核取得合格证后，方能上岗操作。（   ）

答：√。

118. 为了确保发热量测定值的准确性，需要定期检定热量计运转情况及已标定的热量计的热容。（　　）

答：√。

三、选择题［将正确答案的序号"（×）"写在题内横线上］

1. 煤的变质程度由浅到深的顺序是＿＿＿。

（1）烟煤、褐煤、无烟煤；（2）褐煤、烟煤、无烟煤；（3）烟煤、无烟煤、褐煤

答：（2）。

2. 测定水中硬度的反应是＿＿＿反应。

（1）沉淀；（2）氧化－还原；（3）络合

答：（3）。

3. 由空气干燥基换成干燥基的换算系数为＿＿＿。

（1）$\dfrac{100 - M_{ad}}{100}$；（2）$\dfrac{100}{100 - M_{ad}}$；（3）$\dfrac{100 - M_{ad}}{100 - M_{ar}}$

答：（2）。

4. 由空气干燥基换算成收到基的换算系数为＿＿＿。

（1）$\dfrac{100 - M_{ad}}{100 - M_{ar}}$；（2）$\dfrac{100 - M_{ar}}{100 - M_{ad}}$；（3）$\dfrac{100 - M_{ad}}{100}$

答：（2）。

5. 由干燥无灰基换算成收到基的换算系数为＿＿＿。

（1）$\dfrac{100 - M_{ad} - A_{ad}}{100}$；（2）$\dfrac{100 - M_{ar}}{100 - M_{ad}}$；（3）$\dfrac{100 - M_{ar} - A_{ar}}{100}$

答：（3）。

6. 由收到基换算成干燥基的换算系数为＿＿＿。

（1）$\dfrac{100}{100 - M_{ar}}$；（2）$\dfrac{100}{100 - M_{ad}}$；（3）$\dfrac{100 - M_{ar}}{100}$

答：（1）。

7. 缩制煤样的顺序是＿＿＿。

（1）缩分、破碎、筛分、掺合；（2）缩分、破碎、掺合、筛分；（3）破碎、筛分、掺合、缩分

答：(3)。

8. 对于少于 300t 的原煤，至少应采____子样。

(1) 6 个；(2) 10 个；(3) 18 个

答：(3)。

9. 对于少于 300t 的洗中煤，至少应采____子样。

(1) 18 个；(2) 10 个；(3) 6 个

答：(3)。

10. 原煤的最大粒度为 50mm，则子样的最小质量为____。

(1) 1kg；(2) 2kg；(3) 4kg

答：(2)。

11. 若原煤的最大粒度为 100mm，则子样的最小质量为
____。

(1) 1kg；(2) 2kg；(3) 4kg

答：(3)。

12. 烷烃是____。

(1) 不饱和烃；(2) 饱和烃；(3) 脂环烃

答：(2)。

13. 制样时，粒度大于____。不允许缩分。

(1) 13mm；(2) 25mm；(3) 30mm

答：(2)。

14. 对 1000t 的洗中煤，至少应采____子样。

(1) 20 个；(2) 30 个；(3) 60 个

答：(1)。

15. 煤中的____是通过计算得出的。

(1) 灰分；(2) 挥发分；(3) 固定碳

答：(3)。

16. 测定燃煤挥发分时，应在____下，加热 7min。

(1) 500℃；(2) 815℃；(3) 900℃

答：(3)。

17. 测定煤中灰分时，应在____下保持 30min 后，再继续升

温至 815℃。

(1) 300℃；(2) 500℃；(3) 600℃

答：(2)。

18. 煤中____含量与外界条件有关。

(1) 外在水分；(2) 内在水分；(3) 结晶水

答：(1)。

19. 测定燃煤分析试样中的水分，应在____下鼓风干燥。

(1) 70℃；(2) 105～110℃；(3) 200℃

答：(2)。

20. 下列试验项目中，规范性最强的是____。

(1) 水分的测定；(2) 挥发分的测定；(3) 灰分的测定

答：(2)。

21. 我国大多数火力发电厂以____为主要燃料。

(1) 煤；(2) 石油；(3) 天然气

答：(1)。

22. 下列式子中，正确的是____。

(1) $C_{ad} + H_{ad} + O_{ad} + N_{ad} + S_{ad} = 100$；

(2) $C_{ad} + H_{ad} + O_{ad} + N_{ad} + S_{ad} + A_{ad} + M_{ad} + V_{ad} + FC_{ad} = 100$；

(3) $C_{ad} + H_{ad} + O_{ad} + N_{ad} + S_{ad} + A_{ad} + M_{ad} = 100$

答：(3)。

23. 下列式子中，正确的是____。

(1) $FC_{ad} = 100 - (A_{ad} + M_{ad})$；

(2) $FC_{ad} = 100 - (A_{ad} + M_{ad} + V_{ad})$；

(3) $FC_{ad} = 100 - (A_{ad} + M_{ad} + V_{ad} + C_{ad})$

答：(2)。

24. 煤中____是通过计算得出的。

(1) 含碳量；(2) 含氮量；(3) 含氧量

答：(3)。

25. 测定燃煤挥发分时，必须在____内使炉温升到900℃。

（1）2min；（2）3min；（3）5min

答：（2）。

26. 氧弹的充氧时间不得少于_____。

（1）30s；（2）1min；（3）1.5min

答：（1）。

27. 应往氧弹中加入 10mL _____。

（1）软化水；（2）蒸馏水；（3）除盐水

答：（2）。

28. 对温度计进行刻度校正，是由于_____。

（1）操作方面的原因；（2）制造方面的原因；（3）环境方面的原因

答：（2）。

29. 贝克曼温度计所测的温差范围是_____。

（1）0~5℃；（2）0~20℃；（3）0~100℃

答：（1）。

30. 对于贝克曼温度计，当基点温度高于基准温度时，则_____。

（1）平均分度值小于 1；（2）平均分度值等于 1；（3）平均分度值大于 1

答：（3）。

31. 煤中含硫量以低于 2%为宜，最多也不能超过_____。

（1）3%；（2）4%；（3）5%

答：（2）。

32. 对于粒度小的煤，子样的最小质量不得少于_____。

（1）0.4kg；（2）0.5kg；（3）1kg

答：（2）。

33. 在煤堆中采样，最低的部位应在距地面_____处。

（1）0.4m；（2）0.5m；（3）0.6m

答：（2）。

34. 于煤堆中采样，应先除去_____的表层煤。

(1) 0.2m；(2) 0.3m；(3) 0.4m

答：(1)。

35. 煤中内在水分的代表符号是_____。

(1) M_t；(2) M_{ad}；(3) M_{inh}

答：(3)。

36. 煤中水分大于_____时，燃烧无法进行。

(1) 40%；(2) 45%；(3) 50%

答：(2)。

37. 煤中矿物质的组成极为复杂，所含元素多达_____多种，其中含量较多的有 Si、Al、Fe、Mg、Na、K 等。

(1) 40；(2) 50；(3) 60

答：(2)。

38. 黄铁矿硫的代表符号是_____。

(1) S_p；(2) S_o；(3) S_t

答：(1)。

39. 焦渣特征为"黏结"的特点是：_____。

(1) 用手指轻压，即碎成小块；(2) 用手指用力压，才裂成小块；(3) 用手指轻压，即碎成粉末

答：(3)。

40. 测定煤中的碳、氢含量时，试样的热解温度多保持在_____以下。

(1) 600℃；(2) 700℃；(3) 800℃

答：(1)。

41. 测定煤中碳、氢含量时，氧气流量控制在_____ mL/min 左右。

(1) 80；(2) 120；(3) 150

答：(2)。

42. 在测定煤中含氮量时，所用的催化剂是_____。

(1) 硫酸汞、硫酸铜、硒粉的混合物；(2) 氧化镁、碳酸钠的混合物；(3) 三氧化二铬

答：(1)。

43. 测定煤中含氮量时，以_____进行空白试验。

(1) 标准苯甲酸；(2) 蔗糖；(3) 艾氏剂

答：(2)。

44. 以高温燃烧中和法测定煤中含硫量时，所用催化剂是_____。

(1) 艾氏剂；(2) 氧化铜；(3) 三氧化钨

答：(3)。

45. 煤氧化后，质量_____。

(1) 减少；(2) 不变；(3) 增加

答：(3)。

46. 煤灰中的 Al_2O_3 含量多，会使其熔点_____。

(1) 升高；(2) 降低；(3) 大大降低

答：(1)。

47. K_2O 和 Na_2O 能使灰熔点_____。

(1) 升高；(2) 升高许多；(3) 降低

答：(3)。

48. 弹筒发热量的表示符号是_____。

(1) Q_b；(2) Q_{net}；(3) Q_{gr}

答：(1)。

49. 外筒水温应尽量接近室温，相差不应超过_____。

(1) 1℃；(2) 1.5℃；(3) 2℃

答：(2)。

50. 应取极差不超过_____的五次试验结果的平均值作为量热计的热容量。

(1) 30J/℃；(2) 40J/℃；(3) 50J/℃

答：(2)。

51. 对高挥发分和在燃烧时易于爆燃的试样，应先在压型机中压成饼状，然后破碎成_____的小块。

(1) 2～4mm；(2) 4～6mm；(3) 6～7mm

答：(1)。

52. 对于贝克曼温度计，若基点温度为20℃，则测温范围是_____。

(1) 0～5℃；(2) 20～25℃；(3) 20～30℃

答：(2)。

53. 1g 氢气是_____ mol。

(1) 0.5；(2) 1；(3) 2

答：(1)。

54. 将 4g 氢氧化钠溶于水，配成 40g 的溶液，则其质量百分比浓度为_____。

(1) 10%；(2) 9%；(3) 11%

答：(1)。

55. 现有 0.1mol/L 的氢氧化钠溶液 100mL，其中含溶质_____ g。

(1) 0.4；(2) 4；(3) 400

答：(1)。

56. 乙烷的分子式为_____。

(1) C_2H_6；(2) C_2H_4；(3) C_2H_2

答：(1)。

57. 丙炔的分子式为_____。

(1) C_3H_8；(2) C_3H_6；(3) C_3H_4

答：(3)。

58. 越易失去电子的物质，其还原性_____。

(1) 越弱；(2) 越强；(3) 没有变化

答：(2)。

四、计算题

1. 在 400t 煤堆上取样，已知来煤是灰分大于 20% 的原煤，取样点应为多少？

解：因为来煤灰分＞20%，所以 1000t 应取 60 个子样。现有 400t 原煤，按比例递减，但不能少于所规定的子样数的一半，所以取样点应为30个。

答：取样点应为30个。

2. 一批入厂原煤为1600t，最大粒度小于50mm，灰分大于20%，问应采集的子样数及所采煤样的质量至少为多少?

解：因为原煤的最大粒度小于50mm，所以每个子样的最小质量为2kg，应采的子样数为

$$n = n'\sqrt{\frac{m}{1000}} = 60 \times \sqrt{\frac{1600}{1000}}$$

$$= 76(个)$$

应采的煤样总质量为：$76 \times 2 = 152$（kg）。

答：应采集的子样数为76个，采煤样的质量至少为152kg。

3. 某空气干燥基煤样，经分析得 A_{ad} 为6.67，M_{ad} 为1.50，并已知其外在水分含量 M_f 为2.00，试将空气干燥基灰分换算成收到基和干燥基灰分。

解：收到基灰分为

$$A_{ar} = \frac{A_{ad}(100 - M_f)}{100} = \frac{6.67 \times (100 - 2.00)}{100}$$

$$= 6.54(\%)$$

或先求出

$$M_{ar} = M_f + \frac{M_{ad}(100 - M_f)}{100}$$

$$= 2.00 + \frac{1.50 \times (100 - 2.00)}{100}$$

$$= 3.74(\%)$$

再求出

$$A_{ar} = \frac{(100 - M_{ar})A_{ad}}{100 - M_{ad}}$$

$$= \frac{(100 - 3.47) \times 6.67}{100 - 1.50}$$

$$= 6.54(\%)$$

干燥基灰分为

$$A_d = \frac{100 A_{ad}}{100 - M_{ad}} = \frac{100 \times 6.67}{100 - 1.5}$$

$$= 6.77(\%)$$

答：A_{ad} 为 6.54%，A_d 为 6.77%。

4. 设某煤样 $M_{ad} = 1.67$（%），$A_{ad} = 25.83$（%），$V_{ad} = 22.54$（%），求 A_d、V_{daf}。

解：
$$A_d = \frac{100 A_{ad}}{100 - M_{ad}} = \frac{100 \times 25.83}{100 - 1.67}$$
$$= 26.27(\%)$$

$$V_{daf} = \frac{100 V_{ad}}{100 - M_{ad} - A_{ad}} = \frac{100 \times 22.54}{100 - 1.67 - 25.83}$$
$$= 31.09(\%)$$

答：A_d 为 26.27%，V_{daf} 为 31.09%。

5. 设某煤样 $M_{ar} = 11.5$（%），$M_{ad} = 1.54$（%），$A_{ad} = 30.55$（%），$H_{ar} = 3.47$（%），求 A_{ar}、H_{daf}。

解：
$$A_{ar} = \frac{(100 - M_{ar}) A_{ad}}{100 - M_{ad}} = \frac{(100 - 11.5) \times 30.55}{100 - 1.54}$$
$$= 27.46(\%)$$

$$H_{daf} = \frac{100 H_{ar}}{100 - M_{ar} - A_{ar}} = \frac{100 \times 3.47}{100 - 11.5 - 27.46}$$
$$= 5.68(\%)$$

答：A_{ar} 为 27.46%，H_{daf} 为 5.68%。

五、问答题

1. 对一批入厂煤，应采的子样数目主要取决于什么？

答：对一批规定为 1000t 的入厂煤，可按《商品煤样采取方法》（GB 475—1996）规定原煤、筛选煤和洗中煤应采取的最少子样数目，根据产品计划灰分，分别按表 2 – 1 中的规定确定。

表 2 – 1　　　　　　　　子样数目的确定

燃煤品种	原煤（包括筛选煤）		其他煤种
	灰分≤20%	灰分＞20%	
子样数目	30	60	20

2. 子样的最小质量取决于什么?

答: 子样的最小质量主要取决于煤的粒度,煤的最大粒度和最小子样质量有如表 2-2 的关系。

表 2-2 　　　　　　煤的最大粒度和最小子样质量的关系

煤最大粒度(mm)	0~25	<50	<100	>100
最小子样质量(kg)	1	2	4	5

3. 对入厂煤为什么要按不同品种的煤,分别进行采样和制样?

答: 对入厂煤只有按单一煤种采样和制样,才有实际意义,才能检验入厂煤煤质是否符合合同(或协议)中的规定,起到监督入厂煤质量的作用。

4. 对全水分大的煤样,应怎样制备测定全水分样品?

答: 对于水分大的煤样,当不能顺利通过破碎机、缩分机时,就应在破碎到 13mm 以后,用九点法缩分出 2kg,放入密封的容器中,缩分操作要特别地迅速,贴好标签,迅速送化验室。

5. 对取到的原煤样,在制样时立即缩分,正确吗? 应怎样做?

答: 对取到的原煤样,立即进行缩分的做法是不正确的。首先应进行破碎,使原始煤样全部破碎到粒度小于 25mm 后,方可缩分。

6. 怎样在制样过程中尽量地减少样品的误差?

答: 要使样品在制样过程中减少误差,主要应做到以下四点:

(1) 始终采用缩分器缩分样品;

(2) 在缩分样品时,要符合粒度级与样品最小粒度的关系,使留样仍能保持原煤样的代表性;

(3) 在缩分中,要防止样品的损失和外来杂质的污染;

(4) 对制样室必须专用,室内不受环境影响(如风、雨、灰、光、热等),并要防尘,地面要光滑并铺有钢板。

7. 试说出采样的基本原则。

答：要从一批燃煤中采到具有代表性的样品，应符合下列原则：

（1）有足够的子样数，这些子样应按有关规定分配在整批燃煤中；

（2）采样工具或采样装置应符合有关规定，而且已确认是无系统偏差的；

（3）子样的最小质量应符合有关规定。

8. 何谓子样和有代表性的煤样？

答：组成样品的每个分样都叫子样。所谓有代表性的煤样，就是指所采的少量燃料能代表这一批燃料的平均质量和特性，也就是所采的样品能代表总体，因为样品是由总体中的不同部位分别采得的许多子样掺合而成的，所以该样品无系统偏差。

9. 煤中水分对燃烧有什么影响？

答：水分的存在使煤中可燃物质的含量相对减少。在燃烧过程中，水分因蒸发、汽化和过热而要消耗大量汽化热。因此，煤中有效利用的热量随水分的增加而降低。水分含量过高，会使煤着火困难，影响燃烧速度，降低炉膛温度，增加化学和机械不完全燃烧热损失，同时使炉烟体积增加，从而增加了炉烟排走的热量和引风机的能耗。当水分大于45%时，燃烧无法进行。

10. 何谓煤的挥发分？为什么说它是规范性很强的试验？

答：煤的挥发分是指煤的有机质在隔绝空气的条件下加热，在900℃时进行7min热解所产生该温度下的气体产物。因为在测试过程中，任何测定条件的改变，都会使测定结果发生改变。如加热的温度、时间和速度，坩埚的材质、形状，甚至坩埚架的尺寸等，所以煤中挥发分的测定是规范性很强的试验。

11. 煤的固定碳和煤中含碳元素有何区别？

答：煤的固定碳是工业分析组成的一项成分，它具有规范性，是一定试验条件下的产物。而煤中所含的元素碳是煤中的主要元素。固定碳除含碳元素外，还含有少量硫和极少量未分解彻底的碳氢物质，所以，不能把煤的固定碳简单地认为是煤的碳元素，两者是截然不同的。

12. 试说明测定煤中灰分的意义。

答： 煤的灰分越大，说明煤中矿物质成分越多，则煤的可燃组分就相对地减少，煤燃烧后所排出的炉渣就越多，即降低了锅炉燃烧的热效率并增加了锅炉的排渣量，还可能出现对锅炉的腐蚀、沾污和结渣等问题。总之，测定灰分可以了解煤中含不可燃成分的数量，并对评价煤质、煤炭计价、控制锅炉运行条件、防治环境污染以及灰渣综合利用等都有重要意义。

13. 怎样计算煤中含氧量?

答： 煤中含氧量是以差减法求得的。具体计算如下

$$O_{ad} = 100 - C_{ad} - H_{ad} - N_{ad} - S_t - M_{ad} - A_{ad}$$

当煤中碳酸盐二氧化碳含量大于2%时，则

$$O_{ad} = 100 - C_{ad} - H_{ad} - N_{ad} - S_t - M_{ad} - A_{ad} - CO_{2,ad}$$

14. 在什么条件下，需重新标定热容?

答： 遇到下列情况之一时，需重新标定热容：

(1) 更换量热计零件（指大部件如氧弹盖、内筒等）；

(2) 更换量热温度计或改变贝克曼温度计的基点温度；

(3) 标定热容与测定发热量时，两者内筒温度相差5℃以上。

15. 试说明发热量的测定原理和测定意义?

答： 用氧弹量热计测定燃料的发热量，是将一定量的试样（约1g）置于氧弹内的燃烧皿中，为保证燃烧完全，在氧弹内充入2735775～3546375Pa的氧气，将氧弹浸入盛有一定量纯水的内筒中，并将内筒放入一个保持一定温度的外筒内，用电流熔断金属点火丝将试样引燃。试样燃烧后，释放的热量即被内筒中的水和量热体系中的各有关部件吸收，并使温度上升，根据能量守恒原理，可有下式

$$Q_g = cm(t_n - t_0) + c_1 m_1(t_n - t_0) + \cdots + c_n m_n(t_n - t_0)$$
$$= (cm + c_1 m_1 + \cdots + c_n m_n)(t_n - t_0)$$

这就是发热量的测定原理。

发热量的测定意义如下:

(1) 便于煤质计价;

(2) 进行标准煤的计算;

(3) 进行煤耗的计算;

(4) 进行锅炉热平衡的计算;

(5) 估算燃料燃烧时炉膛可能达到理论温度,和确定不同种类煤混合燃烧时,各种煤的掺配比例。

16. 贝克曼温度计与一般温度计有什么区别? 它的测温差范围和分度值各是多少?

答:测量发热量使用的水银温度计有两种,一种是有固定量程的温度计,一种是可调量程的贝克曼温度计。贝克曼温度计同一般温度计的区别在于:它除了在下部有一个主水银泡和主标尺外,在上部还有一个 U 型储存泡和一个副标尺,主泡中的水银量可以调节,即可将水银从主泡中移出一部分置于储存泡中或从储存泡移出部分水银到主泡,这就决定了贝克曼温度计有较宽的量程,即测温范围为 $-20 \sim +155℃$,量程示值为 5℃,最小分度值为 0.01℃,可估读到 0.001℃。

17. 氧弹内充氧压力对试样燃烧有什么影响? 一般充氧压力多少为宜?

答:氧弹中的充氧压力代表氧弹中储氧量的多少,压力高,储氧量多;反之,储氧量就少。因此,往氧弹中充以一定压力的氧气,是保证试样完全燃烧的必要条件。一般充氧压力为 2735775 ~ 3546375Pa。

18. 为什么用恒温式热量计测煤样的发热量时,规定内筒水温较外筒水温低? 在什么情况下,允许内筒水温高于外筒水温?

答:对于恒温式热量计,由于在测发热量的过程中内、外筒之间存在着热量交换,为了避免试样燃烧后内外筒的温差过大而造成热交换损失,并有利于判断终点,规定内筒水温较外筒水温低。但当试样的发热量不太高而又不允许过多地使用煤样(如灰分高的煤样）时，可以在试样燃烧前，调节内筒水温高于外筒水温。

19. 在测定热值时，氧弹漏气对试验结果会产生何种影响？

答： 氧弹漏气时，轻者试样燃烧不完全，使测定结果偏低；重者在点火的瞬间，造成仪器损坏，甚至危及人身安全。

20. 对测定燃煤发热量的测热室有什么要求？

答： 对测热室的要求如下：

（1）测热室应设在朝北的不受阳光直射的专用单间里，采用双层玻璃窗户。不得在测热室内进行其他试验项目。

（2）室温应能保持恒定，在每次测定过程中，室温变化不应超过 1℃，冬夏室温以不超出 15～35℃的范围为宜。

（3）室内应无强烈的热源和剧烈的空气对流，试验过程中应避免开启门窗。

21. 何谓弹筒发热量、高位发热量和低位发热量？

答： 将约 1g 的煤试样置于氧弹中，在有过剩氧的条件下燃烧，然后使燃烧产物冷却到煤的原始温度，在此条件下，单位质量的煤所放出的热量叫弹筒发热量。高位发热量是单位质量的煤在空气中完全燃烧时所放出的热量，它能表征煤作为燃料使用时的主要质量。高位发热量减去水的汽化热，即得低位发热量，它是煤中能够有效利用的热量。

22. 何谓贝克曼温度计的基点温度和基准温度？基点温度和测温范围有何关系？

答： 基点温度是指贝克曼温度计水银柱指示在"0℃"刻度时所代表的实际温度。由于主泡中的水银量是可以调整的，因此可以有多个基点温度。基准温度是贝克曼生产厂家对该温度计主标尺进行分度时，水银柱指"0"位置的实际温度。一般贝克曼温度计的量程为 0～5℃，则基点温度加上"5"就是它的测量范围上限值。例如，基点温度为 10℃，则测温范围为 10～15℃。

23. 如何利用贝克曼温度计准确读取温度？

答： 为了清楚而正确地读出贝克曼温度计的温度，并能估读到 0.001℃，需要一个 5 倍的放大镜，并在放大镜的后面装有一个照明灯，用以照明温度计的读数。镜筒应能沿垂直方向上下移动，以便跟踪观察温度计中水银柱的位置。

24. 什么是煤粉细度？怎样表示煤粉细度？什么是经济细度？

答：煤粉细度是表示煤被磨细的程度。它是通过筛分试验确定的。即将煤粉通过一定孔径的标准筛，用存留在筛子上面的煤粉质量占全部煤粉质量的百分数来表示煤粉细度。通常用孔径为 $90\mu m$ 和 $200\mu m$ 两种标准筛确定煤粉的细度。对于煤粉锅炉，煤粉越细，燃烧越完全，未燃尽的热损失越小，同时也有助于减少锅炉的结渣，但同时磨煤机的电能消耗也就越大，最合理的煤粉细度称为经济细度。

25. 什么是煤灰的熔融性？怎样分类？

答：煤灰受热时，随着温度升高到一定的程度，就开始部分地熔化，随着温度的继续升高，煤灰就由固态逐渐向液态转化，这种转化时煤灰表现出的特性就叫熔融性。根据煤灰熔点的高低，把煤灰分成易熔、中等熔融、难熔和不熔四种。

26. 常用的煤的基准有哪四种？含义是什么？

答：常用的煤的基准有收到基、空气干燥基、干燥基和干燥无灰基四种。收到基是煤中全部成分的组合。不计算外在水分，其余成分的组合称为空气干燥基。不计算水分，其余成分的组合称为干燥基。不计算不可燃成分（水分和灰分），其余成分的组合称为干燥无灰基。

27. 缩制煤样的全过程包括哪几个环节？并简单说明之。

答：缩制煤样的全过程包括破碎、筛分、掺合、缩分四个环节。破碎是减小粒度，增加煤粒的分散程度，改善煤的不均匀度的一种措施。为使煤样破碎到必要的粒度，需用各种筛孔的筛子筛分。过筛后，对凡未通过筛子的煤样都要重新进行破碎和筛分，直到全部煤样都通过所用的筛子为止。为保证缩分后的煤样具有代表性，破碎、筛分后应进行掺合，掺合可采用堆锥法（掺合工序只用于人工缩分和全水分专用煤洋的缩分）。缩分是一个使煤样量减少而又使其不失代表性的过程。

28. 何谓外在水分、内在水分和结晶水？

答： 以机械方式附着在煤表面上及较大毛细孔（直径大于10^{-5}cm）中的水分称为外在水分。以化学力吸附在煤的内部小毛细管（直径小于10^{-5}cm）中的水分称为内在水分。与煤中矿物质分子相结合的水称为结晶水。

29. 煤中灰分的测定方法有哪两种？为什么不同测定方法的结果不同？

答： 煤中灰分的测定方法有缓慢灰化法和快速灰化法两种。快速灰化法测定结果较缓慢灰化法测定结果偏高，且随试样中钙、硫含量的增加而增加，这是因为快速灰化法中 SO_2 未及时排除而被 CaO 吸收了。

30. 何谓煤的自燃？有哪些影响因素能引起这种现象发生？

答： 当煤在空气中长期堆放发生氧化时，由于氧化过程放出的热量不能很好地散失掉，煤堆温度就会愈来愈高，当达到该煤的着火点时，煤堆就发生燃烧，这种现象称为煤的自燃。影响煤自燃的因素有：煤质本身、温度的影响、受空气中臭氧的影响、粒度的影响、煤中水分的影响。

第二节　中　级　工

一、填空题

1. 火力发电厂的能量转化过程是：由煤的　①　通过燃烧转化为热能，热能通过汽轮机转化为　②　，最后经发电机转化为　③　。

答： ①化学能；②机械能；③电能。

2. 煤　①　，质地坚硬，含碳量很少，发热量也　②　。

答： ①矸石；②低。

3. 褐煤外表呈　①　色，水分较多，挥发分最　②　，在我国东北蕴藏量较大。

答：①褐；②高。

4. 我国煤炭工业部根据工业生产的特性，将煤划分为 ___①___ 大类。

答：①十。

5. 贫煤、弱黏煤、不黏煤、___①___、___②___ 都可作为火力发电厂的燃料。

答：①长焰煤；②褐煤。

6. 燃料化学的主要任务是：对入厂燃料进行 ___①___，对电厂经济效益进行 ___②___，对炉前煤进行品质 ___③___ 等。

答：①质量验收；②评价；③检验。

7. 煤耗是衡量火力发电厂经济性的 ___①___，有 ___②___ 煤耗、___③___ 煤耗。

答：①主要指标；②发电；③供电。

8. 供测定全水分的煤样，可以 ___①___ 采集，也可在煤样制备过程中 ___②___。

答：①单独；②分取。

9. 采样可按 ___①___ 或 ___②___ 来进行。各车厢的 ___③___ 方向应一致。

答：①三点采样法；②五点循环法；③斜线。

10. 制样室应备有 ___①___、___②___ 设施，地面为 ___③___ 水泥地。

答：①通风；②卫生；③光滑。

11. 在缩制煤样的过程中，必须使 ___①___ 原始煤样通过规定的筛子，不得任意 ___②___。

答：①全部；②舍弃。

12. 煤的工业分析项目有：___①___、___②___、___③___ 和 ___④___，其中 ___⑤___ 是计算得出的。

答：①水分；②挥发分；③灰分；④固定碳；⑤固定碳。

13. 煤中的内在水分、外在水分都是 ___①___ 水，除此之外，煤中还有___②___水。

答：①游离；②结晶。

14. 煤中的外在水分易受周围___①___的影响，___②___水分与煤的变质程度有关。

答：①环境；②内在。

15. 除去外在水分的煤就是___①___状态的煤，除去___②___的煤称为干燥基煤。

答：①空气干燥基；②全部水分。

16. 在煤的基准换算中，由空气干燥基换算成干燥基的换算系数是___①___。

答：① $\dfrac{100}{100 - M_{ad}}$ 。

17. ___①___基是指煤中的可燃部分，它包括有机部分和硫化铁硫。

答：①干燥无灰。

18. ___①___可采用堆锥法，该工作应重复进行___②___次。

答：①掺合；②三。

19. 与煤中___①___分子相结合的水为结晶水，结晶水在___②___以上才能从化合物中逸出。

答：①矿物质；②200℃。

20. 煤中___①___、___②___、___③___是其有机质的主要组分，它们的含量能反映煤的___④___程度。

答：①碳；②氢；③氧；④变质。

21. 煤中氢的含量随煤的煤化程度的加深而___①___，氧含量随煤的煤化程度的加深而___②___，碳含量则随煤的煤化程度的加深而___③___。

答：①减少；②减少；③增加。

22. 在煤的碳、氢测定中，碳转变为___①___，氢转变为___②___，分别用不同的___③___吸收。

答：①二氧化碳；②水；③吸收剂。

23. 煤中碳、氢的测定有 ___①___ 和 ___②___ 两种。

答：①三节炉法；②二节炉法。

24. 在三节炉法中，以 ___①___ 消除硫的干扰，以 ___②___ 消除氯的干扰。

答：①铬酸铅；②银丝卷。

25. 在二节炉法中，以 ___①___ 的热解产物消除硫和 ___②___ 的干扰。

答：①高锰酸银；②氯。

26. 在煤的碳、氢测定过程中，必须保证整个系统的 ___①___ 性。

答：①严密。

27. 煤中氮的测定一般采用 ___①___ ，所用的催化剂为分析纯 ___②___ 、 ___③___ 和分析纯 ___④___ 的混合物。

答：①开氏法；②无水硫酸钠；③分析纯硫酸汞；④硒粉。

28. 在测定煤中氮的含量时，称取空气干燥基煤样 ___①___ g，称准至 ___②___ mg。

答：①0.2；②0.2。

29. 煤中含硫量的测定方法有： ___①___ 、 ___②___ 和 ___③___ 。

答：①艾氏卡法；②高温燃烧中和法；③库仑滴定法。

30. 煤中碳、氢测定的试验仪器包括三部分：氧气 ___①___ 、 ___②___ 、氧化产物 _____ 系统。

答：①净化系统；②燃烧管；③吸收。

31. 测定煤中碳、氢含量时，在预先灼烧过的 ___①___ 中称取煤样 0.2g，并 ___②___ ，在煤样表面铺一层 ___③___ 作催化剂。

答：①燃烧舟；②均匀铺平；③三氧化二铬。

32. 在煤的碳、氢含量测定中，应先吸收 ___①___ ，后吸收 ___②___ 。

答：①水；②二氧化碳。

33. 燃煤中氮的含量的测定，是以 ___①___ 代替煤样来作空白试验的。

答：①蔗糖。

34. 艾氏剂是 2 份　①　与 1 份无水　②　混合而成的。

答：①氧化镁；②碳酸钠。

35. 艾氏卡法测定的是煤中的　①　。

答：①全硫。

36. 分析煤样的保存时间一般不超过　①　或　②　。

答：①半年；②一年。

37. 煤中氮元素不　①　，也不　②　。

答：①可燃；②助燃。

38. 煤中硫元素是　①　元素，煤燃烧后，其转化为　②　。

答：①有害；②二氧化硫。

39. 　①　可以用计算法或作图法来完成。

答：①刻度校正。

40. 氢是煤的组成中的　①　要元素。

答：①次。

41. 燃煤的弹筒发热量减去硝酸的　①　，减去硫酸的生成热与　②　生成热之差，即得高位发热量。对于火力发电厂中燃煤，真正利用的是其　③　发热量。

答：①生成热；②二氧化硫；③低位。

42. 低质煤是指 A_d 大于　①　的各种煤炭产品。

答：①40%。

43. 氮在煤中含量较少。煤燃烧时，其或多或少地生成　①　随烟气逸出，所以它是煤中的　②　成分。

答：①氮氧化物；②无用。

44. 虽然贝克曼温度计的测温范围很宽，但测温差的范围很窄，为　①　，通过调整主泡中的　②　可以在不同的起始温度下，测量不同的温差范围。

答：①5℃；②水银量。

45. 在测定发热量时，一般只需测量　①　℃范围内的温度差值。

答：①15～30。

46. 在测定发热量时，点火采用___①___ V 或___②___ V 电源，由 220V 电源经变压器供给。

答：①12；②24。

47. 测定燃煤发热量的实验室应设在一个___①___的房间内，室内不得进行___②___，房间最好朝北，以避免阳光照射。

答：①单独；②其他试验。

48. 测定燃煤发热量时，每次测定的室温变化不应超过___①___℃，冬、夏季室温以不超出___②___℃为宜。

答：①1；②15～35。

49. 煤中___①___元素的含量是通过计算得出的。

答：①氧。

50. 变质程度最深的是___①___煤，其次是___②___煤。

答：①无烟；②烟。

51. 煤样的质量愈小，煤中化学组成分布均匀的可能性___①___，煤样就要破碎得___②___。

答：①愈小；②愈细。

52. 在制样时，要防止煤样的___①___和外来杂质的___②___。

答：①损失；②污染。

53. 缩分的目的是在保证煤样具有代表性的前提下，将煤样的质量逐渐减少到___①___程度，以满足分析化验对煤样的___②___。

答：①最低；②要求。

54. 破碎的目的在于___①___煤样的粒度，增加煤中___②___组成的分散程度。

答：①减小；②化学。

55. 若煤样较潮湿，需要事先对其进行适当的___①___，使煤样较顺利地通过各种缩制___②___。

答：①干燥；②设备。

56. 基点温度为 10℃时，贝克曼温度计的测温范围是___①___℃。

答：①10～15。

57. 对于贝克曼温度计，当基点温度高于基准温度时，主泡中的水银量需要 ___①___ ，所以平均分度值 ___②___ 1。

答：①减少；②小于。

58. 当把温度计插入水中测温时，露出水面的水银柱称为 ___①___ ，其所处的温度称为 ___②___ 。

答：①露出柱；②露出柱温度。

59. 对温度计进行刻度校正，是由于 ___①___ 方面的原因。

答：①制造。

60. 不足 300t 的原煤，至少应采的子样数为 ___①___ 个，对于洗中煤至少应采的子样数为 ___②___ 个。

答：①18；②6。

61. 对于 100t 的入厂原煤，即在两节车皮上采样，采样点应在两节车皮上分别取 ___①___ 点。

答：①9。

62. 在煤堆上应采的子样数目与煤的 ___①___ 、灰分 ___②___ 及 ___③___ 有关。

答：①品种；②大小；③堆煤量。

63. 在火车上采样时，对洗中煤，不论车皮容量大小，都按斜线方向的 ___①___ 法采样。

答：①五点循环。

64. 火力发电厂在制备试样时，需要以下设备： ___①___ 、 ___②___ 、 ___③___ 。

答：①破碎设备；②缩分设备；③筛分设备。

65. 根据煤堆的堆形，采样点应均匀分布在煤堆的 ___①___ 部、 ___②___ 部和底部。

答：①顶；②腰。

66. 国家标准把 ___①___ 法作为测定煤中含硫量的仲裁分析法。

答：①艾氏剂。

67. M 是煤中 ___①___ 的代表符号，A 是煤中 ___②___ 的代表符

号。

答：①水分；②灰分。

68. 水分测定时，如果不用带鼓风的干燥箱，会因水分蒸发不完全，而使测定结果偏___①___。

答：①低。

69. 当化验室收到装在金属桶内供测定全水分的试样时，首先应检查包装容器的___①___情况，不允许用放在有破损的包装容器中的试样做___②___。

答：①密封；②化验。

70. 用已氧化的煤样测定其水分，其结果会___①___。

答：①偏低。

71. 制样操作要快，最好用___①___式破碎机，称样应尽可能___②___、___③___。

答：①密封；②早；③快。

72. 干燥器中的干燥剂要经常___①___。

答：①更换。

73. 要尽量使煤样保持其原有的含水状态，即在制备和分析试样过程中，不___①___水也不___②___水。

答：①吸；②失。

74. 由地下开采出来未经___①___加工的煤炭，称为毛煤。毛煤经过筛孔___②___mm 筛子筛选并拣除大于___③___mm 的矸石后进入煤仓，由煤仓运出的煤为___④___煤。

答：①拣选；②50；③50；④原。

75. 煤的开采有___①___开采和___②___开采两种。

答：①露天；②地下。

76. 无烟煤不易___①___，燃烧时没有煤烟，只有很短的___②___色火苗。无烟煤不但可做燃料，而且也是化工___③___。

答：①点燃；②蓝；③原料。

77. 对火力发电厂锅炉热力工作影响较大的煤的特性指标主要有：___①___、___②___、___③___、水分、硫分及灰渣的熔融性等。

答：①挥发分；②发热量；③灰分。

78. 劣质煤是指那些高灰分、高___①___、低___②___的煤。

答：①水分；②发热量。

79. 对于煤粉锅炉，煤粉越细，燃烧越___①___，热损失越小，但同时磨煤机的电能消耗也就越___②___。

答：①完全；②大。

80. 煤被氧化后，无论是___①___性质还是___②___性质都会发生变化，且氧化愈烈，变化也愈大。

答：①物理；②化学。

81. 煤的温度越高，氧化速度越___①___。

答：①快。

82. 入炉煤的采样量一般应为入炉煤量的_____分之一。

答：万。

83. ［H^+］越大，溶液的酸性越___①___；［H^+］越小，溶液的酸性越___②___。

答：①强；②弱。

84. NaCl 在水溶液中会电离出___①___离子和___②___离子。

答：①Na^+；②Cl^-。

85. 一般情况下，电解质越弱，电离度越___①___，所以电离度的大小，可以表示出弱电解质的相对___②___。

答：①小；②强弱。

86. 1mol NaOH 的质量为___①___g，1molO_2 的质量为___②___g。

答：①40；②32。

87. 1mol 碳原子有___①___个碳原子。

答：①$6.022 \times 10^{23}$。

88. 1mol 氢气在标准状况下的体积为___①___L。

答：①22.4。

89. 常用的强酸有：___①___、___②___和___③___。

答：①盐酸；②硫酸；③硝酸。

90. 催化剂有 ___①___ 催化剂和 ___②___ 催化剂之分。

答：①正；②负。

91. 氨水呈 ___①___ 性，氯化钠的水溶液呈 ___②___ 性。

答：①碱；②中。

92. 0.1mol/L 的盐酸溶液的 pH 值为 ___①___ 。

答：①1。

93. 煤样测过挥发分后，残留物为 ___①___ 。

答：①焦渣。

二、判断题（在题末括号内作出记号：√表示对，×表示错）

1. 在煤的元素组成中，碳含量最高，氢次之。（　　）

答：√。

2. 煤是由古代的动物，经过长期的细菌生物化学作用以及地热高温和岩层高压的成岩、变质作用逐渐形成的。（　　）

答：×。

3. 根据煤化程度的深浅，可将煤划分为泥炭、褐煤、烟煤、无烟煤四大类。（　　）

答：√。

4. 煤的可磨性表示煤在研磨机械内磨成粉状时，其表面积的改变与消耗机械能之间的关系的一种性质。（　　）

答：√。

5. 内在水分受环境的影响最大。（　　）

答：×。

6. 熔融性就是表征煤灰在高温下转化为塑性状态时，其黏塑性变化的一种性质。（　　）

答：√。

7. 煤的元素分析比工业分析具有规范性。（　　）

答：×。

8. 灰分的测定是规范性最强的试验。（　　）

答：×。

9. 煤中的内在水分用常规法可以测得。（　　）

答：√。

10. 不计算外在水分的煤，其余成分的组合称干燥基。（　　）

答：×。

11. 外在水分必须在常压下，温度高于100℃时方可除去。（　　）

答：×。

12. 在煤的矿物质中，分布得最不均匀的是原生矿物质。（　　）

答：×。

13. 煤中碳酸盐在700℃以上开始分解。（　　）

答：×。

14. 煤中灰分与矿物质的组成相同，只是叫法不同。（　　）

答：×。

15. 煤中灰分含量高，会增加运输费用，同时燃煤发热量相对降低。（　　）

答：√。

16. 测定煤中灰分时，应在500℃保持30min后再继续升温至815±10℃。（　　）

答：√。

17. 挥发分的测定是规范性很强的试验，任何测定条件的改变，都会影响试验结果。（　　）

答：√。

18. 煤中的结晶水不能以常规法测得。（　　）

答：√。

19. 煤中水分含量越多越好。（　　）

答：×。

20. 煤的焦渣特征共分八级，可以序号作为焦渣特征代号。（　　）

答：√。

21. 煤中含氧量是通过测定得出的。（　　）

答：×。

22. 煤样测过挥发分后，残留物称为灰分。（　　）

答：×。

23. 在不鼓风的条件下，煤中水分的测定结果会偏高。（　　）

答：×。

24. 用以测定煤中灰分的高温炉可不设烟囱。（　　）

答：×。

25. 煤的碳、氢测定装置系统必须具有良好的气密性。（　　）

答：√。

26. 在煤的碳、氢测定中，应先吸收二氧化碳后吸收水。（　　）

答：×。

27. 在煤的碳、氢测定中，供燃烧试样的氧气中可以含有少量的二氧化碳。（　　）

答：×。

28. 三节炉法与二节炉法只是所用的电炉个数不同，无其他区别。（　　）

答：×。

29. 在煤的碳、氢测定中，氧气的流速控制在 100mL/min 为宜。（　　）

答：×。

30. 煤中氮元素含量的测定，一般采用开氏法。（　　）

答：√。

31. 测定煤中含氮量时，所用的催化剂为氧化铜。（　　）

答：×。

32. 煤中硫的存在形态，可划分为有机硫和无机硫两种。

（　　　）

答：√。

33. 煤中的硫酸盐硫为可燃硫。（　　　）

答：×。

34. 艾氏剂是氧化钠、碳酸钠的 1:2 的混合物。（　　　）

答：×。

35. 高温燃烧中和法测得的是煤中的可燃硫。（　　　）

答：×。

36. 风化后的煤，着火点下降。因而当煤严重风化时，会发生自燃。（　　　）

答：√。

37. 表征煤灰熔融性的三个特征温度是软化温度、变形温度和流动温度。（　　　）

答：√。

38. 由于褐煤易氧化，所以可用蒸馏法测其内在水分。（　　　）

答：√。

39. 煤中内在水分的测定方法主要有常规法、快速法和蒸馏法三种。（　　　）

答：√。

40. 测定燃煤灰分时，在 500℃ 保持 30min 的目的是为了使碳酸盐分解完全。（　　　）

答：×。

41. 测定燃煤灰分时所用的煤样粒度小于 0.2mm。（　　　）

答：√。

42. 煤中灰分是有害成分，其含量增多，会造成机械不完全燃烧的热损失。（　　　）

答：√。

43. 煤中的硫化物和微量汞在燃烧时生成 SO_2 和汞蒸汽，随烟气排入大气，会妨害动植物生长，影响人体的健康。（　　　）

答：√。

44. 熔化的灰渣对锅炉的耐火衬砖没有什么影响。（　　）

答：×。

45. 堆掺工作重复进行 2 次，就可认为粒度不同的煤已分布均匀，之后进行缩分。（　　）

答：×。

46. 缩分是使煤样量减少而又使其不失代表性的过程。（　　）

答：√。

47. 掺合可采用堆锥法。（　　）

答：√。

48. 向氧弹中的充氧时间不得少于 1min。（　　）

答：×。

49. 破碎是减小粒度，增加煤粒的分散程度，改善煤的不均匀度的措施。（　　）

答：√。

50. 人工碎煤不仅劳动强度大，也容易产生人为的系统误差。（　　）

答：√。

51. 破碎机的清扫工作每半个月进行一次即可。（　　）

答：×。

52. 制样必须在专用的制样室内进行。（　　）

答：√。

53. 对燃煤量不足 300t 为一个批量时，原煤、筛选煤最少子样数为 6 个。（　　）

答：×。

54. 煤块愈大，不均匀度愈小。（　　）

答：×。

55. 当浓酸溅到衣服上时，应先用水冲洗，然后用 2% 稀碱中和，最后再用水冲洗。（　　）

答：√。

56. 禁止使用没有标签的药品。（　　　）

答：√。

57. 破碎的玻璃器皿仍可继续使用。（　　　）

答：×。

58. 任何化学药品都可以放在化验室的架子上。（　　　）

答：×。

59. 上煤车取样，应事先与燃料值班人员联系好，只有确信煤车在取样期间不会移动时，才可上煤车取样。（　　　）

答：√。

60. 加热试管时，不准把试管口朝向自己或他人。（　　　）

答：√。

61. 当 $CO_{2,ad} < 2$（％）时，$O_{ad} = 100 - C_{ad} - H_{ad} - N_{ad} - M_{ad} - A_{ad}$。（　　　）

答：√。

62. 由空气干燥基换算成干燥基的换算系数是 $\dfrac{100 - M_{ad}}{100}$。（　　　）

答：×。

63. 在同一实验室测定燃煤发热量的允许误差为 $200J/g$。（　　　）

答：×。

64. 在不同实验室测定燃煤发热量的允许误差是 $418J/g$。（　　　）

答：√。

65. 当煤中 $V_{ad} < 20\%$ 时，同一实验室的允许误差为 0.50%。（　　　）

答：×。

66. 测定燃煤发热量时，搅拌器的转速以 $200 \sim 300r/min$ 为宜。（　　　）

答：×。

67. 测定燃煤发热量时，其内筒应装满水。（　　）

答：×。

68. 测热室应设在朝北的不受阳光直射的专用单间里，采用双层玻璃窗户。（　　）

答：√。

69. 当煤中 $M_{ad} > 10\%$ 时，同一实验室的允许误差为 0.50%。（　　）

答：×。

70. 当煤样灰分小于 15% 时，不必进行复烧试验。（　　）

答：√。

71. 测定燃煤挥发分时，称取煤样量为 $1 \pm 0.1g$。（　　）

答：×。

72. 测定燃煤灰分时，称取煤样量为 $1 \pm 0.1g$。（　　）

答：√。

73. 在皮带上进行人工取样时，应紧握铁锹，并顺着煤流方向取样。（　　）

答：×。

74. 没有减压器的氧气瓶可以使用。（　　）

答：×。

75. 当强碱溅到眼睛里时，应立即送医务所急救。（　　）

答：×。

76. 稀释酸液时，把水加到酸中，搅拌均匀即可。（　　）

答：×。

77. 氧气瓶内的压力降到 0.2MPa 时，不准再使用。（　　）

答：√。

78. 任何一种化合物都是由不同种元素组成的。（　　）

答：√。

79. 水溶液的 pH 值小于 7 的化合物一定是酸。（　　）

答：×。

80. 二氧化碳不供人呼吸，因为它有毒。（　　　）

答：×。

81. 在一个平衡反应中，减小反应物的浓度，平衡向逆反应方向移动。（　　　）

答：√。

82. 在其他条件不变的情况下，降温会使化学平衡向着放热方向移动。（　　　）

答：√。

83. 凡是能导电的物质都是电解质。（　　　）

答：×。

84. 对于可逆反应来说，生成物浓度的乘积除以反应物浓度的乘积，便得到一个比例常数，即该反应的平衡常数。（　　　）

答：×。

85. 无色透明的液体一定是溶液。（　　　）

答：×。

86. 在化学反应前后，原子种类不变，原子数目发生变化。（　　　）

答：×。

87. 冰水混合物是纯净物。（　　　）

答：√。

88. 制取较纯净的二氧化碳，最适宜的酸是稀盐酸。（　　　）

答：√。

89. 酒精可以任意比例溶于水。（　　　）

答：√。

90. 凡是符合通式 C_nH_{2n} 的物质一定是环烷烃。（　　　）

答：×。

91. 氨既是一种碱，又是一种络合剂。（　　　）

答：√。

92. 芳香族化合物一定具有芳香气味。（　　　）

答：×。

93. 层燃炉炉膛火焰温度一般多在 1350℃左右，所以，只要控制住煤的灰熔点在 1350℃以上，煤灰就不会结渣，燃烧和运行就会正常进行。（   ）

答：√。

94. 常用的煤的分析基准有收到基、空气干燥基、干燥基、干燥无灰基；对应的旧称是应用基、分析基、干燥基、可燃基。（   ）

答：√。

95. 煤的内在水分是固有的，而对外在水分可以人为控制。（   ）

答：√。

96. 灰分在煤燃烧时会形成灰壳，使固定碳难以燃尽。（   ）

答：√。

97. 若灰分过低，则因剩下的灰渣难以覆盖炉排，以致烧坏炉排而影响锅炉的正常运行。（   ）

答：√。

98. 锅炉一般多是针对无烟煤设计制造的。（   ）

答：×。

99. 在一般情况下，烧用发热量相同的煤，如其挥发分较高，锅炉热效率也会较高。（   ）

答：√。

100. 煤中挥发分越高，煤越易着火，固定碳也越易烧尽。（   ）

答：√。

101. 由空气干燥基换算成干燥无灰基的换算系数为 $\dfrac{100 - M_{ad}}{100}$。（   ）

答：×。

102. 由干燥无灰基换算成收到基的换算系数为 $\dfrac{100-M_{ar}}{100-M_{ad}}$。

（　　）

答：×。

103. 由空气干燥基换算成收到基的换算系数为 $\dfrac{100-M_{ar}}{100}$。

（　　）

答：×。

104. 由空气干燥基换成干燥基的换算系数为 $\dfrac{100}{100-M_{ad}}$。

（　　）

答：√。

105. 检测单位的采、制、化设施必须齐全，要有备用热量计，所有量具、仪表必须定期校验，并经计量部门鉴定合格。

（　　）

答：√。

106. 粒级煤是指经过洗选或筛选加工后，清除了大部分的杂质与矸石，粒度在 6mm 以上的煤炭产品。（　　）

答：√。

107. 毛煤是指经过人工或机械拣出规定粒度的矸石的煤炭产品。（　　）

答：×。

108. 煤炭可以按灰分计价。（　　）

答：√。

109. 对绝热式热量计，无需进行冷却校正。（　　）

答：√。

110. 每一基点温度都有对应的标准露出柱温度。（　　）

答：√。

111. 温度计的水银球应对准氧弹主体的中部，温度计和搅拌器均不得接触氧弹和内筒。（　　）

答：√。

112. 煤的空气干燥基水分可以通过实验测得。（　　）

答：✓。

三、选择题 ［将正确答案的序号"×"写在题内横线上］

1. 下列煤种中变质程度最浅的是_____。

（1）烟煤；（2）无烟煤；（3）褐煤

答：（3）。

2. 燃料消耗占发电成本的_____。

（1）50%左右；（2）60%左右；（3）80%左右

答：（2）。

3. 煤中含硫量以低于_____为宜，最多也不能超过4%。

（1）0.5%；（2）1%；（3）2%

答：（3）。

4. 褐煤中水分的测定一般采用_____。

（1）通氮干燥法；（2）甲苯蒸馏法；（3）空气干燥法

答：（2）。

5. 以快速法测定煤中水分时，需在_____下鼓风干燥。

（1）105～110℃；（2）145±5℃；（3）200℃

答：（2）。

6. 测定燃煤挥发分时，应在900℃下加热_____。

（1）7min；（2）10min；（3）3min

答：（1）。

7. 有原煤1000t，其灰分＜20%，则子样的最少数目为_____。

（1）20个；（2）30个；（3）60个

答：（2）。

8. 某煤样的粒度小于25mm，则子样的最小质量为_____。

（1）0.5kg；（2）1kg；（3）2kg

答：（2）。

9. 由收到基换算成空气干燥基的换算系数为_____。

(1) $\dfrac{100 - M_{ad}}{100 - M_{ar}}$； (2) $\dfrac{100 - M_{ar}}{100 - M_{ad}}$； (3) $\dfrac{100 - M_{ar}}{100}$

答：(1)。

10. 由干燥基换算成空气干燥基的换算系数为_____。

(1) $\dfrac{100}{100 - M_{ad}}$； (2) $\dfrac{100 - M_{ad}}{100 - M_{ar}}$； (3) $\dfrac{100 - M_{ad}}{100}$

答：(3)。

11. 由收到基换算成干燥无灰基的换算系数为_____。

(1) $\dfrac{100 - M_{ad} - M_{ad}}{100}$；   (2) $\dfrac{100 - M_{ar} - A_{ar}}{100}$；

(3) $\dfrac{100}{100 - M_{ar} - A_{ar}}$

答：(3)。

12. 由干燥无灰基换算成空气干燥基的换算系数为_____。

(1) $\dfrac{100 - M_{ad} - A_{ad}}{100}$；   (2) $\dfrac{100}{100 - M_{ad} - A_{ad}}$；

(3) $\dfrac{100 - M_{ar} - A_{ar}}{100}$

答：(1)。

13. 测定煤中灰分时，应在 500℃时保持_____后，再继续升温至 815℃。

(1) 20min； (2) 30min； (3) 40min

答：(2)。

14. 下列试验项目中不做检查性试验的是_____。

(1) 灰分； (2) 水分； (3) 挥发分

答：(3)。

15. 测定燃煤发热量时，搅拌器的转速以_____为宜。

(1) 200～300r/min； (2) 300～500r/min； (3) 400～600r/min

答：(3)。

16. 往内筒中加入足够的蒸馏水，使氧弹盖的顶面浸没在水面下_____。

(1) 5～10mm；(2) 10～20mm；(3) 20～30mm

答：(2)。

17. 热容标定值的有效期为_____，超过此期限应进行复查。

(1) 三个月；(2) 四个月；(3) 六个月

答：(1)。

18. 下列式子中正确的是_____。

(1) $O_{ad} = 100 - C_{ad} - H_{ad} - N_{ad} - S_{ad} - M_{ad} - A_{ad}$；

(2) $O_{ad} = 100 - C_{ad} - H_{ad} - N_{ad} - S_{ad}$；

(3) $O_{ad} = 100 - C_{ad} - H_{ad} - N_{ad} - S_{ad} - CO_{2,ad}$

答：(1)。

19. 下列说法中，正确的是：_____。

(1) $Q_{b,ad} > Q_{net,ad} > Q_{gr,ad}$；(2) $Q_{b,ad} > Q_{gr,ad} > Q_{net,ad}$；(3) $Q_{gr,ad} > Q_{b,ad} > Q_{net,ad}$

答：(2)。

20. 在由弹筒发热量到高位发热量的换算中，若 $Q_{b,ad} \leqslant$ 16700J/g，则 α 取_____。

(1) 0.0010；(2) 0.0012；(3) 0.0016

答：(1)。

21. 在由弹筒发热量到高位发热量的换算中，若 $Q_{b,ad} >$ 25100J/g，则 α 取_____。

(1) 0.0010；(2) 0.0012；(3) 0.0016

答：(3)。

22. 下列元素中为煤中有害的元素是_____。

(1) 碳元素；(2) 氢元素；(3) 硫元素

答：(3)。

23. 以煤灰的特征温度_____作为其熔点。

(1) T_1；(2) T_2；(3) T_3

答：(2)。

24. 一般情况下，动力煤按_____计价。

(1) 固定碳；(2) 挥发分；(3) 发热量

答：(3)。

25. 分析用煤样的粒度应小于_____。

(1) 0.1mm；(2) 0.2mm；(3) 1mm

答：(2)。

26. 存查煤样量应不小于_____。

(1) 0.5kg；(2) 1kg；(3) 1.5kg

答：(1)。

27. 下列物质在煤中分布最不均匀的是：_____。

(1) 原生矿物质；(2) 次生矿物质；(3) 外来矿物质

答：(3)。

28. 煤的焦渣特征共分_____。

(1) 6级；(2) 8级；(3) 10级

答：(2)。

29. 煤在炉排上燃烧时间有限，故高灰分煤不易燃尽；但灰分过低，又易穿风，故要求煤的收到基灰分 A_{ar} 在_____为宜。

(1) 10% ~ 20%；(2) 10% ~ 30%；(3) 10% ~ 40%

答：(2)。

30. 煤中全水分小于20%时，同一实验室两次平行测定结果的允许误差是_____。

(1) 0.4%；(2) 0.5%；(3) 0.6%

答：(1)。

31. 煤中空气干燥基灰分大于30%时，同一实验室两次平行测定结果的允许误差是_____。

(1) 0.2%；(2) 0.3%；(3) 0.5%

答：(3)。

32. 空气干燥基挥发分小于20%时，同一实验室两次测定结果的允许误差是_____。

(1) 0.2%；(2) 0.3%；(3) 0.4%

答：(2)。

33. 空气干燥基灰分小于 15% 时，不同实验室两次测定结果的允许误差是_____。

(1) 0.2%；(2) 0.3%；(3) 0.4%

答：(2)。

34. 下列反应中，是氧化—还原反应的是：_____。

(1) $AgNO_3 + NaCl = AgCl \downarrow + NaNO_3$；

(2) $NaOH + HCl = NaCl + H_2O$；

(3) $Zn + 2HCl = H_2 \uparrow + ZnCl_2$

答：(3)。

35. 下列物质中，具有氧化性的是_____。

(1) Fe；(2) $FeCl_2$；(3) $FeCl_3$

答：(3)。

36. 下列物质中，最具有还原性的是_____。

(1) Fe；(2) $FeCl_2$；(3) $FeCl_3$

答：(1)。

37. 下列试验项目中，规范性最强的是_____。

(1) 碳、氢的测定；(2) 挥发分的测定；(3) 含硫量的测定

答：(2)。

38. 用以标定 EDTA 溶液的基准物质应为_____。

(1) 草酸；(2) 碳酸钠；(3) 氧化锌

答：(3)。

39. 测定硫酸溶液的浓度，应用_____。

(1) 直接滴定法；(2) 间接滴定法；(3) 反滴定法

答：(1)。

40. 加热易燃药品时，应使用_____。

(1) 电炉子；(2) 水浴锅；(3) 酒精灯

答：(2)。

41. 一个氧化—还原反应的平衡常数可衡量该反应的_____。

（1）进行方向；（2）进行速度；（3）反应完全程度

答：（3）。

42. 氢氧化钠中常含有碳酸钠，是因为其具有很强的_____。

（1）碱性；（2）氧化性；（3）吸湿性

答：（3）。

43. 对于氧化—还原反应，通常反应物浓度越大，反应速度_____。

（1）越快；（2）越慢；（3）不一定

答：（1）。

44. 空气干燥基水分的代表符号是_____。

（1）M_{ar}；（2）M_{ad}；（3）M_{inh}

答：（2）。

45. 干燥无灰基固定碳的代表符号是_____。

（1）FC_{daf}；（2）FC_{ar}；（3）FC_{d}

答：（1）。

四、计算题

1. 一批入厂原煤为 2000t，最大粒度小于 50mm，灰分小于 20%，问应采集的子样数及所采煤样的质量至少为多少？

解：因为入厂煤为 2000t，所以应采的子样数为

$$n = n'\sqrt{\frac{m}{100}} = 30 \times \sqrt{\frac{2000}{1000}} = 42(个)$$

因为原煤的最大粒度小于 50mm，所以，每个子样的最小质量为 2kg，故应采的煤样总质量为 $42 \times 2 = 84$（kg）。

答：应采集的子样数为 42 个，所采煤样的质量至少为 84kg。

2. 在 600t 煤堆上取样，已知来煤是灰分大于 20% 的原煤，取样点应为多少？

解：因为来煤灰分大于 20%，所以 1000t 煤应取 60 个子样。

设 600t 煤应取 x 个子样，则有

$$\frac{1000}{60} = \frac{600}{x}$$

$$x = 36(\text{个})$$

答：取样点应为 36 个。

3. 取炉前煤样，其全水分为 12.00%，将煤样制成分析试样，其分析结果为：$M_{ad} = 1.24$，$A_{ad} = 13.56$，$C_{ad} = 72.70$，$H_{ad} = 3.98$，$N_{ad} = 1.47$，$S_{t,ad} = 1.72$，$O_{ad} = 5.33$，试问进行热力计算时，应如何对以上成分进行换算？

解：进行热力计算时，需要将空气干燥基换算为收到基，换算系数为

$$K = \frac{100 - M_{ar}}{100 - M_{ad}} = \frac{100 - 12.00}{100 - 1.24} = 0.89$$

$$A_{ar} = KA_{ad} = 0.89 \times 13.56 = 12.07(\%)$$

$$C_{ar} = 72.70 \times 0.89 = 64.70(\%)$$

$$H_{ar} = 3.98 \times 0.89 = 3.54(\%)$$

$$N_{ar} = 1.47 \times 0.89 = 1.31(\%)$$

$$S_{t,ar} = 1.72 \times 0.89 = 1.53(\%)$$

$$Q_{ar} = 5.33 \times 0.89 = 4.74(\%)$$

验算：$M_{ar} + A_{ar} + C_{ar} + H_{ar} + N_{ar} + S_{t,ar} + O_{ar}$

$$= 12.00 + 12.07 + 64.70 + 3.54 + 1.31 + 1.53 + 4.74$$

$$= 99.89 \approx 100$$

4. 设某煤样 $M_{ad} = 2.10$（%），$A_{ad} = 20.74$（%），$V_{ad} = 22.54$（%），求 A_d，V_{daf}。

解：干燥基灰分含量为

$$A_d = \frac{100 A_{ad}}{100 - M_{ad}} = \frac{100 \times 20.74}{100 - 2.10} = 21.18(\%)$$

干燥无灰基挥发分含量为

$$V_{daf} = \frac{100 V_{ad}}{100 - M_{ad} - A_{ad}} = \frac{100 \times 22.54}{100 - 2.10 - 20.74} = 29.21(\%)$$

答：A_d 为 21.18%，V_{daf} 为 29.21%。

5. 某密封金属桶的标签上注明毛重为 2520g，金属桶重 400g，经化验室复称后，毛重为 2500g，取 500g 煤样，经干燥恒

重后为 420g，试计算全水分含量。

解：设水分损失为 2520 – 2500 = 20（g）

试样质量为 2520 – 400 = 2120（g）

水分损失百分数为

$$M_1 = \frac{20}{2120} \times 100 = 0.9(\%)$$

全水分含量为

$$\begin{aligned}
M_t &= M_1 + \frac{m_1}{m}(100 - M_1) \\
&= 0.9 + \frac{500 - 420}{500} \times (100 - 0.9) \\
&= 15.86(\%)
\end{aligned}$$

答：全水分含量为 15.86%。

6. 以某分析试样 1.0174g 作灰分产率测定。恒重后，质量减少了 0.7465g，并已知空气干燥基水分为 2.20%，试求干燥基灰分产率。

解：空气干燥基灰分产率为

$$A_{ad} = \frac{1.0174 - 0.7465}{1.0174} \times 100 = 26.63(\%)$$

则干燥基灰分产率为

$$A_d = \frac{100 A_{ad}}{100 - M_{ad}} = \frac{100 \times 26.63}{100 - 2.20} = 27.23(\%)$$

答：干燥基灰分产率为 27.23%。

7. 以某分析试样 1.0010g 作挥发分产率测定，试样减少了 0.3484g，并已知空气干燥基水分为 3.54%，求空气干燥基挥发分产率、干燥基挥发分产率。

解：空气干燥基挥发分产率为

$$V_{ad} = \frac{0.3484}{1.0010} \times 100 - 3.54 = 31.26(\%)$$

干燥基挥发分产率为

$$V_d = \frac{100 V_{ad}}{100 - M_{ad}} = \frac{100 \times 31.26}{100 - 3.54} = 32.41(\%)$$

答：V_{ad} 为 31.26% ，V_d 为 32.41% 。

8. 称取分析试样 1.0068g，在 105～110℃下鼓风干燥，恒重时为 0.8698g，并已知外在水分含量 $M_f = 5.80\%$，求煤中全水分含量。

解：空气干燥基水分含量为

$$M_{ad} = \frac{m_1}{m} \times 100 = \frac{1.0068 - 0.8698}{1.0068} \times 100 = 13.61(\%)$$

煤中全水分含量为

$$M_{ar} = M_f + \frac{(100 - M_f)M_{ad}}{100}$$

$$= 5.80 + \frac{(100 - 5.80) \times 13.61}{100} = 18.62(\%)$$

答：M_{ar} 为 18.62% 。

9. 某电厂每发 1kWh 的电燃用 $Q_{net,ar}$ 为 20.74MJ/kg 的煤 0.56kg，求该电厂的发电煤耗。

解：$\dfrac{20.74}{29.27} \times 0.56 = 0.397$（kg/kWh）

答：该电厂的发电煤耗为 0.397kg/kWh。

10. 某电厂的混配煤是由 4 个煤种进行混配的，各煤种的质量比为 1:2:3:4，它们的发热量依次为 21484J/g、19400J/g、20154J/g、25986J/g，试问该电厂混配煤的发热量为多少？

解：$Q_{混配} = 21484 \times 0.1 + 19400 \times 0.2$
$\qquad\qquad + 20154 \times 0.3 + 25986 \times 0.4$
$\qquad\quad = 22469$（J/g）

答：该电厂混配煤的发热量为 22469J/g。

11. 用一台热容为 14636J/℃ 的热量计测定某种煤，其热值大约在 25090J/g 左右，室温为 23.1℃，问在试样燃烧前外筒温度 $t_{外}$ 和内筒温度 $t_{内}$ 调节多大范围较合适。

解：根据调节原则，外筒温度调节范围为

$$t_{外} = 23.1 \pm 1.5 = 21.6 \sim 24.6(℃)$$

设 $t_{外} = 23.1℃$，试样燃烧结束后，终点时内筒温升 Δt_n 的计算如下：

$$\Delta t_n = \frac{25090}{14636} = 1.7(℃/g)$$

则 $t_n = t_0 + \Delta t_n = t_0 + 1.7$

终点时，$t_n - t_外 = 1 \sim 1.5℃$，故

$$t_外 + (1 \sim 1.5℃) = t_n$$

$$t_外 + (1 \sim 1.5℃) = t_0 + 1.7℃$$

$$t_0 = 23.1℃ - 1.7℃ + (1 \sim 1.5℃)$$

$$= 21.4℃ + (1 \sim 1.5℃)$$

$$= 22.4 \sim 22.9℃$$

答：当外筒温度为23.1℃时，试样燃烧前调节内筒水温在22.4~22.9℃。

12. 用一台热容为14636J/℃的热量计测定某种煤，其发热量约为12545J/g，且又规定只准称取1g左右煤样，室温为23.1℃，则试样燃烧前内筒水温应调至多少℃？

解：设 $t_外 = 23.1℃$。

试样燃烧后，内筒温升 Δt_n 的计算为

$$\Delta t_n = \frac{12545}{14636} = 0.9(℃)$$

$$t_0 = t_n - \Delta t_n = t_外 + (1 \sim 1.5℃) - \Delta t_n$$

$$= 23.1℃ + (1 \sim 1.5℃) - 0.9℃$$

$$= 23.2 \sim 23.7(℃)$$

答：当室温为23.1℃时，试样燃烧前内筒水温应调23.2~23.7℃。

13. 已知某点火丝为热值是1388J/g的金属丝，现截取每根长10cm共100根的金属丝放在天平上称重为5.980g，求每根金属丝的热值。

解：根据题意，每根金属丝的热值为

$$\frac{1388 \times 5.980}{100} = 83.0(J/g)$$

答：每根金属丝的热值为 83.0J/g。

14. 用某贝克曼温度计，读取的 $t_0 = 1.800℃$，$t_n = 4.130℃$，求毛细管孔径修正值和温升值。检定结果见表 2-3。

表 2-3 贝克曼温度计检定结果

刻度值（℃）	0	1	2	3	4	5
修正值（℃）	0.000	0.000	-0.001	0.000	-0.007	0.000

解：根据贝克曼温度计检定结果，用插值法得出

$$h_0 = 0.000 + \frac{-0.001 - 0.000}{2 - 1} \times (1.800 - 1.000)$$

$$= -0.0008(℃)$$

$$h_n = -0.007 + \frac{0.000 + 0.007}{5 - 4} \times (4.130 - 4.000)$$

$$= -0.0061(℃)$$

$$\Delta t = (t_n + h_n) - (t_0 + h_0)$$

$$= [4.130 + (-0.0061)] - (1.800 - 0.0008)$$

$$= 2.3319(℃)$$

答：毛细管孔修正值为和温升值分别为 -0.0061℃ 和 2.3319℃。

15. 已知某煤种的 $V_{daf} = 28.8\%$，$M_{ad} = 2.30\%$，$A_{ad} = 14.68\%$，求 V_{ad}、FC_{ad}。

解：干燥无灰基的固定碳含量为

$$FC_{daf} = 100 - V_{daf}$$

$$FC_{daf} = 100 - 28.8 = 71.2(\%)$$

空气干燥基的挥发分产率为

$$V_{ad} = \frac{(100 - M_{ad} - A_{ad})V_{daf}}{100}$$

$$= \frac{(100 - 2.30 - 14.68) \times 28.8}{100}$$

$$= 23.91(\%)$$

空气干燥基的固定硫含量为

$$FC_{ad} = \frac{(100 - M_{ad} - A_{ad})FC_{daf}}{100}$$

$$= \frac{(100 - 2.30 - 14.68) \times 71.2}{100} = 59.11(\%)$$

答: V_{ad} 为 23.91%，FC_{ad} 为 59.11%。

16. 已知某煤种的外在水分含量 $M_f = 2.20\%$，$M_{ad} = 1.88\%$，$V_{ad} = 30.8\%$，求 M_{ar}、V_{ar}、V_d。

解: 煤中收到基水分为

$$M_{ar} = M_f + \frac{(100 - M_f)M_{ad}}{100}$$

$$= 2.20 + \frac{(100 - 2.20) \times 1.88}{100}$$

$$= 4.04(\%)$$

收到基挥发分产率为

$$V_{ar} = \frac{(100 - M_f)V_{ad}}{100} = \frac{(100 - 2.20) \times 30.8}{100}$$

$$= 30.12(\%)$$

干燥基挥发分产率为

$$V_d = \frac{100V_{ad}}{100 - M_{ad}} = \frac{100 \times 30.8}{100 - 1.88} = 31.39(\%)$$

答: M_{ar} 为 4.04%，V_{ar} 为 30.12%，V_d 为 31.39%。

17. 某原煤含 $C_{daf} = 40.4\%$，$H_{daf} = 2.7\%$，$M_{ar} = 25.5\%$，由于气候的变化，水分含量变为 $M'_{ar} = 30.6\%$，试求水分改变后，C_{daf}、H_{daf} 的相应改变 C'_{daf}、H'_{daf} 为多少？

解: 水分改变后，C_{daf} 变为

$$C'_{daf} = \frac{(100 - M'_{ar})C_{daf}}{100 - M_{ar}} = \frac{(100 - 30.6) \times 40.4}{100 - 25.5} = 37.63(\%)$$

水分改变后，H_{daf} 变为

$$H'_{daf} = \frac{(100 - M'_{ar})H_{daf}}{100 - M_{ar}} = \frac{(100 - 30.6) \times 2.7}{100 - 25.5} = 2.52(\%)$$

答: C'_{daf} 为 37.63%，H'_{daf} 为 2.52%。

18. 某火力发电厂装机容量为 300MW，日耗收到基低位发热

量为24380J/g的燃煤3500t，若全厂满负荷运行260天，问该厂全年标准煤耗为多少（标准煤的低位热值为29271J/g）？

解：全厂全年发电量为

$$30 \times 10^4 \times 24 \times 260 = 1.87 \times 10^9 (\text{kWh})$$

全厂全年消耗标准煤为

$$\frac{3500 \times 10^6 \times 24380 \times 260}{29271} = 758 \times 10^9 (\text{g})$$

标准煤耗为

$$\frac{758 \times 10^9}{1.87 \times 10^9} = 405 (\text{g/kWh})$$

答：该厂全年标准煤耗为405g/kWh。

19. 称取分析试样0.2005g，做碳、氢含量测定，已知水分空白值为0.0019g，测定结束后，吸水U形管增重0.0865g，吸收二氧化碳U型管增重0.5725g，求煤中碳、氢含量（已知$M_{ad} = 1.18\%$，$CO_{2,ad} < 2\%$）。

解：因为$CO_{2,ad} < 2\%$，所以

$$C_{ad} = \frac{0.2729 m_1}{m} \times 100 = \frac{0.5725 \times 0.2729}{0.2005} \times 100 = 77.92 \ (\%)$$

$$H_{ad} = \frac{0.1119 \times (m_2 - m_3)}{m} \times 100 - 0.1119 M_{ad}$$

$$= \frac{0.1119 \times (0.0865 - 0.0019)}{0.2005} \times 100 - 0.1119 \times 1.18$$

$$= 4.59 \ (\%)$$

答：C_{ad}为77.92%，H_{ad}为4.59%。

20. 已知某煤种的空气干燥基的高位发热量为19.84MJ/kg，$M_{ar} = 7.84\%$，$M_{ad} = 2.38\%$，求收到基的高位发热量。

解：该煤种收到基的高位热量为

$$Q_{gr,ar} = \frac{Q_{gr,ad} (100 - M_{ar})}{100 - M_{ad}} = \frac{19.84 \times (100 - 7.84)}{100 - 2.38}$$

$$= 18.73 \ (\text{MJ/kg})$$

答：收到基的高位发热量为18.73MJ/kg。

21. 已知某煤种的空气干燥基高位发热量为22.49MJ/kg，空

气干燥基水分为 2.90%，求干燥基的高位发热量。

解：该煤种的干燥基的高位发热量为

$$Q_{\text{gr,d}} = \frac{100\,Q_{\text{gr,ad}}}{100 - M_{\text{ad}}} = \frac{100 \times 22.49}{100 - 2.90}$$
$$= 23.16\ (\text{MJ/kg})$$

答：干燥基的高位发热量为 23.16MJ/kg。

22. 已知某煤种空气干燥基的低位发热量为 $Q_{\text{net,ad}} = 20.23\text{MJ/kg}$，外在水分含量为 $M_{\text{f}} = 2.30\%$，求收到基的低位发热量。

解：
$$Q_{\text{net,ad}} = 20.23\text{MJ/kg} = 20230\text{J/g}$$

该煤种收到基的低位发热量为

$$Q_{\text{net,ar}} = \frac{(100 - M_{\text{f}})\ Q_{\text{net,ad}}}{100} - 25M_{\text{f}}$$
$$= \frac{(100 - 2.30)\ \times 20230}{100} - 25 \times 2.30$$
$$= 19707\ (\text{J/g})$$

答：收到基的低位发热量为 19707J/g。

23. 一批入厂原煤为 1800t，其最大粒度小于 100mm，灰分含量小于 20%，求最少应采的子样数目及所采煤样的最小质量为多少？

解：因为这批煤量大于 1000t，所以至少应采的子样数目为

$$n = n'\sqrt{\frac{m}{1000}} = 30 \times \sqrt{\frac{1800}{1000}} = 40(\text{个})$$

因为这批煤的最大粒度小于 100mm，所以每个子样的最小质量为 4kg，故所采煤样的最小质量为

$$40 \times 4 = 160\ (\text{kg})$$

答：应最少采集的子样数为 40 个，所采煤样的最小质量为 160kg。

24. 用某煤样作挥发分测定，平行两次测定值为 19.32、19.58，已知该煤的空气干燥基水分为 1.92%，求干燥基挥发分含量。

解：平行两次测定的差值为

$$19.58 - 19.32 = 0.26（\%）$$

没有超过规定的允许差 0.3%，因此可求其平均值为

$$\frac{1}{2} \times （19.58 + 19.32）= 19.45（\%）$$

干燥基挥发分含量为

$$V_d = \frac{100 V_{ad}}{100 - M_{ad}} = \frac{100 \times 19.45}{100 - 1.92} = 19.83（\%）$$

答：干燥基挥发分含量为 19.83%。

25. 求 0.1mol/L NaOH 溶液的 pH 值。

解：根据题意可知：$[OH^-] = 0.1$mol/L，则

$$pOH = -\lg [OH^-]$$
$$= -\lg 0.1$$
$$= 1$$

所以

$$pH = 14 - pOH$$
$$= 14 - 1$$
$$= 13$$

答：该溶液 pH 值为 13。

26. 如果向 10mL 2mol/L 的稀硫酸里滴入 30mL 1mol/L 的氢氧化钠溶液，所得溶液呈酸性，还是呈碱性？

解：现分别求出硫酸溶液和加入的氢氧化钠溶液中溶质的摩尔数

$$n（H_2SO_4）= 2 \times 10 \times 10^{-3} = 0.02（mol）$$
$$n（NaOH）= 1 \times 30 \times 10^{-3} = 0.03（mol）$$
$$2NaOH + H_2SO_4 = Na_2SO_4 + 2H_2O$$

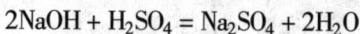

理论量比：2   1

实际量比：0.03   0.02

答：H_2SO_4 过量，所以溶液呈酸性。

27. 某温度下，0.1mol/L $NH_3 \cdot H_2O$ 溶液中 $[OH^-]$ 为 1.34×10^{-3}mol/L，计算该温度下氨水的电离常数？

解：$NH_3 \cdot H_2O \rightleftharpoons NH_4^+ + OH^-$

起始时：　　　　 0.1　　　　　　 0　　　　　　　 0

平衡时：$0.1 - 1.34 \times 10^{-3}$　1.34×10^{-3}　1.34×10^{-3}

$$K_{NH_3 \cdot H_2O} = \frac{(1.34 \times 10^{-3})^2}{0.1 - 1.34 \times 10^{-3}} \approx 1.82 \times 10^{-5}$$

答：在该温度下，氨水的电离平衡常数为 1.82×10^{-5}。

28. 向 1kg 含 10%KOH 的溶液中通入氯气，充分反应后，能得到多少摩尔氯酸钾？得到多少克氯化钾？

解：$3Cl_2 + 6KOH \xrightarrow{\Delta} KClO_3 + 5KCl + 3H_2O$

KOH 的摩尔数为

$$n\,(KOH) = \frac{1000 \times 10\%}{56} = 1.786\,(mol)$$

所以，生成 $KClO_3$ 的摩尔数为

$$n\,(KClO_3) = \frac{1.786}{6} = 0.298\,(mol)$$

生成氯化钾的克数为

$$m_{KCl} = \frac{1.786 \times 5}{6} \times 74.5$$
$$= 110.86\,(g)$$

答：得到氯酸钾 0.298mol，得到氯化钾 110.86g。

29. 已知 $CO + H_2O\,(g) \rightleftharpoons CO_2 + H_2$ 在 1073K 达到平衡时，$[CO] = 0.25mol/L$，$[H_2O] = 2.25mol/L$，$[CO_2] = 0.75mol/L$，$[H_2] = 0.75mol/L$，试求 CO、H_2O 的起始浓度和 CO 的平衡转化率？

解：　　　　　　 CO ＋ $H_2O\,(g) \rightleftharpoons CO_2$ ＋ H_2

平衡时（mol/L）：　0.25　　　2.25　　　0.75　　0.75

起始时（mol/L）：0.25 + 0.75　2.25 + 0.75　0　　　　0

所以 $[CO]_{起始} = 0.25 + 0.75 = 1.00\,(mol/L)$

$[H_2O]_{起始} = 2.25 + 0.75 = 3.00\,(mol/L)$

CO 的平衡转化率为 $\dfrac{0.75}{1} = 75\%$

答：CO 和 H_2O 的起始浓度分别为 1.00mol/L 和 3.00mol/L，CO 的平衡转化率为 75%。

30. 某分析煤样为 1.0984g，在 810℃下灼烧至恒重，质量减少了 0.8265g，已知空气干燥基水分为 2.00%，试求干燥基灰分产率。

解： 空气干燥基灰分产率为

$$A_{ad} = \frac{1.0984 - 0.8265}{1.0984} \times 100\% = 24.75(\%)$$

则干燥基灰分产率为

$$A_d = \frac{100 A_{ad}}{100 - M_{ad}} = \frac{100 \times 24.75}{100 - 2.00} = 25.26(\%)$$

答：试样干燥基灰分产率为 25.26%。

31. 某贝克曼温度计的刻度校正数据如表 2-4 所示。

表 2-4　　　　　　　　贝克曼温度计的刻度校正数据

刻度值（℃）	0	1	2	3	4	5
校正值（℃）	0.000	+0.001	-0.002	+0.003	-0.001	0.000

试求 2.845℃、3.284℃的校正值。

解： 2.845℃的校正值为

$$h_1 = h_a + \frac{h_b - h_a}{t_b - t_a}(t - t_a)$$

$$= -0.002 + \frac{0.003 - (-0.002)}{3 - 2} \times (2.845 - 2)$$

$$= 0.0022(℃)$$

3.284℃的校正值为

$$h_2 = 0.003 + \frac{-0.001 - 0.003}{4 - 3} \times (3.284 - 3)$$

$$= 0.0019 (℃)$$

答：2.845℃ 的校正值为 0.0022℃，3.284℃ 的校正值为 0.0019℃。

32. 已知某煤种，外在水分含量为 2.00（%），空气干燥基灰分含量为 15.99（%），求收到基的灰分含量。

解：收到基的灰分含量为

$$A_{ar} = \frac{(100 - M_f) A_{ad}}{100}$$

$$= \frac{(100 - 2.00) \times 15.99}{100} = 15.67(\%)$$

答：收到基的灰分为 15.67%。

33. 已知某煤种的收到基水分 $M_{ar} = 10.00$（%），空气干燥基水分 $M_{ad} = 2.60$（%），收到基灰分 $A_{ar} = 26.06$（%），求 A_{ad}、A_d。

解：该煤种的空气干燥基灰分为

$$A_{ad} = \frac{(100 - M_{ad}) A_{ar}}{100 - M_{ar}} = \frac{(100 - 2.60) \times 26.06}{100 - 10.00}$$

$$= 28.20 （\%）$$

该煤种的干燥基灰分为

$$A_d = \frac{100 A_{ar}}{100 - M_{ar}} = \frac{100 \times 26.06}{100 - 10.00} = 28.96(\%)$$

答：A_{ad} 为 28.20%，A_d 为 28.96%。

34. 某煤种以干燥无灰基为基准的各项成分为 $C_{daf} = 83.27\%$，$H_{daf} = 5.8\%$，$N_{daf} = 1.66\%$，$O_{daf} = 7.7\%$，以干燥基为基准的灰分为 $A_d = 20\%$，求干燥基的硫含量 S_d。

解：干燥无灰基的硫含量为

$$S_{daf} = 100 - C_{daf} - H_{daf} - N_{daf} - O_{daf}$$

$$= 100 - 83.27 - 5.8 - 1.66 - 7.7$$

$$= 1.57 （\%）$$

干燥基的硫含量为

$$S_d = \frac{(100 - A_d) S_{daf}}{100} = \frac{(100 - 20) \times 1.57}{100}$$

$$= 1.26(\%)$$

答：S_d 为 1.26%。

35. 某煤样作灰分测定，平行两次测定值为 21.02（%）和 21.30（%），已知该煤的空气干燥基水分为 1.82（%），求干燥基灰分为多少？

解：平行两次测定值的差值为

$$21.30 - 21.02 = 0.28 （\%）$$

没有超过规定的允许差 0.3%，因此可求其平均值

$$A_{ad} = \frac{1}{2}(21.02 + 21.30) = 21.16(\%)$$

则
$$A_d = \frac{100 A_{ad}}{100 - M_{ad}} = \frac{100 \times 21.16}{100 - 1.82} = 21.55(\%)$$

答：干燥基灰分为 21.55%。

36. 已知某煤种的 $V_{daf} = 32.2\%$，$M_{ad} = 1.13\%$，$A_{ad} = 15.95\%$，$M_{ar} = 10\%$，试求以干燥基为基准的 V_d、FC_d，以收到基为基准的 V_{ar}、FC_{ar}。

解：干燥无灰基的固定碳含量为

$$FC_{daf} = 100 - V_{daf} = 100 - 32.2 = 67.8(\%)$$

干燥基的灰分含量为

$$A_d = \frac{100 A_{ad}}{100 - M_{ad}} = \frac{100 \times 15.95}{100 - 1.13}$$

$$= 16.13(\%)$$

干燥基的挥发分含量为

$$V_d = \frac{(100 - A_d) V_{daf}}{100} = \frac{(100 - 16.13) \times 32.2}{100}$$

$$= 27.00(\%)$$

干燥基的固定碳含量为

$$FC_d = \frac{(100 - A_d) FC_{daf}}{100} = \frac{(100 - 16.13) \times 67.8}{100}$$

$$= 56.86(\%)$$

收到基的挥发分含量为

$$V_{ar} = \frac{(100 - M_{ar}) V_d}{100} = \frac{(100 - 10) \times 27.00}{100}$$

$$= 24.3(\%)$$

收到基的固定碳含量为

$$FC_{ar} = \frac{(100 - M_{ar})FC_d}{100}$$

$$= \frac{(100 - 10) \times 56.86}{100}$$

$$= 51.17(\%)$$

答：V_d 为 27.00%，FC_d 为 56.86%，V_{ar} 为 24.3%，FC_{ar} 为 51.17%。

37. 某煤样的工业分析结果为：$M_{ad} = 3.80\%$、$A_{ad} = 15.88\%$，$V_{ad} = 28.76\%$，求 FC_{ad}、FC_d、FC_{daf}。

解：该煤样空气干燥基的固定碳含量为

$$FC_{ad} = 100 - M_{ad} - A_{ad} - V_{ad}$$

$$= 100 - 3.80 - 15.88 - 28.76$$

$$= 51.56(\%)$$

干燥基的固定碳含量为

$$FC_d = \frac{100FC_{ad}}{100 - M_{ad}} = \frac{100 \times 51.56}{100 - 3.80}$$

$$= 53.60(\%)$$

干燥无灰基的固定碳含量为

$$FC_{daf} = \frac{100FC_{ad}}{100 - M_{ad} - A_{ad}} = \frac{100 \times 51.56}{100 - 3.80 - 15.88}$$

$$= 64.19(\%)$$

答：FC_{ad} 为 51.56%，FC_d 为 53.60%，FC_{daf} 为 64.19%。

38. 某煤样的分析结果为：$C_{ad} = 56.75\%$，$H_{ad} = 2.20\%$，$N_{ad} = 1.90\%$，$S_{ad} = 1.70\%$，$M_{ad} = 3.20\%$，$A_{ad} = 20.28\%$，$CO_{2,ad} = 6.89\%$，求 O_{ad}。

解：因为煤中 $CO_{2,ad} = 6.89\%$，所以含氧量可按下式计算

$$O_{ad} = 100 - C_{ad} - H_{ad} - N_{ad} - S_{ad} - M_{ad} - A_{ad} - CO_{2,ad}$$

$$= 100 - 56.75 - 2.20 - 1.90 - 1.70$$

$$- 3.20 - 20.28 - 6.89$$
$$= 7.08(\%)$$

答：O_{ad} 为 7.08%。

39. 在标准状况下，$235cm^3$ 某气体的质量为 $0.383g$，试计算该气体的分子量。

解：该气体的摩尔数为

$$\frac{235 \times 10^{-3}}{22.4} = 0.0105(mol)$$

其分子量为

$$\frac{0.383}{0.0105} \approx 36.5$$

答：该气体的分子量为 36.5。

40. 若使 $0.1molAg^+$ 完全生成 $AgCl$，需要多少克氯化镁？

解：设需要 n mol $MgCl_2$。

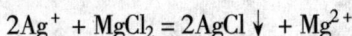

$$2Ag^+ + MgCl_2 = 2AgCl \downarrow + Mg^{2+}$$

$$2mol \qquad 1mol$$

$$0.1mol \qquad n mol$$

有
$$\frac{2}{1} = \frac{0.1}{n}$$
$$n = 0.05 \ (mol)$$

$0.05molMgCl_2$ 的质量为

$$0.05 \times 95 = 4.75 \ (g)$$

答：需要氯化镁 $4.75g$。

41. 称取碳酸钠的结晶水合物 $Na_2CO_3 \cdot xH_2O14.3g$，风化后失去全部结晶水，剩下的碳酸钠的质量是 $5.3g$，试确定该结晶水合物的分子式。

解：根据题意有

$$n(Na_2CO_3 \cdot xH_2O) = n(Na_2CO_3) = \frac{m}{M} = \frac{5.3}{106} = 0.05(mol)$$

$$n(H_2O) = \frac{14.3 - 5.3}{18} = 0.5(mol)$$

$$\therefore \quad \frac{0.05}{0.5} = \frac{1}{x}$$

$$\therefore \quad x = 10$$

答：水合物分子式为 $Na_2CO_3 \cdot 10H_2O$。

42. 求 0.2mol/L 硫酸溶液的 pH 值。

解：0.2mol/L 硫酸溶液的 $[H^+]$ 为

$$0.2 \times 2 = 0.4 \ (\text{mol/L})$$

溶液的 pH 值计算为

$$pH = -\lg[H^+] = -\lg 0.4 = 0.40$$

答：该硫酸溶液的 pH 值为 0.40。

43. 用密度为 1.84g/mL，浓度为 98% 的浓 H_2SO_4 怎样配制成 500mL 6mol/L 的硫酸溶液。

解：浓硫酸溶液的摩尔浓度为

$$\frac{1000 \times 1.84 \times 98\%}{98 \times 1} = 18.4 \ (\text{mol/L})$$

设取浓硫酸的体积为 V（mL），则稀释前后溶质的摩尔数相等，有

$$6 \times 0.5 = 18.4 V \times 10^{-3}$$

$$V = 163 \ (\text{mL})$$

答：需量取 163mL 的浓硫酸。

五、问答题

1. 煤堆取样时，取样点应怎样分布？

答：煤堆上应采的子样数目，根据《商品煤样采取方法》（GB 475—1983）中规定，与煤的品种、灰分大小、堆煤量有关。对 1000t 煤的子样数目按表 2-5 确定：

表 2-5 　　　　　　　　　　1000t 煤子样数目

燃煤品种	原煤（包括筛选煤）		其他煤种
	灰分 $\leqslant$ 20%	灰分 > 20%	
子样数目	30	60	20

采样点的分布应根据煤堆的不同堆形及子样数目，使采样点

均匀分布在煤堆的顶、腰、底或顶、底的部位，底的部位应距地面 0.5m，先除去 0.2m 的表层煤，然后采样。

2. 制样时，如果采用四分法进行缩分，应怎样操作？

答： 首先将煤样堆成圆锥体，然后用钢板将煤锥压成一定厚度的扁平体，再用十字分样器分成四个形状数量大体相当的扇形体，弃去对角的两部分，把余下的另一对角的两部分煤继续混合缩分。

3. 在灰分测定中，为什么对煤样的灰化和燃烧要分段升温？

答： 在测定灰分过程中，对煤样的灰化和燃烧要分段进行，即在 500℃下保温 30min，是为了使 FeS_2 氧化完全

$$4FeS_2 + 11O_2 \longrightarrow 2Fe_2O_3 + 8SO_2 \uparrow$$

同时生成的 SO_2 也随之逸去。升温到 815℃时，煤中的 $CaCO_3$ 分解

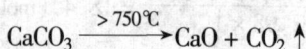

$$CaCO_3 \xrightarrow{\;>750℃\;} CaO + CO_2 \uparrow$$

如果不分段升温，则会发生如下反应

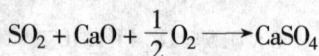

$$SO_2 + CaO + \frac{1}{2}O_2 \longrightarrow CaSO_4$$

造成硫被固定在灰分中，使测定结果偏高。

4. 请说出煤中灰分的来源。煤灰中有哪些成分？

答： 煤在空气中完全燃烧，煤中无机矿物质经一系列的化学变化而转化成的产物称为灰分。煤的灰分组成比较复杂，主要有 SiO_2、Al_2O_3、Fe_2O_3、CaO 和少量的 MgO、K_2O、Na_2O 等。

5. 在测定煤中水分时，应注意哪些问题？

答： 测定煤中水分时，应注意以下几点：

（1）要尽量使煤样保持其原有的含水状态，即在制备和分析试样过程中不吸水也不失水。

（2）测定中防止煤样的氧化，煤样氧化会使试样增重，造成测定结果偏低。

（3）测定水分时必须使用带鼓风的干燥箱，在鼓风情况下进

行干燥。

（4）当化验室收到装在金属桶内、供测定全水分的试样时，首先应检查包装容器的密封情况，不允许用有破损包装的试样做化验。

6. 试述煤中碳、氢含量的测定原理（三节炉），并写出有关的反应方程式。

答： 称取一定量的试样，使其在氧气流中完全燃烧，煤中的碳转化为二氧化碳，氢转化为水等，分别用不同的吸收剂吸收，根据吸收剂的增重，可以计算出煤中碳、氢的含量。

试样的燃烧反应为

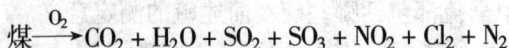

$$煤 \xrightarrow{O_2} CO_2 + H_2O + SO_2 + SO_3 + NO_2 + Cl_2 + N_2$$

消除干扰物质的反应为

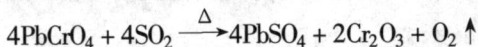

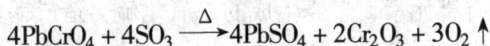

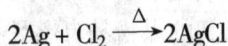

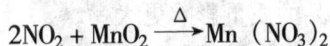

$$4PbCrO_4 + 4SO_2 \xrightarrow{\triangle} 4PbSO_4 + 2Cr_2O_3 + O_2 \uparrow$$

$$4PbCrO_4 + 4SO_3 \xrightarrow{\triangle} 4PbSO_4 + 2Cr_2O_3 + 3O_2 \uparrow$$

$$2Ag + Cl_2 \xrightarrow{\triangle} 2AgCl$$

$$2NO_2 + MnO_2 \xrightarrow{\triangle} Mn（NO_3）_2$$

吸收剂吸收水和二氧化碳的反应为

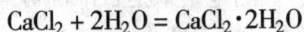

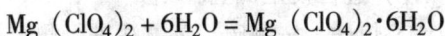

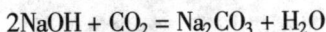

$$CaCl_2 + 2H_2O = CaCl_2 \cdot 2H_2O$$

$$Mg（ClO_4）_2 + 6H_2O = Mg（ClO_4）_2 \cdot 6H_2O$$

$$2NaOH + CO_2 = Na_2CO_3 + H_2O$$

少量的 N_2 则用 U 型仪器装置吸收。

7. 测定煤中的碳、氢含量时，应注意哪些问题？

答： 在做煤中碳、氢含量的测定前，要对测定装置做气密性检查，并要做水分空白试验。试验结束时，拆下的吸收装置应在天平旁放置 10min，待其冷却至室温后再进行称重。为检查碳、氢测定装置是否可靠，测定结果是否准确，可用标准苯甲酸进行校正试验。试验期间，氧气流速控制在 120mL/min。

8. 试述煤中含氮量的测定原理。

答： 在催化剂和浓硫酸作用下，煤中的氮转化为 NH_3，继之与 H_2SO_4 形成 NH_4HSO_4，在其中加入过量的 NaOH 溶液，用水蒸气将 NH_3 蒸出，反应为

$$NH_4HSO_4 + 2NaOH \longrightarrow Na_2SO_4 + 2H_2O + NH_3 \uparrow$$

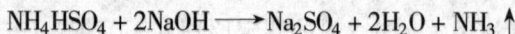

用硼酸吸收蒸出的 NH_3 为

$$H_3BO_3 + xNH_3 \longrightarrow H_3BO_3 \cdot xNH_3$$

最后以甲基红 – 亚甲基兰为混合指示剂，用标准硫酸溶液滴至溶液由绿色变为浅紫红色，即为终点，反应为

$$2H_3BO_3 \cdot xNH_3 + xH_2SO_4 \longrightarrow x(NH_4)_2SO_2 + 2H_3BO_3$$

9. 煤中全硫都包括哪些硫？简述硫的测定意义。

答： 煤中的硫根据其存在形态，通常分为两大类，一类是有机硫；另一类是无机硫。无机硫又可分为硫化铁硫和硫酸盐硫两种。

煤中硫元素是有害元素，燃烧生成的二氧化硫会造成锅炉受热面如水冷壁、省煤器尾部等金属腐蚀；烟气中的 SO_2 排入大气后，会污染环境，破坏生态平衡；含硫量高的煤粉易自燃且易结渣；当煤作化工原料时，硫对产品的质量影响更大。

10. 用什么方法可以检验碳、氢测定结果是否准确、可靠？

答： 为检验碳、氢测定结果是否准确可靠，可用标准苯甲酸（也可用标准煤样）进行校正试验。

用苯甲酸代替煤样，按测碳、氢方法进行测定。最后用测定的苯甲酸碳、氢含量结果与碳、氢含量的真实值进行比较，若碳含量不超过 ±0.30%，氢含量不超过 ±0.1%，则说明测定结果准确、可靠。

11. 试述以艾氏剂法测定煤中全硫的原理，并写出主要化学反应方程式。

答： 把煤样与艾氏剂混合后，在高温和有空气渗入的情况下，煤样呈半熔状态，生成的二氧化硫、三氧化硫与艾氏剂作用为

$$\text{煤} \xrightarrow{O_2} CO_2 \uparrow + H_2O + N_2 \uparrow + SO_2 \uparrow + SO_3 \uparrow$$

$$SO_2 + \frac{1}{2}O_2 + Na_2CO_3 \longrightarrow Na_2SO_4 + CO_2 \uparrow$$

$$SO_3 + Na_2CO_3 \longrightarrow Na_2SO_4 + CO_2 \uparrow$$

$$MgO + SO_2 + O_2 \longrightarrow MgSO_4$$

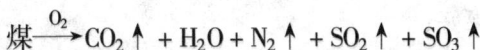

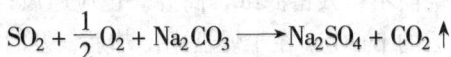

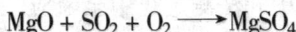

煤中的不可燃硫也发生下列反应

$$MeSO_4 + Na_2CO_3 \longrightarrow Na_2SO_4 + MeCO_3$$

为消除 CO_3^{2-}，在酸性条件下，（pH = 1 ~ 2）加入 $BaCl_2$ 溶液，则

$$MgSO_4 + Na_2SO_4 + BaCl_2 \longrightarrow BaSO_4 \downarrow + 2NaCl + MgCl_2$$

通过生成的 $BaSO_4$ 量可计算出煤中硫的含量。

12. 为什么国家标准把艾氏剂法作为仲裁分析法？

答：艾氏剂法属重量分析法，尽管操作繁琐，但它的最大优点是准确度高、重现性好。因此它作为仲裁分析法比较合适。

13. 试述高温燃烧中和法测全硫的原理。

答：将试样在催化剂（WO_3）作用下于氧气流中进行高温燃烧，则煤中各种形态的硫都被氧化或分解成硫的氧化物，然后用过氧化氢溶液吸收，使其成为硫酸溶液，再用标准氢氧化钠溶液滴定，以甲基红与次甲基兰混合液作指示剂，根据消耗的标准溶液的浓度和毫升数，即可计算出煤中全硫含量。

14. 用艾氏剂法测定煤中全硫时，应注意哪些问题？

答：用艾氏剂法测定煤中全硫时，应注意以下几个问题：

（1）必须在通风下进行半熔，否则煤粒燃烧不完全而使部分硫不能转化为二氧化硫；

（2）沉淀剂 $BaCl_2$ 必须过量；

（3）在用水抽提、洗涤时，要求溶液体积不宜过大，以免影响测定结果；

（4）注意调节溶液酸度，使 CO_3^{2-} 转为 CO_2 逸出；

（5）在洗涤过程中，每次吸入蒸馏水前，应将洗液都滤干，这样洗涤效果好；

(6) 在灼烧前不得残留滤纸，高温炉也应通风；

(7) 灼烧后的 $BaSO_4$，在干燥器中冷却后，及时称量；

(8) 必须做空白试验。

15. 以高温燃烧中和法测定煤中全硫应注意哪些问题？

答： 以高温燃烧中和法测定煤中全硫应注意以下几个问题：

(1) 必须把煤样在 500℃ 下进行预热；

(2) 氧气流速控制在 350mL/min，过大会将二氧化硫吹走；

(3) H_2O_2 的溶液可能呈酸性，也可能呈碱性，使用前应予以中和；

(4) 在整个过程中要求气密，否则影响测定结果。

16. 氧弹法测硫有何特点？为什么该方法测得的硫含量不是全硫含量？它适用于测定何种硫含量的煤？

答： 氧弹法测硫的特点是：煤样燃烧速度快，可在瞬间内完成，但收集硫的生成物困难。由于用该方法测硫一方面有损失；另一方面无机矿物质中的氧化钙能固定一部分硫的氧化物。所以，用氧弹法测硫不是全硫含量。这种方法适用于含硫量较低的煤，对全硫含量大于 4% 的煤，不宜采用此法。

17. 何谓燃料的发热量？发热量的单位有哪几种？如苯甲酸的发热量为 6330.7cal/g，换算为用法定计量单位应如何表示？

答： 单位质量的燃料完全燃烧所释放的热量叫燃料的发热量。发热量的单位有千焦/克（kJ/g）、兆焦/千克（MJ/kg）、吉焦/吨（GJ/t）。

苯甲酸的发热量为 6330.7cal/g = 6330.7 × 4.18J/g = 26.462kJ/g。

18. 何谓贝克曼温度计的平均分度值？为什么要进行平均分度值的校正？

答： 贝克曼温度计的平均分度值，是指主标尺上的每一等分刻度所代表的真实温度的度数，用符号 H 表示。

由于主泡中的水银量是随基点温度而变化的，因此在不同的基点温度下，每1个分度所代表的实际温差不一定是1.000℃，而是随基点温度不同而改变。当基点温度高于基准温度时，平均分度值大于1；当基点温度低于基准温度时，平均分度值小于1；只有当基点温度等于基准温度时，平均分度值才等于1，所以对贝克曼温度计要进行平均分度值的校正。

19. 以恒温式热量计测定燃煤发热量时，为什么要进行冷却校正？

答： 恒温式热量计在测热过程中，外筒温度保持不变，其内筒温度则由于试样燃烧放热而不断地上升，这样内、外筒之间就存在温差，因此存在热量的传导、辐射、对流、蒸发等，造成内、外筒之间的热量交换，影响了温升值的准确性，所以对恒温式热量计应进行冷却校正。

20. 对温度计为什么要进行刻度校正？

答： 由于制造上的原因，装水银的毛细管内径不可能是均匀一致的，同一长度内的水银量不可能完全相等，因此使得温度计的读数有误差，所以对温度计要进行刻度校正。

21. 试说出绝热式热量计和恒温式热量计的主要区别。

答： 绝热式热量计利用电子电路使外筒温度通过控制系统，自动追踪内筒水温的变化，因此内、外筒之间在测热过程中没有热量的交换。而恒温式热量计在测热过程中，外筒温度不变，内筒温度由于试样的燃烧而上升，所以内、外筒之间存在着热量交换。这就是绝热式热量计和恒温式热量计的主要区别。

22. 何谓贝克曼温度计的露出柱温度？它对温度测定值有何影响？

答： 贝克曼温度计的露出柱温度是指温度计露出水面以上的水银柱所处的环境温度。

当露出柱温度高于被测温度时，水银柱示值将高于被测温度；反之，当露出柱温度低于被测温度时，水银柱示值将低于被测温度。

23. 试述煤中碳酸盐二氧化碳的测定原理。

答：煤中碳酸盐与酸作用时，会析出二氧化碳，反应式为

$$MeCO_3 + 2HCl = MeCl_2 + CO_2\uparrow + H_2O$$

将一定量的煤样放在反应器中与稀盐酸反应，反应放出的二氧化碳用碱石棉 U 型管吸收，根据 U 型管的增重可算出煤中碳酸盐二氧化碳的含量。

24. 何谓真密度、视密度、堆积密度？

答： 在 20℃时，不包括内、外表面孔隙的煤的质量与同温度、同体积水的质量比，称为真密度。

在 20℃时，包括内、外表面孔隙的煤的质量与同温度、同体积水的质量比称为视密度。

在 20℃时，自由堆积的煤的质量与同温度、同体积的水的质量比称为堆积密度。

25. 影响煤灰熔融性的因素有哪些？

答： 影响煤灰熔融性的因素有以下几点：

（1）煤灰的化学组成。煤灰中的 Al_2O_3，能提高灰熔点；煤灰中的 SiO_2 对灰熔点的影响较为复杂，主要看它是否与 Al_2O_3 结合成黏土；煤灰中的碱性氧化物一般可降低灰熔点。

（2）煤灰所处环境介质的性质。在弱还原性介质中，灰熔点低；在氧化性介质中，灰熔点高。

26. 何谓煤的着火点？影响煤的着火点的因素有哪些？

答： 在有氧化剂共存的条件下，将煤加热到开始燃烧时的温度，这个温度就是煤的着火点。

影响煤的着火点的因素有：煤的挥发分含量愈低，着火点愈高；煤的灰分含量高，着火点高；风化后的煤着火点下降；对于黄铁矿含量高的煤，因其易于氧化，着火点下降。

27. 煤的焦渣特征分哪八级？

答： 煤的焦渣特征分为八级：①粉状；②黏结；③弱黏结；④不熔融黏结；⑤不膨胀熔融黏结；⑥微膨胀熔融黏结；⑦膨胀熔融黏结；⑧强膨胀熔融黏结。

28. 简述煤的形成过程。

答：古代丰茂的植物随地壳变动而被埋入地下，经过长期的细菌生物化学作用以及地热高温和岩层高压的成岩、变质作用，使植物中的纤维素、木质素发生脱水、脱一氧化碳、脱甲烷等反应，而后逐渐成为含碳丰富的可燃性岩石，这就是煤。

29. 试说明以容量法测定煤中水分的要点。

答：将煤样与沸点比水略高、相对密度比水小的与水互不相溶的溶剂（如甲苯、二甲苯）混合，在水分抽提器中共沸、蒸馏，水分与溶剂一起被蒸馏出来，经冷凝管冷却流入接受器内，水分与溶剂分层，待水层不再增加时，从接受器的刻度尺上直接读出水分的体积，该体积即为煤的含水量。

30. 在火车上对洗中煤和粒度大于 100mm 的块煤，应该用什么方法取样？

答：在火车上采样时，对于洗中煤和粒度大于 100mm 的块煤，不论车皮容量大小，按斜线方向的五点循环法采取 1 个子样。

第三章 电厂水化验员

第一节 初 级 工

一、填空题

1. 所谓标准溶液是已知其准确 ___①___ 的 ___②___ 。

答：①浓度；②试剂溶液。

2. 所谓溶液的 pH 值是指溶液中 ___①___ 浓度的 ___②___ 。

答：①氢离子；②负对数值。

3. 铬黑 T 是一种 ___①___ 指示剂，它与被测离子能生成有色的 ___②___ 。

答：①金属；②配合物。

4. 氧化—还原滴定法是以 ___①___ 为基础的滴定分析方法。

答：①氧化—还原反应。

5. 一个氧化—还原反应的进行程度可用其 _____ 的大小来表示。

答：平衡常数。

6. 电解法中，凡是发生 ___①___ 反应的电极称作阳极，凡是发生 ___②___ 反应的电极称作阴极。

答：①氧化；②还原。

7. ___①___ 、 ___②___ 、 ___③___ 三色光称为原色光。

答：①红；②黄；③蓝。

8. 可见光是指波长在 ___①___ ～ ___②___ nm 的一部分光。

答：①420；②700。

9. 两种波长范围的颜色光，按一定比例混合后得到白光，则该两种光互为 ___①___ 。

答：①补色光。

10. 电光天平一般可称准到 ___①___ mg。

答：①0.1。

11. 最理想的指示剂应恰好在滴定反应的 ___①___ 变色。

答：①理论终点。

12. 分析天平的称量方法包括 ___①___ 、 ___②___ 和 ___③___ 。

答：①直接称量法；②递减称量法；③固定质量称量法。

13. 天平的灵敏度与感量 ___①___ 。

答：①互为倒数。

14. 酚酞指示剂变色范围为 ___①___ ；甲基橙变色范围为 ___②___ 。

答：①pH = 8.2 ~ 10.0；②pH = 3.1 ~ 4.4。

15. 混合指示剂的特点是变色范围 ___①___ ，颜色变化 ___②___ 。

答：①窄；②明显。

16. 经过多次重复测定，结果彼此相符合的程度称为 ___①___ ，以 ___②___ 表示。

答：①精密度；②偏差。

17. 氯化物的测定采用的是摩尔法，它是依据 ___①___ 的原理进行测定的，所使用的指示剂为 ___②___ ，标准溶液为 ___③___ 。

答：①分级沉淀；②铬酸钾；③$AgNO_3$ 溶液。

18. 在标准状况下，1mol 任何气体的体积都约为 ___①___ L，这个体积称为气体的 ___②___ 。

答：①22.4；②摩尔体积。

19. 标准溶液制备一般包括 ___①___ 和 ___②___ 两个内容。

答：①配制；②标定。

20. 采集水样后，其成分受水样性质、温度、保存条件的影响而有很大的改变，对其存放时间很难绝对做 ___①___ ，一般要求不超过 ___②___ 。

答：①规定；②72h。

21. 甲烷的分子式为 ___①___ ，其碳原子成键时为 ___②___ 杂化。

答：①CH_4；②sp^3。

22. 过滤常用的仪器有___①___、___②___和___③___三种。

答：①滤纸和漏斗；②玻璃过滤器；③古氏坩埚。

23. 水的碱度是指水中含有能接受___①___的物质的量。

答：氢离子。

24. 氨中的氮为最低化合价，所以具有___①___。

答：①还原性。

25. 硝酸与磷酸相比，___①___的酸性更强。

答：①硝酸。

26. 硫酸钠溶液呈___①___性；碳酸钠溶液呈___②___性；氯化铵溶液呈___③___性。

答：①中；②碱；③酸。

27. 水的预处理一般包括___①___、___②___和___③___三部分。

答：①混凝；②澄清；③过滤。

28. 按玻璃仪器的性质不同，可简单地分为___①___玻璃仪器和___②___玻璃仪器。

答：①软质；②硬质。

29. 烃是由___①___和___②___两种元素组成的化合物。

答：①碳元素；②氢元素。

30. 三氧化硫和水化合生成___①___，同时放出___②___。

答：①硫酸；②热量。

31. 原子核一般是由___①___和___②___两种微粒构成的。

答：①质子；②中子。

32. 给水主要由___①___和___②___组成，此外，还有疏水等。

答：①凝结水；②除盐水。

33. 在重量分析中，恒重是指两次称量之差不大于___①___，除非试验方法另有___②___。

答：①0.2mg；②规定。

34. 测定水的硬度，主要是测定水中___①___和___②___的含量。

答：①钙离子；②镁离子。

35. 过滤选用长颈漏斗，并使颈内形成 ___①___ ，是为了 ___②___ 过滤速度。

答：①水柱；②加快。

36. 滴定分析适用于 ___①___ 到 ___②___ 组分的测定。

答：①中等；②高含量。

37. 滴定分析常用的仪器包括 ___①___ 、 ___②___ 、 ___③___ 和 ___④___ 。

答：①滴定管；②移液管；③容量瓶；④锥形瓶。

38. 碘与碱能发生歧化反应，所以碘量法不能在 ___①___ 溶液中进行。

答：①碱性。

39. 在配制硫代硫酸钠时，需用新煮过的冷蒸馏水，以除去水中 ___①___ ，同时杀死 ___②___ 。

答：①二氧化碳；②微生物。

40. 用重量分析法测钙时，由于氧化钙的 ___①___ 性及其吸收 ___②___ 的性能较强，宜采用硫酸干燥器进行干燥冷却。

答：①吸湿；②二氧化碳。

41. 亚硝酸盐与格林斯试剂的显色反应在 pH 值为 ___①___ 时最好。

答：①1.9~3.0。

42. 用重铬酸钾快速法测定水样的 COD 时，向水样中加入 ___①___ 、 ___②___ 溶液以消除 Cl^- 的干扰。

答：①硝酸银；②硝酸铋。

43. 测 1~500umol/L 的硬度时，一般用 ___①___ 作为指示剂。

答：①酸性铬蓝 K。

44. 用硝酸银容量法测氯离子时，取水样加入酚酞指示剂呈无色时，先用 ___①___ 溶液中和至微红色，再用 ___②___ 溶液滴定至无色。

答：①氢氧化钠；②硫酸。

45. 中和池排放水的 pH 值应控制在 ___①___ 。

答：①6~9。

46. 重量分析中可能生成___①___ 沉淀，也可能生成___②___ 沉淀。

答：①晶形；②非晶形。

47. 干燥器内一般用氯化钙或变色硅胶作为干燥剂，当氯化钙干燥剂表面有___①___ 现象或变色硅胶颜色变___②___ 时，表明干燥剂失效。

答：①潮湿；②红色。

48. 试剂加入量当以滴数表示时，应按每___①___ 滴相当于1mL 计算。

答：①20。

49. 水样在运送途中，冬季应___①___ ，夏季应___②___ 。

答：①防冻；②防曝晒。

50. 化学变化的特征是___①___ 生成。物质在化学变化中表现出来的性质叫___②___ 性质。

答：①有新物质；②化学。

51. 电解水时，阳极可获得___①___ ，阴极可获得___②___ 。

答：①氧气；②氢气。

52. 凡是在___①___ 或___②___ 状态下能导电的化合物都是电解质。

答：①水溶液中；②熔化。

53. 浓硫酸是难___①___ 的强酸。

答：①挥发。

54. 在氧化—还原反应中，___①___ 和___②___ 总是同时发生的。

答：①氧化反应；②还原反应。

55. 原子核内___①___ 数相同而___②___ 数不同的同种元素的不同原子互称同位素。

答：①质子；②中子。

56. $H_2SO_4 + 2NaOH = 2H_2O + $ ___①___ 。

答：①Na_2SO_4。

57. 钙指示剂在 pH = 12 ~ 13 时，能与钙离子形成 ___①___ 色络合物，其游离色为 ___②___ 色。

答：①红；②蓝。

58. TG – 328B 半自动电光天平的最大载荷为 ___①___ g，能称准至 ___②___ g。

答：①200；②0.0001。

59. 滴定度是指每毫升溶液中含 ___①___ 的克数或相当于 ___②___ 的克数。

答：①溶质；②被测物。

60. 用氢氧化钠标准溶液滴定硫酸溶液时，存在 ___①___ 个理论终点，会出现 ___②___ 个滴定突跃。

答：①2；②1。

61. 滴定管按用途可分为 ___①___ 滴定管和 ___②___ 滴定管。

答：①酸式；②碱式。

62. 碘量法中使用的指示剂为 ___①___ 。

答：①淀粉溶液。

63. 用草酸钠标定高锰酸钾标准溶液时，溶液温度不能高于 ___①___ ℃，也不能低于 ___②___ ℃。

答：①90；②60。

64. 重量分析中，对于挥发性沉淀剂一般过量 ___①___ ，非挥发性沉淀剂一般应过量 ___②___ 。

答：①50% ~ 100%；②20% ~ 30%。

65. 一级品化学试剂瓶签颜色为 ___①___ ，二级品化学试剂瓶签颜色为 ___②___ 。

答：①绿色；②红色。

66. 为了减少误差，在进行同一试验时，所有称量要使用 ___①___ 天平。

答：①同一架。

67. ___①___ 是最简单的炔烃，分子式为___②___，其碳原子成键时为___③___杂化。

答：①乙炔；②C_2H_2，③sp。

68. 使天平指针位移一格或一个分度所需的质量叫天平的___①___；其单位为___②___。

答：①感量；②毫克/格。

69. 采用直接法配制标准溶液的物质必须是___①___或___②___。

答：①基准物质；②一级品试剂。

70. 重铬酸钾法的缺点是，与有些还原剂作用时反应速度___①___，不适合___②___。

答：①较慢；②滴定。

71. 相同的两只比色皿的透光率之差应小于___①___。

答：0.2%。

72. 调节天平的___①___螺丝，可以调节天平的灵敏度。

答：①感量调节。

73. 调节天平的___①___螺丝，可以调节天平空载时的休止点。

答：①平衡调节。

74. 铂皿用煤气灯加热时，只可在___①___焰中加热。

答：①氧化。

75. 酸式滴定管适用于装___①___和___②___溶液，不适宜装___③___溶液。

答：①酸性；②中性；③碱性。

76. 碱式滴定管适宜于装___①___溶液，但不能装___②___溶液。

答：①碱性；②氧化性。

77. 醛和酮的主要区别是对氧化剂的敏感性，___①___能发生银镜反应，而___②___不能。

答：①醛；②酮。

78. 在稀溶液中，弱电解质的电离度与____①____有关，但也受温度的影响。

答：①浓度。

79. 水中硫酸盐含量可用____①____法或____②____法测定。

答：①重量；②分光光度。

二、判断题（在题末括号内作出记号：√表示对，×表示错）

1. 温度越高，物质在水中的溶解度越大。（　　）

答：×。

2. 若溶液的 pH ＜ 7，说明溶液中无 OH^- 离子。（　　）

答：×。

3. 恒重是指前后二次称量之差不大于 0.1mg。（　　）

答：×。

4. 酸碱中和滴定时，在理论终点处溶液应显中性。（　　）

答：×。

5. 温度对水样电导率的测量没有影响。（　　）

答：×。

6. 用 EDTA 滴定硬度时，pH 值应控制在 10 ± 0.1。（　　）

答：√。

7. 天平的灵敏度越高越好。（　　）

答：×。

8. 滴定指示剂加入量越多，变色越明显。（　　）

答：×。

9. 最理想的指示剂应恰好在滴定反应的理论终点变色。（　　）

答：√。

10. 在滴定分析中，滴定终点与反应理论终点应一致。（　　）

答：×。

11. 在重量分析中，大多数是利用沉淀反应进行分析的。

（　　）

答：√。

12. 缓冲溶液的 pH 值不因加入酸、碱而改变。（　　）

答：×。

13. 配制 NaOH 标准溶液的水必须除去 CO_2 和微生物。
（　　）

答：×。

14. 干燥的 CO_2 对金属不起腐蚀作用。（　　）

答：√。

15. 新装锅炉中的油污或硅化合物可通过酸洗除去。（　　）

答：×。

16. NaOH 溶液应存放在带橡皮塞的瓶中。（　　）

答：√。

17. EDTA 标准溶液在使用一段时间后，应做一次检查性标定。（　　）

答：√。

18. 水样 pH 值测定结果与所用方法无关。（　　）

答：×。

19. 用 $AgNO_3$ 溶液滴定 Cl^- 时，应保证水样呈中性。（　　）

答：√。

20. $KMnO_4$ 标准溶液可用酸式滴定管滴加。（　　）

答：√。

21. 相同的比色皿的透光率之差应小于 0.5%。（　　）

答：×。

22. 洗涤沉淀的目的是为了将沉淀中的悬浮杂质清除掉。
（　　）

答：×。

23. 金属指示剂也是一种配合剂，它能与金属离子形成有色配合物。（　　）

答：√。

24. 重量法测 Mg^{2+} 时，应快速加入氨水，以便迅速生成 $Mg(OH)_2$ 沉淀。（　　）

答：×。

25. 所有离子中，H^+ 的导电能力最强。（　　）

答：√。

26. 相同浓度的各种溶液的电导率相同。（　　）

答：×。

27. TG–328B 天平最大载荷为 200g。（　　）

答：√。

28. 固定质量称量法应用最为广泛。（　　）

答：×。

29. 天平的示值变动性不得大于读数标牌 1 分度。（　　）

答：√。

30. EDTA 与金属离子生成的络合物都是 1:1。（　　）

答：×。

31. 一级除盐水的 SiO_2 含量应小于 $100\mu g/L$。（　　）

答：√。

32. 某溶液的 pH = 6.5，该溶液呈中性。（　　）

答：×。

33. 酸性溶液中含有 H^+，但不存在 OH^-。（　　）

答：×。

34. $1mol/L H_2SO_4$ 溶液 20mL 加入到另一种 $1mol/L H_2SO_4$ 溶液 20mL 中，则混合液摩尔浓度为 2mol/L。（　　）

答：×。

35. C_2H_6 是乙烷。（　　）

答：√。

36. 由 CO_2 气制干冰是物理变化。（　　）

答：√。

37. 水是由氢、氧两种元素组成的。（　　）

答：√。

38. 单质是不会发生分解反应的。（   ）

答：√。

39. 原子量就是一个原子的实际质量。（   ）

答：×。

40. 原子的质量主要集中在原子核上。（   ）

答：√。

41. 将锌放入浓硫酸中能置换出氢气。（   ）

答：×。

42. 在质量为 $A(g)$ 溶剂中溶有质量 $B(g)$ 的某物质所形成溶液的质量百分比浓度是 $\frac{B}{A+B} \times 100\%$。（   ）

答：√。

43. 在化学反应中，反应前后物质的质量和摩尔数不变。（   ）

答：×。

44. 凡是在水溶液中或熔融状态下能导电的化合物都是电解质。（   ）

答：√。

45. 催化剂不能改变化学平衡状态。（   ）

答：√。

46. 酸度就是酸的浓度。（   ）

答：×。

47. 冰、水混合物是纯净物。（   ）

答：√。

48. 在化学反应中，得到电子的物质是氧化剂。（   ）

答：√。

49. 不准把氧化剂和还原剂以及其他容易互相起反应的化学药品存放在相邻近的地方。（   ）

答：√。

50. 化验员可以用口含玻璃吸管的方法吸取浓氨水。（   ）

答：×。

三、选择题 ［将正确答案的序号"（×）"写在题内横线上］

1. 在用 $KMnO_4$ 作氧化剂进行滴定时，要在酸性溶液中进行，此时 MnO_4^- 被还原可得到_____个电子。

（1）3；（2）5；（3）7

答：（2）。

2. 载重改变 1mg 所引起的指针位移刻度值称为天平的_____。

（1）灵敏度；（2）感量；（3）准确度

答：（1）。

3. 滴定分析适合于_____组分的测定。

（1）痕量；（2）微量；（3）常量

答：（3）。

4. 酸碱指示剂的变色范围在_____个 pH 值变化之间。

（1）0～1；（2）1～2；（3）2～3

答：（2）。

5. 用 $KMnO_4$ 标准溶液进行滴定应使用_____滴定管。

（1）酸式；（2）碱式；（3）酸、碱式

答：（1）。

6. 甲基红指示剂变色范围为_____。

（1）3.1～4.4；（2）4.4～6.2；（3）8.0～10.0

答：（2）。

7. 甲基橙指示剂变色范围为_____。

（1）3.1～4.4；（2）4.4～6.2；（3）8.0～10.0

答：（1）。

8. 测定给水硬度时，应以_____作为指示剂。

（1）铬黑 T；（2）酸性铬蓝 K；（3）D.P.A

答：（2）。

9. 测定水的碱度属于_____。

（1）中和滴定法；（2）沉淀滴定法；（3）络合滴定法

答：（1）。

10. 测定 H_2SO_4 溶液浓度应采用_____。

（1）直接滴定法；（2）间接滴定法；（3）反滴定法

答：（1）。

11. 阳离子交换树脂可除去水中_____离子。

（1）Ca^{2+}；（2）SO_4^{2-}；（3）Cl^-

答：（1）。

12. 可见光波长范围是_____。

（1）200～390nm；（2）420～700nm；（3）770～1000nm

答：（2）。

13. 校正 pNa 表时，采用 pNa4 标准溶液标定，此溶液中 Na^+ 离子浓度为_____。

（1）23mg/L；（2）2.3mg/L；（3）0.23mg/L

答：（2）。

14. 在滴定过程中，指示剂发生颜色变化的转变点叫_____。

（1）滴定终点；（2）等当点；（3）平衡点

答：（1）。

15. 在难溶电解质的饱和溶液中，有关离子浓度的乘积在一定温度下为一常数，该常数为_____。

（1）离子积；（2）浓度积；（3）溶度积

答：（3）。

16. 通常，在水汽试验中，检查性称量至两次称量差不超过_____mg，表示沉淀已被灼烧至恒重。

（1）0.1；（2）0.2；（3）0.4

答：（2）。

17. 指示剂的变色范围越_____越好。

（1）宽；（2）窄；（3）明显

答：（2）。

18. 溶液的浓度越大，则滴定突跃范围越＿＿＿＿＿。

（1）大；（2）小；（3）不一定

答：（1）。

19. 用以标定 NaOH 溶液的基准物质为＿＿＿＿＿。

（1）盐酸；（2）硫酸；（3）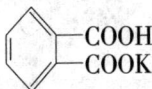

答：（3）。

20. EDTA 能与多数金属离子络合，其络合比一般为＿＿＿＿＿＿＿。

（1）2:1；（2）1:1；（3）1:2

答：（2）。

21. 可用直接法配制的标准溶液为＿＿＿＿＿＿＿溶液。

（1）$KMnO_4$；（2）$K_2Cr_2O_7$；（3）$Na_2S_2O_3$

答：（2）。

22. 测定全碱度时，以甲基红－亚甲基蓝作指示剂，终点的 pH 值为＿＿＿＿＿＿＿。

（1）4.2；（2）5.0；（3）8.3

答：（2）。

23. 用硝酸银容量法测氯离子时，应在＿＿＿＿＿＿＿溶液中进行。

（1）酸性；（2）中性；（3）碱性

答：（2）。

24. 碘与淀粉反应的灵敏度随温度的升高而＿＿＿＿＿＿＿＿。

（1）升高；（2）不变；（3）降低

答：（3）。

25. 以重铬酸钾快速法测化学耗氧量时，向水样中加入硝酸银和硝酸铋是为了消除＿＿＿＿＿＿＿对测量的影响。

（1）CO_2；（2）Fe^{3+}；（3）Cl^-

答：（3）。

26. 标定 H_2SO_4 标准溶液可用＿＿＿＿＿＿＿作基准物。

（1）NaOH；（2）$NH_3 \cdot H_2O$；（3）Na_2CO_3

答：（3）。

27. 在用 $KMnO_4$ 溶液测定水中化学耗氧量时，为调节溶液为酸性，可使用_____。

（1）硫酸；（2）盐酸；（3）硝酸

答：（1）。

28. 天平的灵敏度与_____成正比。

（1）臂长；（2）横梁自重；（3）支点到重心的距离

答：（1）。

29. 下列物质中，不能同时共存的是_____。

（1）HCO_3^- 和 CO_3^{2-}；（2）HCO_3^- 和 CO_2；（3）CO_3^{2-} 和 CO_2

答：（3）。

30. 测定碱度时，当全碱度 $< 0.5mmol/L$ 时，应以_____作为指示剂。

（1）酚酞；（2）甲基红；（3）甲基红-亚甲基蓝

答：（3）。

31. 在沉淀重量法中，难溶化合物的沉淀式与称量式_____。

（1）相同；（2）不相同；（3）不一定相同

答：（3）。

32. 在火力发电厂水汽试验方法中，_____的测定属于反滴定法。

（1）碱度；（2）硬度；（3）用重铬酸钾测化学耗氧量

答：（3）。

33. 用 NaOH 标准溶液滴定 H_2SO_4 溶液会出现_____个滴定突跃。

（1）1；（2）2；（3）3

答：（1）。

34. 标定 $Na_2S_2O_3$ 标准溶液应用_____作为基准物。

（1）$K_2Cr_2O_7$；（2）$KMnO_4$；（3）Na_2SO_3

答：（1）。

35. 采集江、河、湖水等地表水的水样的，应将采样瓶浸入水面下_____ cm 处取样。

（1）30；（2）40；（3）50

答：（3）。

36. 两瓶法测溶解氧属于_____法。

（1）容量分析；（2）比色分析；（3）电位分析

答：（1）。

37. 对于挥发性沉淀剂一般应过量_____。

（1）50%～100%；（2）20%～30%；（3）无所谓

答：（1）。

38. 对酸度计进行复定位时，所测结果与复定位液的 pH 值相差不得超过_____ pH。

（1）±0.05；（2）±0.1；（3）±0.2

答：（1）。

39. 碘量法测量中使用碘量瓶的目的主要是防止_____。

（1）碘的挥发；（2）溶入氧；（3）溶入二氧化碳

答：（1）。

40. 阳床入口水碱度增大，则其出口水酸度_____。

（1）增大；（2）减小；（3）不变

答：（1）。

41. 若用 pH_s 表示 $CaCO_3$ 饱和溶液的 pH 值，则当_____时，可判断循环水稳定不结垢。

（1）$pH = pH_s$；（2）$pH < pH_s$；（3）$pH > pH_s$

答：（2）。

42. 重铬酸钾法的缺点是，有些还原剂与重铬酸钾作用时，反应_____，不适于滴定。

（1）平衡常数大；（2）反应较快；（3）反应较慢

答：（3）。

43. 测定水中硬度时，若冬季水温较低，络合反应速度较慢，可将水样预先加热至_____后进行滴定。

(1) 20～30℃；(2) 30～40℃；(3) 40～50℃

答：(2)。

44. 下列烃类中，为不饱和烃的是_____。

(1) 烷烃；(2) 环烷烃；(3) 芳香烃

答：(3)。

四、计算题

1. 已知可逆反应 $CO + H_2O$（气）$\rightleftharpoons CO_2 + H_2$ 在1073K达到平衡时，$[CO] = 0.25mol/L$、$[H_2O] = 2.25mol/L$、$[CO_2] = 0.75mol/L$、$[H_2] = 0.75mol/L$，试计算：(1) 平衡常数 K_c；(2) CO的起始浓度。

解：(1) $CO + H_2O$（气）$\rightleftharpoons CO_2 + H_2$

平衡时：0.25 2.25 0.75 0.75

$$K_c = \frac{[CO_2][H_2]}{[CO][H_2O]} = \frac{0.75 \times 0.75}{0.25 \times 2.25} = 1$$

(2) 由于反应物与生成物的摩尔数之比为 1:1，即有 0.75mol/L 的 CO 被氧化。所以 CO 的起始浓度为 0.25 + 0.75 = 1.0mol/L。

答：平衡常数为1。CO的起始浓度为1.0mol/L。

2. 有1.3162克合金，经过一系列操作后，分析得到 Al_2O_3 0.1234g，SiO_2 0.0267g。计算合金中 Al 和 Si 的百分含量。

解：设合金中含有 $Al\,xg$。

$Al_2O_3 \longrightarrow 2Al$

102.0 2×26.98

0.1234 x

$102.0 : 2 \times 26.98 = 0.1234 : x$

$$x = \frac{0.1234 \times 2 \times 26.98}{102.0}$$
$$= 0.06528 \text{（g）}$$

$$Al\text{（\%）} = \frac{0.06528}{1.3162} \times 100\%$$

$$= 4.960\%$$

设合金中含有 Si yg。

$$\text{SiO}_2 \longrightarrow \text{Si}$$
$$60.1 \qquad 28.1$$
$$0.0267 \qquad y$$
$$60.1 : 28.1 = 0.0267 : y$$
$$y = \frac{28.1 \times 0.0267}{60.1} = 0.0125 \ （\text{g}）$$
$$\text{Si}（\%） = \frac{0.0125}{1.3162} \times 100\%$$
$$= 0.947\%$$

答： 合金中 Al 和 Si 的百分含量分别为 4.960% 和 0.947%。

3. 以 $\text{K}_2\text{Cr}_2\text{O}_7$ 标准溶液滴定 0.4000g 褐铁矿（主要成分为 Fe_2O_3），若消耗 $\text{K}_2\text{Cr}_2\text{O}_7$ 标准溶液的体积与样品中 Fe_2O_3 的百分含量相同，$\text{K}_2\text{Cr}_2\text{O}_7$ 标准溶液对铁的滴定度是多少？

解： 设消耗 $\text{K}_2\text{Cr}_2\text{O}_7$ 标准溶液的体积为 VmL，则依题意 $\text{Fe}_2\text{O}_3\% = V\%$。

因为 $\text{Fe}\% = \dfrac{T_{\text{Fe/K}_2\text{Cr}_2\text{O}_7} V}{0.4000} \times 100\%$，所以

$$\text{Fe}_2\text{O}_3\% = \frac{T_{\text{Fe/K}_2\text{Cr}_2\text{O}_7} V}{0.4000} \times 100\% \times \frac{159.7}{2 \times 55.85}$$
$$= V\%$$

求得 $T_{\text{Fe/K}_2\text{Cr}_2\text{O}_7} = 2.798 \times 10^{-3}$ （g/mL）。

答： $\text{K}_2\text{Cr}_2\text{O}_7$ 标准溶液对铁的滴定度是 2.798×10^{-3} g/mL。

4. 配制 c （$1/6\text{K}_2\text{Cr}_2\text{O}_7$） $= 0.05000$mol/L 溶液 500.0mL，应准确称取基准 $\text{K}_2\text{Cr}_2\text{O}_7$ 多少克？

解： 设应称取基准 $\text{K}_2\text{Cr}_2\text{O}_7$ xg。

$$x = 0.05000 \times \frac{500.0}{1000} \times \frac{294.2}{6}$$
$$= 1.226 \ （\text{g}）$$

答： 应准确称取基准 $\text{K}_2\text{Cr}_2\text{O}_7$ 1.226g。

5. $KMnO_4$ 标准溶液的浓度 c（$1/5KMnO_4$）$= 0.1216mol/L$，计算它对 $FeSO_4 \cdot 7H_2O$ 和 Fe_2O_3 的滴定度。

解：c（$1/5KMnO_4$）$= \dfrac{T_{FeSO_4 \cdot 7H_2O/KMnO_4}}{M（FeSO_4 \cdot 7H_2O）} \times 1000$

$$T_{FeSO_4 \cdot 7H_2O/KMnO_4} = \frac{c（1/5KMnO_4）M（FeSO_4 \cdot 7H_2O）}{1000}$$

$$= \frac{0.1216 \times 278.0}{1000}$$

$$= 0.03380（g/mL）$$

$$T_{Fe_2O_3/KMnO_4} = \frac{c（1/5KMnO_4）\times \dfrac{1}{2} M（Fe_2O_3）}{1000}$$

$$= \frac{0.1216 \times \dfrac{1}{2} \times 159.7}{1000}$$

$$= 0.0097（g/mL）$$

答：$KMnO_4$ 标准溶液对 $FeSO_4 \cdot 7H_2O$ 和 Fe_2O_3 的滴定度分别为 $0.03380g/mL$ 和 $0.0097g/mL$。

6. 取 100mL 水样，测定水的硬度，以铬黑 T 为指示剂，用 0.01000mol/LEDTA 标准溶液滴定，共消耗 3.00mL，水样中含钙、镁总量以 CaO 表示为多少（以 mg/mL 表示）?

解：$$Ca^{2+} + Y^{4-} = CaY^{2-}$$

100mL 水样中相当 CaO 的毫摩尔数为：0.01000×3.00，水样中含以 CaO 表示时的钙、镁总量 H 为

$$H = \frac{0.01000 \times 3.00}{100} \times 56.1$$

$$= 0.0168（mg/mL）$$

答：水样中钙、镁总量（以 CaO 表示）为 $0.0168mg/mL$。

7. 一物质可能是苛性钠，也可能是苛性钾。此物质 1.10g 可与 0.860mol/L 的 HCl 溶液 31.4mL 反应，问此物质是苛性钠还是苛性钾？它含有多少杂质？

解：设此物质是苛性钾，则其质量 m_{KOH} 为

$$m_{KOH} = 0.860 \times 31.4 \times 10^{-3} \times 56.1$$
$$= 1.51 \text{（g）} > 1.10\text{g}$$

显然，不可能是苛性钾。

苛性钠的质量为

$$m_{NaOH} = 0.860 \times 31.4 \times 10^{-3} \times 40.0$$
$$= 1.08 \text{（g）}$$

杂质含量为 $1.10 - 1.08 = 0.02$（g）

答：此物质为苛性钠，含杂质为0.02g。

8. 中和0.5000g纯碳酸钾和纯碳酸钠的混合物，需要0.2000mol/L盐酸溶液39.50mL（反应生成CO_2）。计算混合物中碳酸钠的百分含量。

解：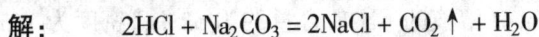
$$2HCl + Na_2CO_3 = 2NaCl + CO_2\uparrow + H_2O$$
$$2HCl + K_2CO_3 = 2KCl + CO_2\uparrow + H_2O$$

设0.5000g混合物中有碳酸钠 xg，则碳酸钾为 $0.5000 - x$（g），即

$$2\left(\frac{x}{106.0} + \frac{0.5000 - x}{138.2}\right) = 0.2000 \times 39.50 \times 10^{-3}$$

解方程得

$$x = 0.1510 \text{（g）}$$

$$Na_2CO_3 \text{（\%）} = \frac{0.1510}{0.5000} \times 100\%$$
$$= 30.20\%$$

答：混合物中碳酸钠的百分含量为30.20%。

9. 欲将一种HCl溶液准确稀释为0.05000mol/L，已知此HCl溶液44.97mL与43.67mL NaOH溶液相当，而此NaOH溶液49.14mL能与纯 $H_2C_2O_4 \cdot 2H_2O$ 0.2162g作用。问此HCl溶液1000mL需加水多少毫升才能配成0.05000mol/L溶液？

解： 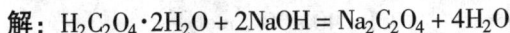 $H_2C_2O_4 \cdot 2H_2O + 2NaOH = Na_2C_2O_4 + 4H_2O$

126.1　　　　　2

0.2162　　　　c（NaOH）$\times 49.14 \times 10^{-3}$

$$126.1 : 2 = 0.2162 : c\ (\text{NaOH}) \times 49.14 \times 10^{-3}$$

$$c\ (\text{NaOH}) = 0.06978\ (\text{mol/L})$$

$$\text{NaOH} \quad + \quad \text{HCl} = \text{NaCl} + \text{H}_2\text{O}$$

$$1 \qquad\qquad\quad 1$$

$$43.67 \times 0.06978 \quad C_{\text{HCl}} \times 44.97$$

$$43.67 \times 0.06978 = 44.97 \times c\ (\text{HCl})$$

$$c\ (\text{HCl}) = 0.06776\ (\text{mol/L})$$

设 1000mL HCl 需加 x mL 水，则

$$1000 \times 0.06776 = 0.05000 \times\ (1000 + x)$$

$$x = 355\ (\text{mL})$$

答：需加水 355mL。

10. 饱和 NaOH 溶液的 NaOH 含量约为 52%，密度为 1.56g/mL，求其物质量的浓度？若配制 0.1mol/L NaOH 溶液 1L，应取饱和 NaOH 溶液多少毫升？

解：饱和 NaOH 溶液的浓度 $= \dfrac{1.56 \times 1000 \times 52\%}{40 \times 1}$

$$= 20\ (\text{mol/L})$$

设配制 1000mL 0.1mol/L NaOH 需取 V mL 饱和 NaOH 溶液，则

$$1000 \times 0.1 = 20 \times V$$

$$V = 5\ (\text{mL})$$

答：应取饱和 NaOH 溶液 5mL。

11. 标定某盐酸溶液，要使消耗的 0.1mol/L HCl 溶液为 30～40mL，应称取无水 Na_2CO_3 约多少克？

解：设应称取无水 $\text{Na}_2\text{CO}_3\ x\ (g)$，则

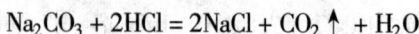

$$\text{Na}_2\text{CO}_3 + 2\text{HCl} = 2\text{NaCl} + \text{CO}_2 \uparrow + \text{H}_2\text{O}$$

$$106\text{g} \qquad\quad 2\text{mol}$$

$$x\text{g} \quad 0.1 \times 30 \times 10^{-3} \sim 0.1 \times 40 \times 10^{-3}\text{mol}$$

$$106 : 2 = x : 0.1 \times 30 \times 10^{-3} \sim 0.1 \times 40 \times 10^{-3}$$

解之，得 $x = 0.16 \sim 0.21\ (g)$。

答：应称取无水 Na_2CO_3 约 $0.16 \sim 0.21g$。

12. 假定下式所给各项数据的最后一位为可疑值，请按有效数字计算规则计算出正确的结果：$(1.580 \div 29.10) + [162.22 \times (3.221 \times 10^4)] - 0.00018$。

解：$(1.580 \div 29.10) + [162.22 \times (3.221 \times 10^4)] - 0.00018$

$= 0.05430 + 162.2 \times 3.221 \times 10^4 - 0.00018$

$= 0.05430 + 5.224 \times 10^6 - 0.00018$

$= 5.224 \times 10^6$

答：正确的结果为 5.224×10^6。

13. 称取 $0.5002g$ 的白云石试样，溶于酸后用容量瓶配成 $250mL$ 试液，吸取试液 $25mL$，加掩蔽剂掩蔽干扰离子，在 $pH = 10$ 时，用酸性铬蓝 K 为指示剂，用 $0.02011mol/L$ EDTA 标准溶液滴定，用去 $13.12mL$，计算试样中 $MgCO_3$ 的百分含量。

解：
$$MgCO_3 + 2H^+ = Mg^{2+} + CO_2 \uparrow + H_2O$$
$$Mg^{2+} + H_2Y^{2-} = MgY^{2-} + 2H^+$$

由于 EDTA 与 Mg^{2+} 的摩尔数之比是 $1:1$，所以试样中 $MgCO_3$ 的质量为 $0.02011 \times 13.12 \times 10^{-3} \times \dfrac{250}{25} \times 84.31$，则试样中 $MgCO_3$ 的百分含量为

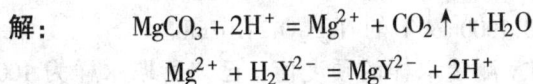

$$MgCO_3（\%） = \frac{0.02011 \times 13.12 \times 10^{-3} \times \dfrac{250}{25} \times 84.31}{0.5002} \times 100\%$$

$$= 44.47\%$$

答：试样中 $MgCO_3$ 的百分含量为 44.47%。

14. 在酸性溶液中，若滴定 $0.2000g$ $Na_2C_2O_4$ 需用 $31.00mL$ $KMnO_4$ 溶液，问当用碘量法滴定此 $KMnO_4$ 溶液 $25.00mL$ 时，需要 $0.1000mol/L$ 的 $Na_2S_2O_3$ 多少毫升？

解：$5Na_2C_2O_4 + 2KMnO_4 + 8H_2SO_4 = 5Na_2SO_4$

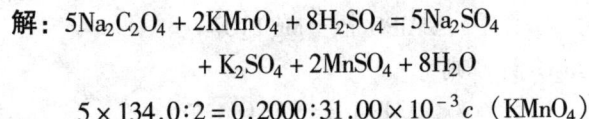

$+ K_2SO_4 + 2MnSO_4 + 8H_2O$

$5 \times 134.0 : 2 = 0.2000 : 31.00 \times 10^{-3}c$（$KMnO_4$）

$$c（KMnO_4）= 0.01926（mol/L）$$

设需有 xg 的碘参加反应。

$$2KMnO_4 + 10KI + 8H_2SO_4 = 6K_2SO_4 + 2MnSO_4 + 5I_2 + 8H_2O$$

$\quad$ 2mol $\qquad\qquad\qquad\qquad\qquad\qquad\qquad\qquad 5 \times 253.8g$

$0.01926 \times 25.00 \times 10^{-3} mol \qquad\qquad\qquad\qquad\qquad xg$

$$2 : 5 \times 253.8 = 0.01926 \times 25.00 \times 10^{-3} : x$$

$$x = 0.3055（g）$$

设需要 $Na_2S_2O_3 V（mL）$，则

$$I_2 + 2Na_2S_2O_3 = 2NaI + Na_2S_4O_6$$

$\quad$ 253.8 $\qquad\qquad$ 2

$\quad$ 0.3055 $\qquad\quad V \times 0.1000 \times 10^{-3}$

$$253.8 : 2 = 0.3055 : V \times 0.1000 \times 10^{-3}$$

解之，得 $V = 24.07（mL）$。

答：需要 $0.1000mol/L$ 的 $Na_2S_2O_3 24.07mL$。

15. 用 EDTA 测定水样的硬度值，已知所取水样为 100mL，滴定至终点消耗 $c（EDTA）= 0.00100mol/L$ 的 EDTA 溶液 1.42mL，试计算被测水样的 $c\left(\frac{1}{2}Ca^{2+} + \frac{1}{2}Mg^{2+}\right)$。

解：
$$c\left(\frac{1}{2}Ca^{2+} + \frac{1}{2}Mg^{2+}\right) = \frac{c（EDTA）\, V（EDTA）}{V} \times 10^6$$
$$= \frac{0.00100 \times 1.42}{100} \times 10^6$$
$$= 14.2（\mu mol/L）$$

答：被测水样的 $c\left(\frac{1}{2}Ca^{2+} + \frac{1}{2}Mg^{2+}\right)$ 为 $14.2\mu mol/L$。

16. 分析某一含 $AlPO_4$ 的样品 0.1236g，经一系列处理得到 $0.1126g Mg_2P_2O_7$，问样品中以 Al_2O_3 和 Al 计算的百分含量是多少？

解：
$$2AlPO_4 \longrightarrow Mg_2P_2O_7$$

若以 Al_2O_3 计，则

$$2AlPO_4 \longrightarrow Al_2O_3$$

164

所以 $Mg_2P_2O_7$ 换成 Al_2O_3 的换算因数为

$$F = \frac{M_{Al_2O_3}}{M_{Mg_2P_2O_7}} = \frac{102.0}{222.6} = 0.4582$$

$$Al_2O_3（\%）= \frac{0.1126 \times 0.4582}{0.1236} \times 100\%$$
$$= 41.74\%$$

$$Al（\%）= \frac{0.1126 \times 0.4582}{0.1236} \times \frac{2 \times 26.98}{102.0} \times 100\%$$
$$= 22.08\%$$

答：样品中以 Al_2O_3 和 Al 的百分含量为 41.74% 和 22.08%。

17. 今有 $Ca（OH）_2$ 和 NH_4Cl 各 20g，计算反应后在标准状况下可制得多少升氨？若生成的 NH_3 制得 500mL 氨水，试计算氨水的浓度是多少？

解：$Ca（OH）_2 + 2NH_4Cl = CaCl_2 + 2NH_3\uparrow + 2H_2O$

$\qquad 74.1 \qquad\quad 2 \times 53.5$

$Ca（OH）_2$ 和 NH_4Cl 各 20g 反应时，$Ca（OH）_2$ 过量，设生成 NH_3 $x\,mol$，则

$$NH_4Cl \longrightarrow NH_3$$
$$53.5g \qquad 1mol$$
$$20g \qquad x\,mol$$
$$53.5 : 1 = 20 : x$$
$$x = 0.374（mol）$$

在标准状况下，可制得氨气的体积为

$$V = 0.374 \times 22.4 = 8.38（L）$$

氨水的浓度为

$$c（NH_3）= \frac{0.374}{0.500}$$
$$= 0.748（mol/L）$$

答：氨水的浓度为 0.748mol/L。

18. 在实验室制备氢气的时候，用 6.54g 锌与足量的稀盐酸起反应，试计算所生成氢气在标准状况下的体积是多少升？

解：设产生的氢气体积为 V L。

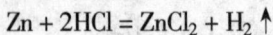

$$Zn + 2HCl = ZnCl_2 + H_2 \uparrow$$

$$65.4g \qquad\qquad 1mol$$

$$6.54g \qquad\qquad \frac{V}{22.4}mol$$

$$65.4 : 1 = 6.54 : \frac{V}{22.4}$$

$$V = 2.24 \ （L）$$

答：在标准状况下的体积为 2.24L。

19. 某元素 R，它的最高价氧化物的分子式为 RO_3，气态氢化物中含氢 2.47%，试求该元素的原子量及 RO_3 的分子量。

解：因该元素最高价氧化物的分子式为 RO_3，所以该元素气态氢化物为 H_2R，设其原子量为 x，则

$$\frac{1 \times 2}{1 \times 2 + x} \times 100\% = 2.47\%$$

解之，得 $x = 79.0$

RO_3 的分子量为 $79.0 + 3 \times 16 = 127$

答：该元素的原子量及 RO_3 的分子量分别为 79.0 和 127。

20. 已知 52.0% 的 NaOH 溶液的密度为 $1.525g/cm^3$ 计算它的摩尔浓度？配制 1.00mol/L 的 NaOH 溶液 200mL，需用上述溶液多少 mL？

解：c（NaOH）$= \dfrac{\rho \times 1000 \times 52.0\%}{M}$

$$= \frac{1.525 \times 1000 \times 52.0\%}{40.0}$$

$$= 19.8 \ （mol/L）$$

设需要 52.0% NaOH 溶液 x mL，则

$$1.00 \times 200 = 19.8x$$

$$x = \frac{1.00 \times 200}{19.8}$$

$$= 10.1 \ （mL）$$

答：配制 1.00mol/L 的 NaOH200mL，需上述溶液 10.1mL。

21. 把 50mL98％的浓 H_2SO_4（密度为 1.84g/cm^3）稀释成 20％的 H_2SO_4 溶液（密度为 1.14g/cm^3），需加多少 mL 的水？

解：设需加 xmL 的水，则

$$50 \times 1.84 \times 98\% = (50 + x) \times 1.14 \times 20\%$$

解之得

$$x = 345 \ (mL)$$

答：需加水 345mL。

22. 计算 0.1mol/L 的氨水溶液的 pH 值（$K_b = 1.8 \times 10^{-5}$）。

解： $[OH^-] = \sqrt{K_b C} = \sqrt{1.8 \times 10^{-5} \times 0.1}$

$$= 1.34 \times 10^{-3} \ (mol/L)$$

$$[H^+] = \frac{K_w}{[OH^-]} = \frac{10^{-14}}{1.34 \times 10^{-3}}$$

$$= 7.46 \times 10^{-12}$$

$$pH = -\lg [H^+] = -\lg 7.46 \times 10^{-12}$$

$$= 11.13$$

答：0.1mol/L 的氨水溶液的 pH 值为 11.13。

23. 以碘量法测定漂白粉中有效氯的含量，称取样品 0.2400g，加入 KI，析出 I_2，以 0.1010mol/L $Na_2S_2O_3$ 溶液滴定，消耗了 19.30mL，求漂白粉中有效氯的百分含量？反应为 Ca（OCl）Cl + $2I^-$ + $2H^+$ = Ca^{2+} + I_2 + $2Cl^-$ + $2H_2O$

解：设有效氯的质量为 x（g），则

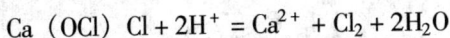

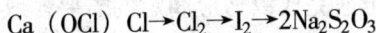

$$Ca（OCl）Cl + 2H^+ = Ca^{2+} + Cl_2 + 2H_2O$$

$$Ca（OCl）Cl \rightarrow Cl_2 \rightarrow I_2 \rightarrow 2Na_2S_2O_3$$

$$35.45 \times 2g \qquad 2mol$$

$$xg \qquad 0.1010 \times 19.30 \times 10^{-3}mol$$

$$35.45 \times 2 : x = 2 : 0.1010 \times 19.30 \times 10^{-3}$$

$$x = 0.06910 \ (g)$$

$$Cl（\%）= \frac{0.06910}{0.2400} \times 100\%$$

$$= 28.79\%$$

答：漂白粉中有效氯的百分含量为 28.79%。

24. 用有效数字计算规则计算下式

$$(1.276 \times 4.17 + 1.7 \times 10^{-4}) - (0.0021764 \times 0.0121)$$

解：原式 $= (1.28 \times 4.17 + 1.7 \times 10^{-4})$

$$- (2.18 \times 10^{-3} \times 1.21 \times 10^{-2})$$

$$= 5.34 + 1.7 \times 10^{-4} - 2.64 \times 10^{-5}$$

$$= 5.34$$

25. 把密度为 $1.035\mathrm{g/mL}$，含量为 5.23% 的硫酸溶液 $25.0\mathrm{mL}$ 中的 SO_4^{2-} 离子全部沉淀，需要浓度为 $0.250\mathrm{mol/L}$ 的 $BaCl_2$ 溶液多少 mL？

解：设需要 $BaCl_2$ 溶液 V（mL），则

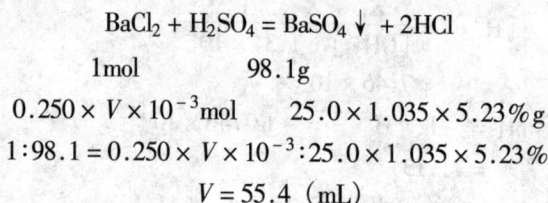

$$BaCl_2 + H_2SO_4 = BaSO_4 \downarrow + 2HCl$$

$\quad$ 1mol $\qquad\qquad$ 98.1g

$\quad 0.250 \times V \times 10^{-3}\mathrm{mol} \qquad 25.0 \times 1.035 \times 5.23\%\mathrm{g}$

$$1 : 98.1 = 0.250 \times V \times 10^{-3} : 25.0 \times 1.035 \times 5.23\%$$

$$V = 55.4 \text{（mL）}$$

答：需 $BaCl_2$ 溶液 $55.4\mathrm{mL}$。

五、问答题

1. 应用于滴定分析的化学反应应符合什么条件？

答：应用于滴定分析的化学反应应符合下列条件：

（1）反应按定量进行，无副反应发生。否则，无法计算分析结果。

（2）反应能迅速完成以适应滴定的需要，或者用改变酸度、温度、加催化剂及滴定程序等办法加快反应速度。

（3）有适当的方法确定反应的理论终点。如加入指示剂或采用物理化学的方法等。

（4）反应不受其他杂质的干扰。当有干扰离子时，可事先除去或加入掩蔽剂进行掩蔽。

2. 金属离子与 EDTA 形成的络合物有什么特点？

答：金属离子与 EDTA 形成的络合物有以下特点：

(1) EDTA 与金属离子反应生成具有多个五元环的螯合物，所以较稳定。

(2) EDTA 能与多数金属离子络合，其络合比一般为 1∶1，计算起来比较简单。

(3) EDTA 分子含有 4 个亲水的羟氧基团，它与金属离子形成的螯合物易溶于水。

3. 怎样配制不含 CO_2 的 NaOH 溶液？

答：将市售氢氧化钠制成饱和溶液（含量约为 52%，即 20mol/L），在这种浓碱液中，Na_2CO_3 几乎不溶解而沉降下来。吸取上层澄清溶液，用煮沸并冷却的蒸馏水或新制的除盐水稀释至所需要的浓度，即可得到不含 CO_2 的 NaOH 溶液。

4. 影响氧化—还原反应方向的因素有哪些？

答：影响氧化—还原反应方向的因素有以下几点：

(1) 氧化剂和还原剂浓度的影响。

(2) 生成沉淀的影响。

(3) 形成络合物的影响。

(4) 溶液酸度的影响。

当两电对的标准电极电位相差不太大时，改变浓度或酸度才能改变其方向。

5. 重量分析法有几种方法？

答：重量分析法有以下四种方法：

(1) 沉淀法。这种方法是将被测组分形成难溶化合物沉淀，经过滤、洗涤、烘干及灼烧，最后称量，由此计算被测组分的含量。

(2) 气化法。这种方法是通过加热或其他方法使样品中某种挥发性组分逸出，然后根据样品的减重或吸收剂的增重，计算被测组分的含量。

(3) 电解法。这种方法是利用电解原理，使金属离子在电极上析出，然后称重，计算其含量。

（4）萃取法。这种方法是利用有机溶剂先将被测组分从样品中萃取出来，然后再将溶剂处理掉，最后称取萃取物的重量，计算被测组分的含量。

6. 重量分析法对称量式有什么要求？

答：重量分析法对称量式有以下三点要求：

（1）称量式的组成与化学式必须相符合。这样才能按照一定的比例关系计算被测组分的含量。

（2）称量式必须十分稳定。在称量时，应不受空气中氧、二氧化碳及水分的影响。

（3）称量式的分子量要大，被测组分在称量式中所占的比率要小。

7. 形成晶形沉淀的条件是什么？

答：形成晶形沉淀的条件如下：

（1）在适当稀的溶液中进行沉淀，以便生成的沉淀晶粒大，共沉淀现象减少。

（2）在热溶液中进行沉淀，这样沉淀可以更纯净，同时利于生成晶形沉淀。

（3）不断地搅拌，慢慢地滴加沉淀剂。

（4）沉淀完全析出后，将沉淀连同溶液放置一段时间，小晶粒逐渐溶解，大晶粒继续长大，这个过程也称为陈化。

8. 烘干和灼烧的目的是什么？

答：通常在 250℃ 以下的热处理称为烘干，250℃ 以上至 1200℃ 的热处理称为灼烧。

烘干的目的是除去沉淀中的水分，以免在灼烧沉淀时，因冷热不均而使坩埚破裂。

灼烧的目的是烧去滤纸，除去沉淀上沾有的洗涤剂，将沉淀烧成符合要求的称量式。

9. 分析天平的原理是什么？分析天平的计量性能包括哪些？

答：分析天平是定量分析中不可缺少的重要仪器之一。它是根据杠杆原理设计而成的一种称量用的精密仪器。其计量性能包括：①灵敏性；②稳定性；③准确性；④示值变动性。

10. 如何干燥洗涤好的玻璃仪器？

答： 干燥洗涤好的玻璃仪器有以下几种方法：

（1）晾干。洗涤好的仪器，可用除盐水涮洗后在无尘处倒置控去水分，然后自然干燥。

（2）烘干。仪器控去水分后，放在电烘箱内烘干，烘箱温度为 105～110℃，烘 1h 左右即可。

（3）热（冷）风吹干。对急于干燥的仪器或不适用于放入烘箱的较大仪器，可采用吹干的办法。

11. 如何制备碘标准溶液？

答： 碘标准溶液的制备采用标定法，为了减少碘的挥发，在其溶液中加入一定量的碘化钾，则

$$I^- + I_2 = I_3^-$$

以制备 0.05mol/L 碘标准溶液为例：称取 13g 碘及 35g 碘化钾，溶于少量蒸馏水中，待其全部溶解后，用蒸馏水稀释至 1000mL，混匀，此溶液保存于具有磨口塞的棕色瓶中。取 20.00mL 0.05mol/L 碘标准溶液，注入碘量瓶，加 150mL 蒸馏水，用 0.1mol/L 硫代硫酸钠滴定，溶液是淡黄色时，加 1mL1% 淀粉指示剂，继续滴定至溶液蓝色消失。同时做空白试验，取 150mL 蒸馏水，加 0.05mL 碘标准溶液、1% 淀粉指示剂 1mL，用 0.1mol/L 硫代硫酸钠标准溶液滴定至蓝色消失。碘标准溶液的浓度按下式计算

$$c\ (I_2) = \frac{c\ (Na_2S_2O_3)\ (a-b)}{V-0.05}$$

式中　a——消耗硫代硫酸钠标准溶液体积，mL；

　　　b——空白试验时消耗硫代硫酸钠标准溶液的体积，mL；

　　　V——碘溶液的体积，mL。

12. 在溶液中离子发生反应的条件是什么？

答： 在溶液中，离子发生反应的条件如下。

（1）生成沉淀。例如

$$AgNO_3 + NaCl = AgCl \downarrow + NaNO_3$$
$$Ag^+ + Cl^- = AgCl \downarrow$$

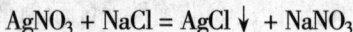

（2）生成气体。例如
$$Na_2CO_3 + 2HCl = 2NaCl + CO_2 \uparrow + H_2O$$
$$CO_3^{2-} + 2H^+ = CO_2 \uparrow + H_2O$$

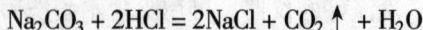

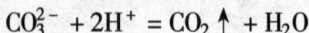

（3）生成难电离的物质。例如
$$HCl + NaOH = NaCl + H_2O$$
$$H^+ + OH^- = H_2O$$

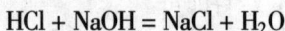

13. 新制备的 $Na_2S_2O_3$ 溶液在放置过程中浓度会降低，为什么？

答：（1）CO_2 的作用。反应如下
$$Na_2S_2O_3 + H_2O + CO_2 = NaHSO_3 + NaHCO_3 + S \downarrow$$

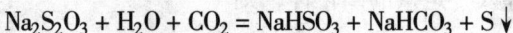

（2）空气的氧化作用。反应如下
$$2Na_2S_2O_3 + O_2 = 2Na_2SO_4 + 2S \downarrow$$

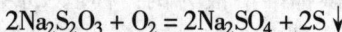

（3）微生物的作用。反应如下
$$Na_2S_2O_3 \xrightarrow{\text{微生物}} Na_2SO_3 + S \downarrow$$

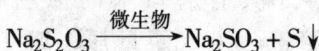

（4）光线促进 $Na_2S_2O_3$ 的分解。反应如下
$$Na_2S_2O_3 \xrightarrow{\text{光线}} Na_2SO_3 + S \downarrow$$

14. 碘量分析为什么要在中性或微酸性条件下进行？

答： 因为在碱性条件下，碘会与 OH^- 作用为
$$I_2 + 2OH^- = IO^- + I^- + H_2O$$
$$3IO^- = IO_3^- + 2I^-$$

而酸性条件下，硫代硫酸钠会发生分解，I^- 也易被空气所氧化
$$Na_2S_2O_3 + 2HCl = NaCl + H_2S_2O_3$$
$$\qquad\qquad\qquad \downarrow H_2O + S \downarrow + SO_2 \uparrow$$
$$4I^- + 4H^+ + O_2 = 2I_2 + 2H_2O$$

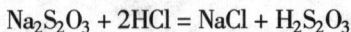

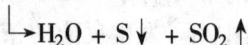

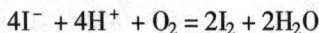

15. 金属指示剂应具备什么条件？

答：金属指示剂应具备以下条件：

（1）在滴定的 pH 值范围内，指示剂与金属离子形成络合物的颜色与游离指示剂的颜色应有显著的区别。

（2）指示剂与金属离子所形成的络合物要有适当的稳定性，其要求是：一方面，在滴定终点前，虽然金属离子浓度很小，但仍能呈现出明显的络合物颜色；另一方面，有色络合物的稳定性必须比金属离子与络合剂所形成络合物的稳定性小。

16. 适用于沉淀滴定法的沉淀反应必须符合哪些条件？

答： 适用于沉淀滴定法的沉淀反应必须符合以下几个条件：

（1）反应必须按一定的化学式定量地进行，生成沉淀的溶解度要小。

（2）沉淀反应的速度要快。

（3）能够用适当的指示剂或其他方法确定滴定的理论终点。

（4）滴定中的共沉淀现象不影响滴定结果。

17. 定量分析中产生误差的原因有哪些？

答： 在定量分析中，产生误差的原因很多，误差一般分为系统误差和偶然误差两类。

系统误差产生的主要原因如下：

（1）方法误差。这是由于分析方法本身所造成的误差。

（2）仪器误差。这是使用的仪器不符合要求所造成的误差。

（3）试剂误差。这是由于试剂不纯所造成的误差。

（4）操作误差。这是指在正常操作条件下，由于个人掌握操作规程与控制操作条件稍有出入而造成的误差。

偶然误差是由某些难以控制、无法避免的偶然因素所造成的误差。

18. 何谓混合指示剂？混合指示剂有什么特点？

答： 混合指示剂是由两种指示剂或一种指示剂与一种惰性染料组成的混合物。

混合指示剂的特点是指示剂变色范围窄，颜色变化明显，容易判断反应的终点。

19. 如何清洗电极和电镀铂黑？

答： 电极被污染后，可用（1 + 3）盐酸进行清洗或浸泡在酸液中，清洗后用蒸馏水冲洗。铂黑电极被污染后，可浸入水中，并通以 1.5～3V 直流电，极板上的铂黑会自行脱落。

电镀铂黑时，对电极先用 Na_3PO_4 和 CCl_4 除去油污，再浸泡在洗涤液里若干分钟，取出后，用蒸馏水冲洗干净，浸入电镀液中通以 1.5～3V 直流电 1～2min 后，将正负极对换，如此反复操作数次即可。

20. 试简单叙述有效数字计算规则。

答： 有效数字计算规则如下：

（1）记录测量数值时，只应保留一位可疑数字。

（2）在运算中弃去多余的数字时，采用"四舍六入五成双"的方法。

（3）几个数据相加减时，它们的和或差的有效数字的保留位数，以小数点后位数最少的一个数为准，先取舍、后计算。

（4）几个数据相乘除时，各数据保留的位数应以有效数字位数最少的一个数据为准，先取舍、后计算。

（5）对一些非实验测得的数据，要认为足够有效。

（6）采用科学计数法。

21. 用摩尔法测 Cl^-，为什么要求在中性或微酸性溶液中进行测定？

答： 在摩尔法中，以铬酸钾为指示剂，以出现红色铬酸银为滴定终点，但铬酸银溶于酸，反应如下

$$Ag_2CrO_4 + H^+ = 2Ag^+ + HCrO_4^-$$

所以在酸性溶液中滴不到终点。

在碱性溶液中，硝酸银与氢氧根作用，反应如下

$$2Ag^+ + 2OH^- = 2AgOH\downarrow$$
$$\longrightarrow Ag_2O + H_2O$$
（黑褐色）

因产生黑褐色 Ag_2O 沉淀，故不能在碱性条件下滴定。所以采用

摩尔法滴定 Cl^- 时，要在中性或微酸性条件下测定。

22. 试述循环水加硫酸的防垢原理。

答： 由于循环水不断地被加热而浓缩，$Ca(HCO_3)_2$ 易分解成碳酸盐，使凝汽器铜管结垢。在循环水中加入硫酸是为了将循环水中碳酸盐转变成溶度积较大的硫酸盐，其反应如下

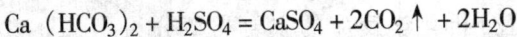

$$Ca(HCO_3)_2 + H_2SO_4 = CaSO_4 + 2CO_2\uparrow + 2H_2O$$

从而防止了铜管内结碳酸盐垢。

23. 对洗涤后的玻璃仪器应怎样保存？

答： 保存洗涤后的玻璃仪器有以下几种方法：

（1）对于一般仪器，经过洗涤干燥后，可倒置于专用的实验柜中。

（2）移洗管洗净后，用干净滤纸包住两端，以防沾污。

（3）滴定管要倒置在滴定管架上；对称量瓶，只要用完，就应洗净，烘干后放在干燥器内保存。

（4）对带有磨口塞子的仪器，洗净干燥后，要用衬纸加塞保存。

24. 锅炉割管时，应注意什么？

答： 割管时应注意以下几点：

（1）用焊枪割管时，要比所需长度长 0.4m，割下的管段不应溅上水，如管内潮湿时要吹干。

（2）去除外表面灰尘，标明向火侧、背火侧及管段在炉膛内的位置及标高。

（3）割管时不能用冷却剂和砂轮。

（4）沿管轴方向对剖开，分成向火侧与背火侧两半。

25. 什么叫高锰酸钾法？怎样判断此法的终点？

答： 高锰酸钾法是利用高锰酸钾作为氧化剂，将其配制成标准溶液进行滴定的氧化—还原方法，反应方程式如下：

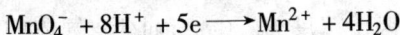

$$MnO_4^- + 8H^+ + 5e \longrightarrow Mn^{2+} + 4H_2O$$

高锰酸钾法一般是利用自身指示剂判断反应的终点，即利用高锰酸钾本身的红紫色在滴定微过量时，显示出粉红色为终点。

在高锰酸钾浓度很小时，可用二苯胺磺酸钠作为指示剂。

第二节 中 级 工

一、填空题

1. 滴定分析化学反应的主要类型分为： ___①___ 、 ___②___ 、 ___③___ 、 ___④___ 。

答：①中和反应；②沉淀反应；③氧化—还原反应；④络合反应。

2. 在滴定过程中，指示剂恰好发生___①___变化的转变点叫___②___。

答：①颜色；②滴定终点。

3. 亚硝酸盐与格林斯试剂的显色反应在 pH 值为___①___时最好。

答：①1.9~3.0。

4. 在给水系统中，最容易发生腐蚀的部位是 ___①___ 和 ___②___ 。

答：①给水管道；②省煤器。

5. 对于可逆反应 $M^{n+} + ne \rightleftharpoons M$，其电位 $E = E° + \dfrac{0.059}{n}\lg$ ___。

答：$[M^{n+}]$。

6. 氧化还原指示剂是在氧化还原滴定理论终点附近 ___①___ 颜色，从而确定滴定终点，实际上该指示剂本身就是 ___②___ 或 ___③___ 。

答：①改变；②氧化剂；③还原剂。

7. 标准电极电位是在特定条件下测定的，即温度为 ___①___ ℃，有关离子浓度为___②___ mol/L，气体的分压为 ___③___ Pa。

答：①25；②1；③101325。

8. 有色溶液对光的吸收程度与该溶液的　①　、　②　，以及　③　等因素有关。

答：①液层厚度；②浓度；③入射光强度。

9. 在分光光度法中，单色光纯度越　①　，吸光物质的浓度越　②　或吸收层的厚度越　③　，越易引起工作曲线向浓度轴方向弯曲。

答：①差；②大；③厚。

10. 光的吸收基本定律通常有两种数学表达式：　①　和　②　。

答：①$I = I_0 \times 10^{-KcL}$；②$A = \lg \dfrac{I_0}{I} = KcL$。

11. 用 γ 表示电导率，对溶液来说，它是电极面积为 $1cm^2$，电极间距为　①　时溶液的电导，其单位为　②　。

答：①1cm；②S/cm［西（门子）/厘米］。

12. 电导是　①　的倒数，其单位为　②　，电导和导体截面积 A、导体长度 L 以及电阻率 ρ 的关系式为　　　　。

答：①电阻；②S；③$G = \dfrac{A}{\rho L}$。

13. 氧化—还原反应的特点是在溶液中　①　和　②　之间发生了　③　。

答：①氧化剂；②还原剂；③电子转移。

14. 金属—难溶盐电极为第二类电极，该类电极能指示溶液中金属难溶盐的　①　的浓度，该类电极最有代表性的是　②　和　③　。

答：①阴离子；②Ag–AgCl 电极；③甘汞电极。

15. pNa 电极对 H^+ 很敏感，故在使用时，必须将溶液 pH 调至　　　　之间。

答：7~10。

16. 温度对溶液电导有一定的影响，当温度　　　　时，电解质溶液的导电能力将增强。

答：升高。

17. 标准氢电极的电极电位为 ____①____ V，测定条件是〔H^+〕= ____②____ mol/L，p_{H_2} = ____③____ MPa。

答：①0；②1；③0.101。

18. 朗伯—比尔定律表明：当 ____①____ 和 ____②____ 一定时，溶液的吸光度与液层的厚度成正比。

答：①入射光的强度；②溶液浓度。

19. 光电池是根据 ____①____ 光电效应原理制成的将光能转变为 ____②____ 的元件。

答：①阻挡层；②电能。

20. ND – 2105 型硅表采用双光路系统，可对光源的波动起到部分 ____①____ 作用，以降低测量 ____②____ 。

答：①补偿；②误差。

21. 物质的颜色实际上就是该物质_____的补色光。

答：吸收光。

22. 若用滤光片作单色光器，则滤光片的颜色与被测溶液的颜色为_____。

答：互补色。

23. 摩尔吸光系数是指当入射光波长一定，溶液浓度为 ____①____ ，液层厚度为 ____②____ 时的吸光度值。

答：①1mol/L；②1cm。

24. 相同的两只比色皿的透光率之差应小于_____。

答：0.2%。

25. 因为分光光度计的单色光的单色性比光电比色计的 ____①____ ，故前者测量 ____②____ 要高于后者。

答：①强；②精度。

26. 电光天平保留了阻尼天平的优点，同时增加了两个装置： ____①____ 装置和 ____②____ 装置。

答：①光学读数；②机械加码。

27. 滴定误差是指 ____①____ 与 ____②____ 的差值。

答：①滴定终点；②理论终点。

28. 影响酸碱指示剂变色范围的因素主要有 ___①___ 、 ___②___ 和 ___③___ 。

答：①温度；②指示剂用量；③溶剂。

29. 在酸碱滴定中，滴定突跃大小与 ___①___ 有关。

答：①溶液浓度。

30. 乙二胺四乙酸二钠简称 ___①___ ，是四元酸，在溶液中存在 ___②___ 种型体。

答：①EDTA；②七。

31. 分析天平的计量性能包括 ___①___ 、 ___②___ 、 ___③___ 和示值变动性。

答：①灵敏性；②稳定性；③准确性。

32. 天平空载时的休止点称为天平的 ___①___ ，天平载重时的休止点称为天平的 ___②___ 。

答：①零点；②平衡点。

33. 晶体主要包括 ___①___ 晶体、 ___②___ 晶体、 ___③___ 晶体和金属晶体等。

答：①离子；②原子；③分子。

34. 分析结果与真实值相符合的程度叫 ___①___ ，用误差表示，它表明测定结果的 ___②___ 。

答：①准确度；②正确性。

35. 摩尔法是根据分级沉淀的原理进行测定的，它要求溶液的 pH 值为 ___①___ ，主要用于测定 ___②___ 和 ___③___ 。

答：①6.5～10.5；②Cl^-；③Br^-。

36. 在重量分析中，生成的沉淀可分为 ___①___ 沉淀和 ___②___ 沉淀两大类。

答：①晶形；②非晶形。

37. 标准溶液的制备按溶质性质可分为 ___①___ 法和 ___②___ 法。

答：①直接；②标定。

38. 采集江、河、湖水时，应将采样瓶浸入水面下 ___①___ 处取样，采集城市自来水水样时，应冲洗管道____②____min 后再取样。

答：①50cm；②5～10。

39. 采集水样时，单项分析水样不少于____①____，全分析水样不少于____②____。

答：①300mL；②5L。

40. 苯酚不能使湿润的石蕊变色，说明苯酚的酸性_____。

答：很弱。

41. 标定 $AgNO_3$ 标准溶液时，常采用的基准物质为____①____，标定 H_2SO_4、HCl 常采用的基准物质为____②____，标定 NaOH 标准溶液常采用的基准物质为____③____。

答：①NaCl；②Na_2CO_3；③ 。

42. 影响化学反应速度的因素包括____①____、____②____、____③____和____④____。

答：①浓度；②温度；③压力；④催化剂。

43. 王水是____①____和____②____按 1:3 配成的混合液。

答：①浓 HNO_3；②浓 HCl。

44. pH = 1 和 pH = 2 的溶液中，氢离子浓度之比为____①____，氢氧根离子浓度之比为____②____。

答：①10:1；②1:10。

45. 分析工作中，实际能够测得的数字称为____①____。记录有效数字时，只保留____②____可疑值。

答：①有效数字；②一位。

46. 某元素原子的核外电子排布为 $1s^2 2s^2 2p^6 3s^1$，该元素的原子序数为____①____，核内质子数为____②____，元素符号为____③____。

答：①11；②11；③Na。

47. 中和 10mL 0.1mol/L 氨水需要 0.05mol/L 盐酸____①____mL，在理论终点时溶液显____②____性。

答：①20；②酸。

48. 泡沫灭火器内分别装有 ____①____ 和 ____②____ 两种溶液。

答：①$NaHCO_3$；②$Al_2(SO_4)_3$。

49. 分析化学的任务是确定物质的 ____①____ 、 ____②____ 及其含量。

答：①结构；②化学成分。

50. 烷烃的通式为 ____①____ ；烯烃的通式为 ____②____ ；炔烃的通式为 ____③____ 。

答：①C_nH_{2n+2}；②C_nH_{2n}；③C_nH_{2n-2}。

51. ____①____ 相似、性质相近、 ____②____ 上相差一个或多个 CH_2，且具有同一通式的一系列化合物称为同系物。

答：①结构；②分子组成。

52. 电解时，阴离子在阳极上 ____①____ 电子，发生 ____②____ 反应。

答：①失去；②氧化。

53. 在其他条件不变的情况下， ____①____ 反应物浓度可以使化学平衡向正反应方向 ____②____ 。

答：①增大；②移动。

54. 邻菲罗啉分光光度法测铁是将水样中的铁全部转化为 ____①____ ，在 pH 值为 ____②____ 的条件下进行测定。

答：①亚铁；②4～5。

55. 以磺基水扬酸分光光度法测铁是将水样中的铁全部转化为 ____①____ ，在 pH 值为 ____②____ 的条件下进行测定。

答：①高价铁；②9～11。

56. 过滤所用滤料应具备的条件是：有足够的 ____①____ 和一定的 ____②____ 。

答：①机械强度；②化学稳定性。

57. 给水除氧通常采用 ____①____ 除氧和 ____②____ 除氧。

答：①热力；②化学。

58. 确定锅炉是否需要酸洗的两个条件是 ____①____ 和 ____②____ 。

答：①锅炉内含盐量；②锅炉运行年限。

59. 重量分析中，洗涤沉淀的目的是为了除去___①___和吸附在沉淀表面上的___②___。

答：①沉淀中的母液；②杂质。

60. 氧化还原滴定用指示剂分为___①___、___②___指示剂和专属指示剂。

答：①氧化还原指示剂；②自身。

61. 化学分析中消除干扰的方法主要有___①___和___②___。

答：①分离法；②掩蔽法。

62. 空白试剂是用来消除由___①___和___②___带进杂质所造成的系统误差。

答：①试剂；②器皿。

63. 进行硬度测定时，对碳酸盐硬度较高的水样，在加入缓冲溶液前，应先稀释或加入所需 EDTA 标准溶液的___①___，否则，在加入缓冲溶液后，可能析出___②___沉淀，使滴定终点拖后。

答：①80%～90%；②碳酸盐。

64. 两瓶法测水中溶解氧含量时，温度升高，滴定终点的灵敏度会___①___，因此必须在___②___以下进行滴定。

答：①降低；②15℃。

65. 金属腐蚀按其范围可分为___①___腐蚀和___②___腐蚀两大类。

答：①全面；②局部。

66. 天平的灵敏度是指天平的___①___或___②___与引起这种位移的质量之比。

答：①角位移；②线位移。

67. 全固体测定有三种方法：第一种方法适用于___①___水样；第二种方法适用于酚酞___②___的水样；第三种方法适用于含有大量___③___的固体物质的水样。

答：①一般；②碱度高；③吸湿性很强。

68. 用重量法进行硫酸盐测定时，灼烧前应彻底灰化，否则部分___①___在灼烧时易被___②___还原为 BaS。

答：①$BaSO_4$；②碳。

69. 碱标准溶液的放置时间不宜过长，最好每___①___标定一次，如发现已吸入二氧化碳时，应___②___。

答：①周；②重新配制。

70. 盛放在敞口杯中的固体烧碱在空气中放置一段时间后，质量会___①___，因为固体烧碱___②___了空气中的二氧化碳和水。

答：①增大；②吸收。

71. 在氧化—还原反应中，___①___反应和___②___总是同时发生。

答：①氧化；②还原。

72. 在制取 HF 及其水溶液时，不能用玻璃仪器，这是因为 HF 能与___①___反应，生成易挥发的___②___。

答：①SiO_2；②SiF_4。

73. 在粒子的同一电子层的等价轨道上，当电子处在___①___、___②___或全空状态时，粒子较为稳定。

答：①全充满；②半充满。

74. 氢键属于分子间力，其具有___①___性和___②___性。

答：①饱合；②方向。

75. 完成下列反应：

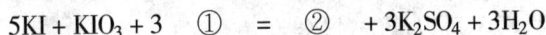

$$5KI + KIO_3 + 3 \underline{\quad ① \quad} = \underline{\quad ② \quad} + 3K_2SO_4 + 3H_2O$$

答：①H_2SO_4；②$3I_2$。

二、判断题（在题末括号内作出记号：√表示对，×表示错）

1. 系统误差可以避免，但偶然误差不能避免。（　　）

答：√。

2. 玻璃容器不能盛放强碱。（　　）

答：√。

3. 甲基红指示剂变色范围是 4.4～6.2。（　　）

答：√。

4. 溶液中有关离子浓度积大于其溶度积时，溶液中有沉淀析出。（　　）

答：√。

5. 测定水中 Cl^- 离子浓度，可采用银量法或 pCl 电极法。（　　）

答：√。

6. 金属指示剂与被测离子的络合能力应比 EDTA 与被测离子的络合能力小一些。（　　）

答：√。

7. 向给水中加联氨的目的是为了消除溶解氧的腐蚀。（　　）

答：√。

8. 在实际运行过程中，过热器会发生氧腐蚀。（　　）

答：×。

9. 非单色光和溶液中的副反应可引起比耳定律偏移。（　　）

答：√。

10. 分光光度法比目视比色法准确度高、选择性好，是因为它采用的入射光的单色性好。（　　）

答：√。

11. 盐酸不可以清洗过热器。（　　）

答：√。

12. 热力除氧器既能除去水中溶解氧，又能除去一部分二氧化碳。（　　）

答：√。

13. 化学分析中，测得数据的精密度较高，则准确度也越高。（　　）

答：×。

14. 空白试验是用来消除由试剂和器皿带进杂质所造成的系统误差的。（　　）

答：√。

15. 在难溶电解质中加入非相同离子的强电解质，沉淀的溶解度将增大。（　　）

答：√。

16. 络合效应可导致沉淀的溶解度减小。（　　）

答：×。

17. 配制铬黑 T 指示剂（乙醇溶液）时，加入少量三乙醇胺可防止其氧化。（　　）

答：×。

18. 碘量法不能在碱性溶液中进行滴定。（　　）

答：√。

19. 在 $Na_2S_2O_3$ 溶液中加入少量 Na_2CO_3 可降低其中微生物的活性。（　　）

答：√。

20. 酸碱指示剂变色的内因是溶液的 pH 值的变化。（　　）

答：×。

21. 热力系统中的 CO_2 主要是由有机物的分解生成的。（　　）

答：×。

22. 酸碱指示剂的变色范围与其电离平衡常数有关。（　　）

答：√。

23. 室温下，当酸度不太高时，Cl^- 的存在不干扰 $K_2Cr_2O_7$ 的滴定。（　　）

答：√。

24. 测定水样碱度时，若水样中含有较多的游离氯时，可加入硝酸银消除干扰。（　　）

答：×。

25. 重量法测硫酸盐含量时，生成沉淀的灼烧温度应高于 900℃。（　　）

答：×。

26. 用邻菲罗啉分光光度法测铁时，应先加入邻菲罗啉，后调溶液的 pH 值。（   ）

答：√。

27. 摩尔吸光系数的大小与入射光波长有关。（   ）

答：√。

28. 常量分析法的灵敏度不高，但具有较高的准确度。（   ）

答：√。

29. 间接碘量法中，淀粉指示剂应在滴定至接近终点时再加入。（   ）

答：√。

30. 磷钼蓝比色法适用于磷酸根为 2 ~ 50mg/L 的水样。（   ）

答：√。

31. 过滤水样的化学耗氧量反映了水中可溶性有机物的含量。（   ）

答：√。

32. 水样中的有机物将有利于硫酸钡沉淀完全。（   ）

答：×。

33. 酸度计测得的 pH 值随温度升高而增大。（   ）

答：×。

34. 天平的灵敏度与玛瑙刀口接触点的质量有关。（   ）

答：√。

35. EDTA 是六元酸，在溶液中存在七种形体。（   ）

答：×。

36. 金属离子与指示剂所生成的络合物越稳定越好。（   ）

答：×。

37. 物质进行化学反应的基本粒子是分子。（   ）

答：×。

38. 在相同的条件下，能同时向两个方向进行的化学反应称

为可逆反应。（　　）

答：√。

39. pH = - lg [H^+]。（　　）

答：√。

40. 烃是由碳、氢两种元素组成的。（　　）

答：√。

41. 检验集气瓶是否充满氧气的方法是把带火星的木条放在集气瓶口。（　　）

答：√。

42. 9（g）水与 22（g）二氧化碳含有的氧原子个数相同。（　　）

答：×。

43. 用大理石和稀硫酸反应可以制取二氧化碳。（　　）

答：×。

44. 在一个平衡体系中，正反应速度等于逆反应速度。（　　）

答：√。

45. 当一个反应处在平衡状态时，改变反应物浓度，则平衡常数也会发生改变。（　　）

答：×。

46. 浓硫酸与铜反应时，浓硫酸是氧化剂。（　　）

答：√。

47. 碳酸氢铵分解是化学变化。（　　）

答：√。

48. 任何一种化合物都是由不同元素组成的。（　　）

答：√。

49. 原子核外电子总数等于原子核内的质子数。（　　）

答：√。

50. 在化学反应中失去电子的物质是还原剂。（　　）

答：√。

三、选择题 ［将正确答案的序号 "（×）" 写在题内横线上］

1. 对于可逆反应 $M^{n+} + ne \Longrightarrow M$，当 $[M^{n+}]$ 增加时，电极电位 E 将_____。

（1）增高；（2）降低；（3）不变

答：（1）。

2. 对于某一氧化—还原反应的指示剂，若其电子转移为 2，则其变色点电位变化 $E - E^\circ$ 为_____。

（1）± 0.0592；（2）± 0.0295；（3）± 0.0197

答：（2）。

3. 沉淀重量法中难溶化合物的沉淀式与称量式_____。

（1）相同；（2）不相同；（3）不一定相同

答：（3）。

4. 使天平指针位移一格或一个分度需要增加的质量称为天平的_____。

（1）灵敏度；（2）感量；（3）准确度

答：（2）。

5. 用 NaOH 溶液滴定 H_3PO_4 溶液时，确定第一个等当点可用_____作指示剂。

（1）酚酞；（2）淀粉；（3）甲基橙

答：（3）。

6. 以硫酸滴定碳酸钠溶液时，应在等当点前煮沸被滴定溶液，以除去二氧化碳，否则测定结果_____。

（1）偏低；（2）偏高；（3）不变

答：（1）。

7. 当水样的酚酞碱度等于甲基橙碱度时，水样中只有_____。

（1）HCO_3^-；（2）OH^-；（3）CO_3^{2-}

答：（2）。

8. "两瓶法"测溶解氧属于_____。

（1）氧化还原滴定反应；（2）中和反应；（3）络合反应

答：（1）。

9. 能使饱和石灰水产生白色沉淀，然后又能使沉淀溶解的气体为_____。

（1）CO_2；（2）Cl_2；（3）H_2S

答：（1）。

10. 滴定分析中，滴定终点与反应等当点_____。

（1）相同；（2）不相同；（3）不一定相同

答：（3）。

11. 在难溶物质溶液中，加入强电解质后使沉淀溶解度增大的现象为_____。

（1）同离子效应；（2）盐效应；（3）酸效应

答：（2）。

12. 氧化还原滴定是基于溶液中氧化剂和还原剂之间的_____进行的。

（1）离子迁移；（2）分子作用；（3）电子转移

答：（3）。

13. 化学耗氧量表示水中有机物折算成_____的量。

（1）高锰酸钾；（2）氧；（3）碘

答：（2）。

14. 树脂的含水率越大，表示它的孔隙率越大，交联度越_____。

（1）大；（2）小；（3）无规律

答：（2）。

15. 金属在潮湿空气中的腐蚀属于_____腐蚀。

（1）化学腐蚀；（2）电化学腐蚀；（3）溶解氧

答：（2）。

16. 在正常情况下，锅炉不会发生_____腐蚀。

（1）酸性；（2）碱性；（3）氧

答：（1）。

17. 定期排污的目的主要是为了除去_____。

(1) 水渣；(2) 水垢；(3) 浓锅炉水

答：(1)。

18. 酸碱指示剂变色的内因是指示剂本身_____的变化。

(1) 浓度；(2) 温度；(3) 结构

答：(3)。

19. 氢氧化钠中常含有少量的碳酸钠，是因为其具有很强的_____。

(1) 碱性；(2) 氧化性；(3) 吸湿性

答：(3)。

20. 络合物的稳定常数越大，则该络合物越稳定，滴定的突跃_____。

(1) 越大；(2) 越小；(3) 不一定

答：(1)。

21. $KMnO_4$ 在酸性溶液中与还原剂作用，本身被还原成_____。

(1) Mn^{2+}；(2) MnO_2；(3) MnO_4^{2-}

答：(1)。

22. 制备 $Na_2S_2O_3$ 标准溶液时，必须除去水中的_____。

(1) Na^+；(2) CO_2；(3) Cl^-

答：(2)。

23. 分光光度法测全硅时，用硼酸作掩蔽剂，适用于测定全硅量_____的水样。

(1) 较大；(2) 较小；(3) 任意

答：(2)。

24. 以 EDTA 溶液滴定 Ca^{2+} 时，在强碱性溶液中进行是为了消除_____的影响。

(1) CO_2；(2) H^+；(3) Mg^{2+}

答：(3)。

25. 重量法测硫酸盐含量时，生成的沉淀灼烧温度不应高于_____，否则，易引起硫酸钡的分解。

(1) 700℃；(2) 800℃；(3) 900℃

答：(3)。

26. 硝酸盐水杨酸比色法应使硝酸盐在_____溶液中与水杨酸作用。

(1) 酸性；(2) 中性；(3) 碱性

答：(3)。

27. 用 $KMnO_4$ 法测水中 COD，当水样中氯离子浓度 $> 100mg/L$ 时，应在_____条件下进行测定。

(1) 酸性；(2) 中性；(3) 碱性

答：(3)。

28. 在分光光度法中，运用朗伯—比尔定律进行定量分析，应采用_____作为入射光。

(1) 白光；(2) 单色光；(3) 可见光

答：(2)。

29. 通常，硅酸在_____中的含量相对较多。

(1) 河水；(2) 湖水；(3) 井水

答：(3)。

30. 使阴离子交换树脂产生污染的铁化合物可能来源于_____。

(1) 阳床漏铁；(2) 管道腐蚀；(3) 再生液

答：(3)。

31. 制备 $KMnO_4$ 标准溶液时，放置 2 周的 $KMnO_4$ 标准溶液应用_____玻璃过滤器过滤。

(1) G_3；(2) G_4；(3) G_5

答：(2)。

32. 进行 Cl^- 测定时，当 Cl^- 浓度在 $5 \sim 100mg/L$ 时，应取_____mL水样。

(1) 25；(2) 50；(3) 100

答：(3)。

33. 根据有效数字运算规则，$5.8 \times 10^{-6} \times \dfrac{0.1000 - 2 \times 10^{-4}}{0.1044 + 2 \times 10^{-4}}$ 的正确结果应为_____。

（1）5.5×10^{-6}；（2）5.8×10^{-6}；（3）5.6×10^{-6}

答：（2）。

34. 在火力发电厂水汽试验方法中，_____的测定属于间接滴定法。

（1）碱度；（2）氯化物（容量法）；（3）溶解氧（两瓶法）

答：（3）。

35. 0.01mol/L 碘标准溶液的_____容易发生变化，应在使用时配制。

（1）浓度；（2）颜色；（3）反应速度

答：（1）。

36. 采集接有取样冷却器的水样时，应调节冷却水量，使水样温度为_____℃。

（1）20～30；（2）30～40；（3）40～50

答：（2）。

37. 测氨用的钠氏试剂是_____。

（1）$HgI_2 \cdot 2KI$；（2）

（3）$HCHO$

答：（1）。

38. 用 pNa 电极法进行钠的测定时，需用_____来调节溶液的 pH 值。

（1）二异丙胺；（2）$NaOH$；（3）$NH_3 \cdot H_2O$

答：（1）。

39. 试亚铁灵指示剂是_____。

（1）邻菲罗啉 + $FeSO_4 \cdot 7H_2O$；（2）邻菲罗啉 + $FeCl_3 \cdot 6H_2O$；
（3）二苯胺 + $FeSO_4 \cdot 7H_2O$

答：（1）。

40. _____的说法与沉淀重量法不符。

（1）可不用基准物质；（2）过滤和洗涤同时进行；（3）适合快速测定

答：（3）。

41. 0.01mol/L 的氢氧化钠溶液的 pH 值为_____。

（1）2；（2）12；（3）13

答：（2）。

42. 下列金属中，最活泼的是_____。

（1）锂；（2）钠；（3）钾

答：（3）。

四、计算题

1. 可逆反应 $I_2 + H_2 \rightleftharpoons 2HI$ 在 713K 时的 $K_c = 51$。如将上式改写为 $\frac{1}{2}I_2 + \frac{1}{2}H_2 \rightleftharpoons HI$ 时，其 K'_c 为多少？

解：

$$K_c = \frac{[HI]^2}{[I_2][H_2]} = 51$$

$$K'_c = \frac{[HI]}{[I_2]^{\frac{1}{2}}[H_2]^{\frac{1}{2}}}$$

$$(K'_c)^2 = \left(\frac{[HI]}{[I_2]^{\frac{1}{2}}[H_2]^{\frac{1}{2}}}\right)^2$$

$$= \frac{[HI]^2}{[I_2][H_2]}$$

$$= 51$$

所以 $K'_c = \sqrt{51} = 7.14$

答：K'_c 为 7.14。

2. 计算 $c(HAc) = 0.1mol/L$ 的醋酸溶液的 pH 值为多少（$K_a = 1.8 \times 10^{-5}$）？

解：

$$[H^+] = \sqrt{K_a c} = \sqrt{1.8 \times 10^{-5} \times 0.1}$$

$$= 1.34 \times 10^{-3}$$

$$pH = -lg[H^+] = -lg1.34 \times 10^{-3}$$

$$= 2.87$$

答： pH 值为 2.87。

3. 称取纯 NaCl0.1173g，溶于水后，加入 30.00mL AgNO$_3$ 溶液，用去 3.20mL NH$_4$SCN 溶液，滴定过量的 AgNO$_3$。已知滴定 20.00mLAgNO$_3$ 溶液用去 21.00mLNH$_4$SCN 溶液，试计算 AgNO$_3$ 的浓度及其对氯的滴定度？

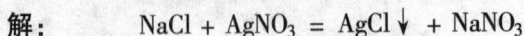

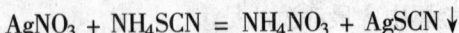

解：
$$NaCl + AgNO_3 = AgCl \downarrow + NaNO_3$$
$$AgNO_3 + NH_4SCN = NH_4NO_3 + AgSCN \downarrow$$

由于反应均以 1:1 进行，因此

$$20.00c(AgNO_3) = 21.00c(NH_4SCN)$$

$$\frac{0.1173}{58.44} \times 10^3 = 30.00c(AgNO_3) - 3.20 \times c(NH_4SCN)$$

$$= 30.00 \times c(AgNO_3) - 3.20 \times \frac{20.00}{21.00} \times c(AgNO_3)$$

解上述方程式得 $c(AgNO_3) = 0.07447$（mol/L）

$$T_{Cl^-/AgNO_3} = \frac{c(AgNO_3)M(Cl^-)}{1000} = \frac{0.07447 \times 35.45}{1000}$$

$$= 0.002640(g/mL)$$

答： AgNO$_3$ 的浓度及对氯的滴定度分别为 0.07447mol/L 和 0.002640g/mL。

4. 将 0.8312gAgCl 和 AgBr 的混合物加热并通入氯气使 AgBr 转化为 AgCl 后，混合物的质量变为 0.6682g，计算原试样中氯的百分含量。

解： 设混合物中 AgCl 为 xg，AgBr 为 $0.8312 - x$g，AgBr 转化为 AgCl 的量为 yg，则

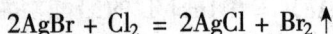

$$2AgBr + Cl_2 = 2AgCl + Br_2 \uparrow$$
$$2 \times 187.8 \qquad 2 \times 143.3$$
$$0.8312 - x \qquad y$$
$$2 \times 187.8 : 2 \times 143.3 = (0.8312 - x) : y$$
$$y = \frac{2 \times 143.3(0.8312 - x)}{2 \times 187.8}$$

依题意：$x + y = 0.6682$，即

$$x + \frac{143.3(0.8312 - x)}{187.8} = 0.6682$$

解之，得 $\qquad x = 0.1433$（g）

原试样中氯的百分含量为

$$Cl(\%) = \frac{\dfrac{0.1433}{143.3} \times 35.45}{0.8312} \times 100\%$$

$$= 4.265\%$$

答：原试样中氯的百分含量为 4.265%。

5. 现有铬铁矿样品 $0.5000g$，经处理后成为 $Cr_2O_7^{2-}$，加入 $2.780g$ 纯 $FeSO_4 \cdot 7H_2O$ 使之还原，剩余的亚铁需消耗 $10.00mL K_2Cr_2O_7$ 标准溶液（此溶液对 Fe_2O_3 的滴定度为 $0.01597g/mL$）。试计算样品中 Cr 的百分含量。

解：$\dfrac{m(FeSO_4 \cdot 7H_2O)}{M(FeSO_4 \cdot 7H_2O)} - c\left(\dfrac{1}{6}K_2Cr_2O_7\right) V(K_2Cr_2O_7)$

$$= \frac{m_{Cr}}{M\left(\dfrac{1}{3}Cr\right)}$$

由于 $\qquad c\left(\dfrac{1}{6}K_2Cr_2O_7\right) = \dfrac{T_{Fe_2O_3/K_2Cr_2O_7} \times 1000}{M\left(\dfrac{1}{2}Fe_2O_3\right)}$

$$= \frac{0.01597 \times 1000}{\dfrac{1}{2} \times 159.7}$$

$$= 0.2000(mol/L)$$

所以 $\dfrac{m(Cr)}{\dfrac{1}{3} \times 52.00} = \dfrac{2.780}{278.0} - 0.2000 \times 10.00 \times 10^{-3}$

$$m(Cr) = 0.1387(g)$$

$$Cr(\%) = \frac{0.1387}{0.5000} \times 100\%$$

$$= 27.74\%$$

答：样品中 Cr 的百分含量为 27.74%。

6. 用 $KMnO_4$ 法测定工业硫酸亚铁的纯度，称样量为 1.3545g，溶解后在酸性条件下，用浓度为 $c\left(\dfrac{1}{5}KMnO_4\right) = 0.0999\text{mol/L}$ 的 $KMnO_4$ 溶液滴定，消耗 46.92mL，计算工业样品中 $FeSO_4\cdot7H_2O$ 的百分含量。

解：$FeSO_4\cdot7H_2O(\%)$

$$= \frac{c\left(\dfrac{1}{5}KMnO_4\right)VM(FeSO_4\cdot7H_2O)}{m} \times 100\%$$

$$= \frac{0.0999 \times 46.92 \times 278.0}{1.3545} \times 100\%$$

$$= 96.24\%$$

答：样品中 $FeSO_4\cdot7H_2O$ 的百分含量为 96.24%。

7. 称取纯 $CaCO_3$ 0.5405g，用 HCl 溶解后在容量瓶中配成 250mL 溶液。吸取比溶液 25.00mL，以紫脲酸铵作指示剂，用去 20.50mL 的 EDTA 溶液，计算 EDTA 溶液的物质的量浓度及 $T_{CaO/EDTA}$。

解：$CaCO_3 + 2HCl = CaCl_2 + CO_2 + H_2O$

$$Ca^{2+} + H_2Y^{2-} = CaY^{2-} + 2H^+$$

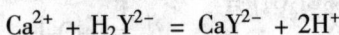

$$\frac{25.00}{250} \times \frac{m_{(CaCO_3)}}{M(CaCO_3)} = c(EDTA)V$$

即

$$\frac{25.00}{250} \times \frac{0.5405}{100.1} = c(EDTA) \times 20.50 \times 10^{-3}$$

$$c(EDTA) = 0.02634(\text{mol/L})$$

$$c(EDTA) = \frac{T_{CaO/EDTA} \times 1000}{M\,CaO}$$

$$T_{CaO/EDTA} = \frac{c(EDTA)M(CaO)}{1000}$$

$$= \frac{0.02634 \times 56.08}{1000}$$

$$= 0.001477(g/mL)$$

答：EDTA 溶液的物质量浓度及其对 CaO 的滴定度分别为 0.02634mol/L 和 0.001477g/mL。

8. 将含磷的样品 0.1000g 处理成溶液，并把磷沉淀为 $MgNH_4PO_4 \cdot 6H_2O$。将沉淀过滤洗涤后再溶解，调节溶液 pH 值 = 10，以铬黑 T 为指示剂，用 c（EDTA）= 0.01000mol/L 的 EDTA 溶液 20.00mL 滴定至终点。计算样品中以磷表示的百分含量和以 P_2O_5 表示的百分含量。

解： $1EDTA \rightarrow 1Mg^{2+} \rightarrow 1P$

$$m_{(P)} = c(EDTA)VM(P)$$

$$P(\%) = \frac{c(EDTA)VM(P)}{m_P} \times 100\%$$

$$= \frac{0.01000 \times 20.00 \times 10^{-3} \times 30.97}{0.1000} \times 100\%$$

$$= 6.194\%$$

$$P_2O_5(\%) = P(\%) \times \frac{M(P_2O_5)}{2M(P)}$$

$$= 6.194\% \times \frac{142.0}{2 \times 30.97}$$

$$= 14.2\%$$

答：样品中以磷表示的百分含量及以 P_2O_5 表示的百分含量为 6.194% 和 14.2%。

9. 有一磷酸钠样品，其中含有磷酸氢二钠。取 1.010g 样品，用酚酞作指示剂滴定时用去 c（HCl）= 0.3000mol/L 的 HCl 溶液 18.02mL，再加甲基橙滴定时又用去 HCl 溶液 19.50mL，计算样品中 Na_3PO_4 和 Na_2HPO_4 的百分含量。

解：

$$Na_3PO_4(\%) = \frac{c(HCl)V(HCl)M(Na_3PO_4)}{m} \times 100\%$$

$$= \frac{0.3000 \times 18.02 \times 163.9 \times 10^{-3}}{1.010} \times 100\%$$

$$= 87.73\%$$

$$Na_2HPO_4(\%) = \frac{0.3000 \times (19.50 - 18.02) \times 141.9 \times 10^{-3}}{1.010}$$

$$\times 100\% = 6.24\%$$

答：样品中 Na_3PO_4 和 Na_2HPO_4 的百分含量分别为 87.73% 和 6.24%。

10. 将 46.32g 纯 KOH 和 27.64g 纯的 NaOH 混合，溶于水后，在容量瓶中稀释成 1L，若要中和此碱液 50.00mL，问需 c（HCl）=1.022mol/L 的 HCl 溶液多少 mL?

解：设需 HCl 溶液 V（mL），则

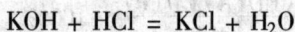

$$NaOH + HCl = NaCl + H_2O$$

$$KOH + HCl = KCl + H_2O$$

$$\left(\frac{46.32}{56.11} + \frac{27.64}{40.00}\right) \times \frac{50.0}{1000} = 1.022 \times 10^{-3} V$$

解之，得 $\qquad V = 74.19$ （mL）

答：需 HCl 溶液 74.19mL。

11. 有 7.6521g 硫酸样品，在容量瓶中稀释成 250.0mL。移取 25.00mL，滴定时用去 20.00mL c（NaOH）= 0.7500mol/L 的 NaOH 溶液。计算样品中硫酸的百分含量。

解：$2NaOH + H_2SO_4 = Na_2SO_4 + 2H_2O$

$$c\left(\frac{1}{2}H_2SO_4\right) V(H_2SO_4) = c(NaOH) V$$

即 $\qquad c\left(\frac{1}{2}H_2SO_4\right) \times 25.00 = 0.7500 \times 20.00$

$$c\left(\frac{1}{2}H_2SO_4\right) = 0.6000(mol/L)$$

$$H_2SO_4(\%) = \frac{c\left(\frac{1}{2}H_2SO_4\right) V(H_2SO_4) M\left(\frac{1}{2}H_2SO_4\right)}{m}$$

$$\times 100\%$$

$$= \frac{0.6000 \times 250.0 \times 10^{-3} \times \frac{1}{2} \times 98.07}{7.6521} \times 100\%$$

$$= 96.12\%$$

答：样品中硫酸的百分含量为 96.12%。

12. 有石灰石样品 0.3000g，加入 25.00mL 浓度为 $c(\text{HCl})$ = 0.2500mol/L 的 HCl 溶液，煮沸除去 CO_2 后，用 $c(\text{NaOH})$ = 0.2000mol/L 的 NaOH 回滴，用去 5.84mL，求样品中 $CaCO_3$ 的百分含量及折算成 CaO 的百分含量。

解：
$$\frac{m_{CaCO_3}}{M\left(\frac{1}{2}CaCO_3\right)} = c(\text{HCl})V(\text{HCl})$$

$$- c(\text{NaOH})V(\text{NaOH})$$

即
$$\frac{m_{(CaCO_3)}}{\frac{1}{2} \times 100.1} = 0.2500 \times 25.00 \times 10^{-3}$$

$$- 0.2000 \times 5.84 \times 10^{-3}$$

$$m_{(CaCO_3)} = 0.2544(\text{g})$$

$$CaCO_3(\%) = \frac{0.2544}{0.3000} \times 100\%$$

$$= 84.80\%$$

$$CaO(\%) = CaCO_3(\%) \times \frac{M(\text{CaO})}{M(\text{CaCO}_3)}$$

$$= 84.80\% \times \frac{56.08}{100.1}$$

$$= 47.51\%$$

答：样品中 $CaCO_3$ 的百分含量及折算成 CaO 的百分含量分别为 84.80% 和 47.51%。

13. 应在 100.0mL 浓度为 $c(\text{NaOH})$ = 0.0800mol/L 的 NaOH 溶液中加入多少毫升浓度为 $c'(\text{NaOH})$ = 0.5000mol/L 的 NaOH 溶液才能使最后得到的溶液浓度为 $c''(\text{NaOH})$ = 0.200mol/L

（假设混合过程中容积的收缩和膨胀可以不计）？

解：设需加 VmLNaOH 溶液，则

$$100.0 \times 0.0800 + 0.5000 \times V = (100.0 + V) \times 0.200$$

解之，得 $V = 40.0$（mL）

答：应加入 NaOH 溶液 40.0mL。

14.将含铬的催化剂样品 1.000g 氧化成 $Cr_2O_7^{2-}$ 后，加入浓度为 $c(FeSO_4) = 0.1000$mol/L 的 $FeSO_4$25.00mL，然后用浓度为 $c\left(\frac{1}{5}KMnO_4\right) = 0.0900$mol/L 的 $KMnO_4$ 标准溶液 7.00mL 回滴过量的 $FeSO_4$，计算催化剂中铬的百分含量。

解：

$$2Cr \rightarrow Cr_2O_7^{2-} \rightarrow 6e$$

$$\frac{m}{M\left(\frac{1}{3}Cr\right)} = c(FeSO_4)V(FeSO_4)$$

$$- c\left(\frac{1}{5}KMnO_4\right)V(KMnO_4)$$

$$\frac{m}{\frac{1}{3} \times 52.00} = 0.1000 \times 25.00 \times 10^{-3}$$

$$- 0.0900 \times 7.00 \times 10^{-3}$$

$$m = 0.0324(g)$$

$$Cr(\%) = \frac{0.0324}{1.000} \times 100\%$$

$$= 3.24\%$$

答：催化剂中铬的百分含量为 3.24%。

15.仅含 Fe 和 Fe_2O_3 的试样 0.2250g，溶解后将 Fe^{3+} 还原为 Fe^{2+}，用浓度为 $c\left(\frac{1}{5}KMnO_4\right) = 0.0991$mol/L 的 $KMnO_4$ 滴定用去 37.50mL，计算试样中 Fe 及 Fe_2O_3 的百分含量。

解：设样品中 Fe 的质量为 x（g），则

$$Fe \rightarrow Fe^{2+} \rightarrow e; Fe_2O_3 \rightarrow 2Fe^{2+} \rightarrow 2e$$

$$\frac{m_{(Fe)}}{M(Fe)} + \frac{m_{(Fe_2O_3)}}{M\left(\frac{1}{2}Fe_2O_3\right)} = c\left(\frac{1}{5}KMnO_4\right)V(KMnO_4)$$

即　$\dfrac{x}{55.85} + \dfrac{0.2250 - x}{\frac{1}{2} \times 159.7} = 0.0991 \times 37.50 \times 10^{-3}$

解上述方程式得

$$x = 0.1667(g)$$

$$Fe(\%) = \frac{0.1667}{0.2250} \times 100\%$$

$$= 74.09\%$$

$$Fe_2O_3(\%) = 1 - 74.09\%$$

$$= 25.91\%$$

答：试样中 Fe 及 Fe_2O_3 的百分含量分别为 74.09% 和 25.91%。

16. 今有不纯的 KI 试样 0.3500g，在 H_2SO_4 溶液中加入 K_2CrO_4 0.1942g 处理，煮沸驱出生成的 I_2，然后加入过量的 KI，使之与剩余的 K_2CrO_4 反应，析出的 I_2 用 $c(Na_2S_2O_3) = 0.1000mol/L$ 的 $Na_2S_2O_3$ 溶液滴定，用去 10.00mL，试计算 KI 的百分含量。

解：设生成了 $x$mol 的 I_2。

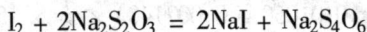

$$I_2 + 2Na_2S_2O_3 = 2NaI + Na_2S_4O_6$$

1　　　2

x　　$0.1000 \times 10.00 \times 10^{-3}$

$$x = \frac{1}{2} \times 0.1000 \times 10.00 \times 10^{-3}$$

$$= 5.000 \times 10^{-4}(mol)$$

设有 yg 剩余的 K_2CrO_4 与 KI 反应。

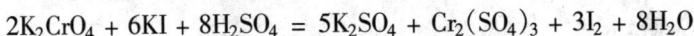

$$2K_2CrO_4 + 6KI + 8H_2SO_4 = 5K_2SO_4 + Cr_2(SO_4)_3 + 3I_2 + 8H_2O$$

2×194.2　　　　　　　　　　　　　　　　　　3

y　　　　　　　　　　　　　　　　　　　5.000×10^{-4}

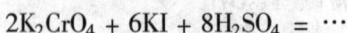

$$2 \times 194.2 : 3 = y : 5.000 \times 10^{-4}$$
$$y = 0.06473(g)$$
$$2K_2CrO_4 + 6KI + 8H_2SO_4 = \cdots$$
$$2 \times 194.2 \quad 6 \times 166.0$$
$$(0.1942 - 0.06473) m_{(KI)}$$
$$m_{(KI)} = (0.1942 - 0.06473) \times 6 \times 166.0/2 \times 194.2$$
$$= 0.3321(g)$$
$$KI(\%) = \frac{0.3321}{0.3500} \times 100\%$$
$$= 94.88\%$$

答：KI 的百分含量为 94.88%。

17. 溶解 0.5000g 不纯的氯化锶样品后，加入纯 $AgNO_3$ 1.7840g，回滴过剩 $AgNO_3$ 时用去浓度为 0.2800mol/L 的 KSCN 溶液 25.50mL。计算样品中 $SrCl_2$ 的百分含量。

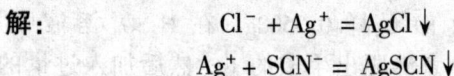

解：
$$Cl^- + Ag^+ = AgCl \downarrow$$
$$Ag^+ + SCN^- = AgSCN \downarrow$$

加入 $AgNO_3$ 的量为 $\dfrac{1.7840}{169.9} = 0.01050$（mol）

反滴定用去 KSCN 的量为
$$0.2800 \times 25.50 \times 10^{-3} = 0.007140(mol)$$

$$SrCl_2(\%) = \frac{(0.01050 - 0.007140) \times \dfrac{1}{2} \times 158.5}{0.5000} \times 100\%$$
$$= 53.26\%$$

答：样品中 $SrCl_2$ 的百分含量为 53.26%。

18. 一般分光光度计读数有两种刻度，一个是百分透光度（T），另一个是吸光度（A），问当 T 为 0、50%、100% 时相应的吸光度（A）的数值是多少？

解： $A = -\lg T$

当 $T = 0$ 时，$A = \infty$；

当 $T = 50\%$ 时，$A = -\lg 0.5 = 0.30$；

当 $T=100\%$ 时，$A=-\lg1=0$。

答：当 T 为 0.50%、100% 时相应的吸光度值分别为 ∞、0.30、0。

19. 称取 1.000g 干燥阴离子交换树脂，放入干燥的锥形瓶中，加入 0.1242mol/L 的 HCl 溶液 200.0mL，密闭放置过夜，移取上层清液 50.00mL，加入甲基橙指示剂，用 0.1010mol/L 的 NaOH 溶液滴定至溶液呈橙红色、用去 48.00mL，求该树脂交换容量是多少？

解： 依题意，树脂的交换容量 Q 计算如下

$$Q=\frac{(200.0\times0.1242)-(0.1010\times48.00)\times\dfrac{200.0}{50.00}}{1.000}$$

$$=5.448(\text{mmol/L})$$

答：试树脂的交换容量为 5.448mmol/L。

20. 现有氢氧化钠样品 0.4500g，溶解后，用浓度为 0.2500mol/L 的 HCl 溶液滴定用去 42.40mL，计算样品中氢氧化钠的百分含量。

解： 设样品中有氢氧化钠为 x （g），则

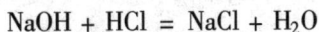

$$\text{NaOH}+\text{HCl}=\text{NaCl}+\text{H}_2\text{O}$$

$$40.00\qquad\quad 1$$

$$x\qquad 0.2500\times42.20\times10^{-3}$$

$$x=40.00\times0.2500\times42.40\times10^{-3}$$

$$=0.4240(\text{g})$$

$$\text{NaOH}(\%)=\frac{0.4240}{0.4500}\times100\%$$

$$=94.22\%$$

答：样品中氢氧化钠的百分含量为 94.22%。

21. 硝酸银标准溶液 1000mL，滴定度为 $T_{\text{Cl}^-/\text{AgNO}_3}=0.9800\text{mg/mL}$，欲调整其滴定度为 $T_{\text{Cl}^-/\text{AgNO}_3}=1.000\text{mg/mL}$，问需加入纯的 AgNO_3 多少克？

解：设需加入 $AgNO_3 m$（mg），则

$$\frac{T_{Cl^-/AgNO_3} \times 1000}{M(Cl^-)} + \frac{m}{M(AgNO_3)} = \frac{T'_{Cl^-/AgNO_3} \times 1000}{M(Cl^-)}$$

$$\frac{0.9800 \times 1000}{35.45} + \frac{m}{169.9} = \frac{1.000 \times 1000}{35.45}$$

$$m = 95.85(mg)$$

$$= 9.585 \times 10^{-2}(g)$$

答：需加入纯的 $AgNO_3 9.585 \times 10^{-2} g$。

22. 称取 20g 氯化铵溶于 500mL 高纯水中，加入 150mL 浓氨水 $c(NH_3) = 150mol/L$，用高纯水稀释至 1L，混匀。求其溶液的 pH 值（已知 $K_b = 1.8 \times 10^{-5}$）。

解：上述溶液为缓冲溶液，则

$$c_a = \frac{c(NH_3)V(NH_3)}{V} = \frac{15 \times 150 \times 10^{-3}}{1}$$

$$= 2.25(mol/L)$$

$$c_s = \frac{m(NH_4Cl)}{VM(NH_4Cl)} = \frac{20}{1 \times 53.5} = 0.37(mol/L)$$

$$pH = 14 - pK_b + lg\frac{c_a}{c_s}$$

$$= 14 - (-lg1.8 \times 10^{-5}) + lg\frac{2.25}{0.37}$$

$$= 10.04$$

答：其溶液的 pH 值为 10.04。

23. 某水质分析报告中 $\rho(HCO_3^-) = 135mg/L$，$\rho(CO_2) = 3.61mg/L$，$pH = 7.90$，试校核此水的 pH 值。

解：
$$pH = 6.37 + lg\frac{\rho(HCO_3^-)}{M(HCO_3^-)} - lg\frac{\rho(CO_2)}{M(CO_2)}$$

$$= 6.37 + lg\frac{135}{61} \times 10^{-3} - lg\frac{3.61}{44} \times 10^{-3}$$

$$= 7.80$$

$$\Delta pH = 7.90 - 7.80 = 0.10 < 0.2$$

答： 此水的 pH 值的测试合格。

24. 配制 $c(1/5KMnO_4) = 0.1mol/L$ 的 $KMnO_4$ 溶液 700mL，应称取 $KMnO_4$ 固体多少克？若以 $H_2C_2O_4 \cdot 2H_2O$ 为基准物用称量法标定，每份应称取多少克的 $H_2C_2O_4 \cdot 2H_2O$?

解： 设应称取 $KMnO_4$ 固体 m（g），则

$$m = c(1/5KMnO_4)\, VM(1/5KMnO_4)$$

$$= 0.1 \times \frac{700}{1000} \times \frac{1}{5} \times 158$$

$$= 2.21(g)$$

设每份应称取 $H_2C_2O_4 \cdot 2H_2O\, x$（g），每次滴定消耗 $KMnO_4$ 溶液 30mL，则

$$2KMnO_4 + 5H_2C_2O_4 \cdot 2H_2O + 3H_2SO_4$$

$$= K_2SO_4 + 2MnSO_4 + 10CO_2 + 18H_2O$$

$$x = c(1/5KMnO_4)\, V(KMnO_4)\, M(1/2H_2C_2O_4 \cdot 2H_2O)$$

$$= 0.1 \times 30 \times 10^{-3} \times \frac{1}{2} \times 126.1$$

$$= 0.19(g)$$

答： 每份应称取 0.19g 的 $H_2C_2O_4 \cdot 2H_2O$。

25. 用有效数字计算规则计算下式

$$\frac{3.10 \times 21.14 \times 5.10}{0.0011205}$$

解：

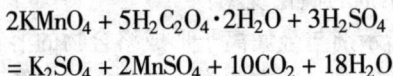

$$原式 = \frac{3.10 \times 21.1 \times 5.10}{0.00112}$$

$$= \frac{6.541 \times 5.10}{0.00112}$$

$$= \frac{33.36}{0.00112}$$

$$= 2.98 \times 10^5$$

五、问答题

1. 什么叫空白试验？作空白试验有何意义？

答： 空白试验就是在不加样品的情况下，按样品分析的操作条件和步骤进行分析的试验，所得结果称为空白值。

做空白试验，可以消除由试剂和器皿带进杂质所造成的系统误差。

2. 基准物质应具备哪些条件?

答：基准物质应具备以下条件：

(1) 纯度较高，杂质含量少到可以忽略不计。

(2) 组成与化学式相符（包括结晶水）。

(3) 在一般条件下稳定，不易吸潮、不吸收 CO_2、不风化失水、不易被空气氧化等。

(4) 使用时易溶解。

(5) 具有较大的摩尔质量。

3. 何谓指示剂的僵化现象?

答：有些指示剂与金属离子形成络合物的溶解度很小，使终点的颜色变化不明显。还有些指示剂与金属离子形成络合物的稳定性只稍差于该金属离子与 EDTA 形成络合物的稳定性，以致 EDTA 与金属离子生成络合物的反应缓慢而使终点拖长，这类现象叫做指示剂的僵化现象。

4. 影响化学反应速度的因素有哪些?

答：影响化学反应速度的因素如下：

(1) 浓度对化学反应速度的影响。反应速度随着反应物浓度的增大而加快。

(2) 压力对反应速度的影响。压力增大反应向体积减小的方向进行。

(3) 温度对反应速度的影响。温度升高，反应速度加快。

(4) 催化剂对反应速度的影响。在反应过程中加入催化剂，也可以改变反应速度。

此外，反应物颗粒的大小、溶剂的种类、扩散速度、放射线和电磁波等也能影响化学反应速度。

5. 用 $Na_2C_2O_4$ 作基准物质标定 $KMnO_4$ 标准溶液时，应注意什么?

答：用 $Na_2C_2O_4$ 作为基准物质标定 $KMnO_4$ 标准溶液时，应注意以下几点：

(1) 温度应不低于 $60℃$，不高于 $90℃$。因为高于 $90℃$ 时，$H_2C_2O_4$ 分解；低于 $60℃$ 时，反应速度太慢，不适合滴定。

(2) 控制合适的酸度。酸度太高，会促使 $H_2C_2O_4$ 分解，酸度太低，反应速度减慢，甚至生成 MnO_2。

(3) 滴定速度开始慢，随着 Mn^{2+} 含量的增加，滴定速度可以加快。

(4) 应使用棕色的酸式滴定管装高锰酸钾标准溶液，并以溶液出现淡粉红色 30s 不退色为终点。

6. 怎样配制 $Na_2S_2O_3$ 标准溶液？

答：具体配制方法如下：

(1) 使用煮沸并冷却的蒸馏水，以除去水中的 CO_2 及微生物。

(2) 配得的溶液中，加入少量碳酸钠以调整溶液的 pH 值。

(3) 溶液装于棕色瓶中储存。

(4) 放置 8~10 天后再标定。

若发现 $Na_2S_2O_3$ 溶液浑浊时，应重新配制。

7. 重量分析法对沉淀式的要求有哪些？

答：(1) 沉淀的溶解度必须很小，只有这样，被测组分才能沉淀完全；

(2) 沉淀应易于过滤和洗涤，以保证沉淀的纯净和节省过滤时间。

(3) 沉淀吸附杂质少，以便于洗涤和减少杂质带来的误差。

(4) 沉淀式容易转化为称量式。

8. 非晶形沉淀的沉淀条件是什么？

答：非晶形沉淀的沉淀条件如下：

(1) 勤搅拌，向浓溶液中快速地加入沉淀剂。

(2) 在热溶液中进行沉淀，以减少沉淀吸附的杂质和减小水化程度。

(3) 加入电解质，防止胶体生成。

（4）沉淀完全后，用热水稀释，以减少沉淀对杂质的吸附。

（5）趁热过滤，不需陈化。

9. 洗涤沉淀用的洗涤液应符合什么条件？洗涤的目的是什么？

答： 洗涤沉淀的目的是为了除去混杂在沉淀中的母液和吸附在沉淀表面上的杂质。

洗涤液应具备以下几个条件：

（1）易溶解杂质，但不易溶解沉淀。

（2）对沉淀无水解或胶溶作用。

（3）烘干或灼烧沉淀时，易挥发而除掉。

（4）不影响滤液的测定。

10. 如何洗涤玻璃仪器？

答： 洗涤玻璃仪器的方法有以下几种：

（1）用水刷洗。用水冲去可溶性物质及刷去表面黏附的灰尘。

（2）用去污粉、肥皂或合成洗涤剂刷洗。去污粉是由碳酸钠、白土、细砂等混合制成的。由于它损害玻璃，所以滴定管等仪器不能用去污粉刷洗。

（3）用强氧化剂清洗。若仪器污染严重，应使用铬酸洗涤液或氢氧化钠的高锰酸钾洗涤液浸泡后，再用水冲洗。洗净的仪器倒置时，水流出后器壁上应不挂水珠。

11. 如何制备 EDTA 标准溶液？

答： 制备 EDTA 标准溶液应采用标定法，以制备 c（1/2EDTA）= 0.04mol/L 为例：

（1）配制。称取 8gEDTA 溶于 1L 高纯水中摇匀。

（2）标定。用基准氧化锌标定，反应如下

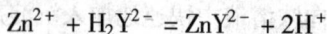

$$Zn^{2+} + H_2Y^{2-} = ZnY^{2-} + 2H^+$$

称取 0.4g（称准至 0.1mg）于 800℃灼烧至恒重的基准氧化锌，用盐酸溶解后，溶于 250mL 的容量瓶，稀释至刻度，摇匀，取上述溶液 20.00mL，加 80mL 除盐水，用 10%氨水中和至 pH 值为

$7 \sim 8$，加 5mL 氨–氯化铵缓冲溶液（pH = 10），加 5 滴 0.5% 铬黑 T 指示剂，用待标定的 0.04mol/L EDTA 溶液滴定至纯蓝色。

EDTA 标准溶液浓度按下式计算

$$c\left(\frac{1}{2}\text{EDTA}\right) = \frac{m_{\text{ZnO}}}{V \times 0.08138} \times \frac{20}{250} \times 2$$

式中　m_{ZnO}——氧化锌的质量，g；

　　　V——滴定时消耗 EDTA 的体积，mL；

　0.08138——每毫摩尔氧化锌的质量，g。

12. 如何鉴别 NaOH 标准溶液中已吸入 CO_2？

答： NaOH 标准溶液的放置时间不宜过长，最好每周标定一次，如发现已吸入 CO_2，须重新配制。鉴别 NaOH 标准溶液是否吸入 CO_2 的方法是：取一支清洁试管，加入 1/5 体积的 0.25mol/L 氯化钡溶液，加热至沸腾，将碱液注入其上部，盖上塞子，混匀，待 10min 后观察，若溶液呈混浊或有沉淀时，则说明 NaOH 标准溶液中已进入 CO_2。

13. 如何配制铬酸洗涤液及氢氧化钠的高锰酸钾洗涤液？

答： 铬酸洗涤液的配制：在台称上称取研细的重铬酸钾 5g 置于 250mL 烧杯内，加水 10mL 加热至其溶解，冷却后，再慢慢地加入 80mL 粗浓硫酸，边加边搅拌，配好的洗液应为深褐色。

氢氧化钠的高锰酸钾洗涤液的配制：在台称上称取高锰酸钾 4g 溶于少量水中，向该溶液中慢慢加入 100mL10% 氢氧化钠即成。

14. 举例说明化学反应的主要类型。

答：（1）酸碱中和反应，例如

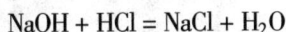

$$\text{NaOH} + \text{HCl} = \text{NaCl} + \text{H}_2\text{O}$$

（2）沉淀反应，例如

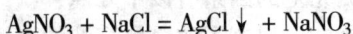

$$\text{AgNO}_3 + \text{NaCl} = \text{AgCl}\downarrow + \text{NaNO}_3$$

（3）氧化—还原反应，例如：

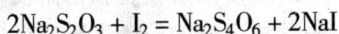

$$2\text{Na}_2\text{S}_2\text{O}_3 + \text{I}_2 = \text{Na}_2\text{S}_4\text{O}_6 + 2\text{NaI}$$

（4）络合反应，例如

$$CuSO_4 + 4NH_3 = [Cu(NH_3)_4]SO_4$$

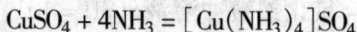

15. 影响电导率测定的因素有哪些?

答: 影响电导率测定的因素如下:

(1) 温度对溶液电导率的影响。温度升高,离子热运动速度加快,电导率增大。

(2) 电导池电极极化对电导率测定的影响。在电导率测定过程中要发生电极极化,从而引起误差。

(3) 电极系统的电容对电导率测定的影响。

(4) 样品中可溶性气体对溶液电导率测定的影响。

16. 什么叫碱度? 碱度测定的原理是什么?

答: 水的碱度是指水中含有能接受氢离子的物质的浓度,如水中碳酸根、氢氧根、亚硫酸根的含量等。碱度分为酚酞碱度和全碱度两种。酚酞碱度是以酚酞为指示剂测出水样消耗酸的量。全碱度是以甲基橙为指示剂测出水样消耗酸的量。当碱度小于0.5mmol/L时,全碱度宜以甲基红—亚甲基蓝作为指示剂。

17. 试述重铬酸钾快速法测定化学耗氧量的原理。

答: 所谓化学耗氧量是指水中有机物与强氧化剂作用时,消耗强氧化剂换算成氧的量。采用重铬酸钾快速法时,为缩短回流时间,提高了水样的酸度,并用 Ag^+ 作催化剂,同时加入了硝酸银和硝酸铋,以掩蔽水中氯离子对测定的干扰,反应如下

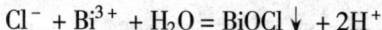

$$Cl^- + Ag^+ = AgCl \downarrow$$
$$Cl^- + Bi^{3+} + H_2O = BiOCl \downarrow + 2H^+$$

测定中采用反滴定法,用硫酸亚铁铵滴定过量的重铬酸钾,以试亚铁灵为指示剂。

18. 影响沉淀完全的因素有哪些?

答: 影响沉淀完全的因素有以下几点:

(1) 同离子效应。同离子效应使沉淀的溶解度降低。

(2) 盐效应。盐效应使难溶化合物溶解度增大。

(3) 酸效应。弱酸盐沉淀的溶解度随酸度的增加而增大。

(4) 络合效应。

除以上所述外，温度、溶剂、沉淀结构及颗粒大小也会影响沉淀的溶解度。

19．制备 $KMnO_4$ 标准溶液应采取哪些措施？

答：为使 $KMnO_4$ 标准溶液的浓度稳定，应采取下列步骤：

（1）称取稍多于理论用量的固体 $KMnO_4$。

（2）使用煮沸过并冷却了的蒸馏水，以除去水中的还原性杂质。

（3）将配得的溶液放置暗处 7～10 天，用 G4 玻璃过滤器除去生成的 MnO_2。

（4）滤好的 $KMnO_4$ 溶液，装于棕色瓶中，并放在暗处保存。

20．在烘干、灰化、灼烧沉淀时，应注意什么？

答：在将沉淀包入滤纸时，注意勿使沉淀丢失。灰化时，要防止滤纸着火，防止温度上升过快。灼烧时，应在指定温度下于高温炉中进行，坩埚与坩埚盖须留一孔隙。坩埚在干燥器内不允许与干燥剂接触。

21．怎样采集具有代表性的垢和腐蚀产物试样？

答：在一般情况下，垢和腐蚀产物试样是在热力设备检修或停机时，以人工刮取或割管后刮取的方法获得的。为了获得有代表性的试样，采集试样时应遵守如下规定：

（1）在确定取样部位的基础上，若热负荷相同，则可在对称部位取样，或多点采集等量的单个试样，混合成平均样。但对同一部位，若垢和腐蚀产物的颜色、坚硬程度明显不同，则应分别采集单个试样。

（2）在条件允许的情况下，采集试样的质量应大于 4g，对于呈片状、块状等不均匀的试样，更应多取试样，一般所取试样的质量应大于 10g。

（3）采集不同的热力设备中的试样时，应使用不同的采样工具。

（4）割管采样时，若试样不易刮取，可采用挤压采样法。

（5）刮取的试样，应装入专用的广口瓶中存放，并贴上标签，标签上注明设备名称、设备编号、取样部位和取样日期。

22. 什么叫同离子效应和盐效应？

答： 同离子效应是指在难溶化合物的饱和溶液中，加入含有相同离子的强电解质时，难溶化合物的溶解度降低的现象。

盐效应是指在难溶化合物的饱和溶液中，加入非相同离子的强电解质时，难溶化合物的溶解度增大的现象。

23. 不用其他化学试剂试鉴别下列四种白色晶体：$NaNO_3$、$NaCl$、Na_2S、$AgNO_3$。

答： 用洁净试管取上述四种晶体少许，加热，并用带火星的木条放于试管口，能使带火星的木条燃烧而本身晶体变黑的为 $AgNO_3$，反应如下

$$AgNO_3 \stackrel{\triangle}{=\!=} 2Ag + 2NO_2 + O_2 \uparrow$$

能使木条燃烧的另一晶体为 $NaNO_3$；反应如下

$$2NaNO_3 \stackrel{\triangle}{=\!=} 2NaNO_2 + O_2 \uparrow$$

将剩余的两种晶体制成溶液，加入 $AgNO_3$ 晶体，生成白色沉淀的晶体为 $NaCl$，生成黑色沉淀的为 Na_2S，反应如下

$$NaCl + AgNO_3 = AgCl \downarrow_{(白色)} + NaNO_3$$

$$Na_2S + 2AgNO_3 = 2NaNO_3 + Ag_2S \downarrow_{(黑色)}$$

24. 为什么烧碱中常含有 Na_2CO_3，怎样才能分别测出两者的含量？

答： 烧碱（NaOH）易吸潮，吸潮后的碱固体表面形成溶液并吸收空气中的 CO_2，生成 Na_2CO_3，反应如下

$$2NaOH + CO_2 = Na_2CO_3 + H_2O$$

所以烧碱中常含有 Na_2CO_3。

其组分测定可以用双指示剂法，即取一定量的碱样，溶于水后，以酚酞为指示剂，用酸标准溶液滴定溶液至恰为无色，再以甲基橙为指示剂滴定至橙色，记录两次所消耗酸的体积，则

$$NaOH(\%) = \frac{c(HCl)(V_1 - V_2) \times \dfrac{40.00}{1000}}{m} \times 100\%$$

$$Na_2CO_3(\%) = \frac{c(HCl)V_2 \times \frac{106.0}{1000}}{m} \times 100\%$$

式中　$c(HCl)$——盐酸标准溶液的浓度，mol/L；

　　　　V_1——酚酞终点耗酸的体积，mL；

　　　　V_2——甲基橙终点耗酸体积（不包括 V_1），mL；

　　　　m——样品的质量，g。

25. 什么叫缓冲溶液？为什么缓冲溶液能稳定溶液的 pH 值？

答：缓冲溶液是一种对溶液的酸度起稳定作用的溶液，即这种溶液能调节和控制溶液的 pH 值，其 pH 值不因加入或产生少量酸、碱，也不因稀释而发生显著地变化。

如测硬度时，使用 $NH_3 \cdot H_2O - NH_4Cl$ 缓冲溶液，当溶液中产生少量 H^+ 时，$H^+ + OH^- \rightleftharpoons H_2O$，使溶液中 $[OH^-]$ 减少，$NH_3 \cdot H_2O \rightleftharpoons NH_4^+ + OH^-$ 的反应向右进行，溶液中 OH^- 的含量不会显著地发生变化。当溶液中产生少量 OH^- 时，$OH^- + NH_4^+ \rightleftharpoons NH_3 \cdot H_2O$ 的反应向右进行，使溶液中 OH^- 的含量不会显著地增加。当溶液被少量地稀释时，浓度虽减少，但电离度增加，pH 值亦不会发生显著变化。所以缓冲溶液能够起到稳定溶液 pH 值的作用。

第三节　高　级　工

一、填空题

1. 在重量分析中，使被测组分与其他组分分离的方法一般采用　①　法和　②　法。

答：①沉淀；②汽化。

2. 电对的电极电位可以说明氧化—还原反应的　①　和反应的　②　。

答：①反应方向；②进行程度。

3. 诱导作用是指一些本来很慢的反应，能被进行着的另一反应所_____的现象。

答：加快。

4. 摩尔吸光系数是有色化合物的最重要特性。它与__①__、__②__和温度等因素有关。

答：①入射光的波长；②溶液性质。

5. 双光路比色计主要特点是克服了__①__的不稳定性。

答：①光源。

6. 用直接电导法测定水的纯度时，水的电导率越__①__，含盐量越__②__，水的纯度越高。

答：①小；②低。

7. 以测定电极电位为基础的分析方法称为__①__法。

答：①电位分析。

8. 电极的零电位 pH 值是指测量电池的电动势为__①__时溶液的 pH 值。

答：①0。

9. pHS－2 型酸度计表头指示只有两个 pH 变化，这是为了提高显示的__①__。

答：①精密度。

10. DD－03 型阳床失效监督仪是采用__①__测电阻的原理设计的。

答：①平衡电桥。

11. 在分光光度计中，采用棱镜或光栅与其他元件共同构成__①__，可以得到较好的__②__光。

答：①单色光器；②单色。

12. 差示分光光度测量可以提高成分分析的__①__。

答：①准确度。

13. 酸碱指示剂变色的内因是__①__的变化，外因是__②__的变化。

答：①指示剂本身结构；②溶液 pH 值。

14. 酸碱指示剂本身也是一种__①__或__②__，其共轭酸碱对具有不同的结构，且___③___不同。

答：①弱有机酸；②弱有机碱；③颜色。

15. 由于氢离子的存在，使配位体 Y^{4-} 参加主反应能力降低的现象称为_____。

答：酸效应。

16. 金属指示剂也是一种___①___，它能与金属离子形成___②___的络合物，其颜色与游离颜色明显的不同。

答：①络合剂；②有色。

17. 利用掩蔽剂来降低干扰离子，使之不与___①___或___②___络合的方法称为掩蔽法。

答：①EDTA；②指示剂。

18. 标定硝酸银标准溶液常采用的基准物质为___①___，所选用的指示剂为___②___。

答：①NaCl；②$K_2C_rO_4$。

19. 影响化学平衡的因素包括___①___、___②___、___③___。

答：①浓度；②压力；③温度。

20. 浓硫酸具有___①___性、___②___性、___③___性。

答：①吸水；②脱水；③氧化。

21. 过氧化氢中的氧的价数为 -1，故过氧化氢既具有___①___性，又具有___②___性。

答：①氧化；②还原。

22. 氯的最高价氧化物对应的水化物化学式为___①___，其名称为___②___。

答：①$HClO_4$；②高氯酸。

23. 某元素电子排布式为 $1s^2 2s^2 2p^6 3s^2 3p^6 4s^1$，该元素原子序数为___①___，此元素符号为___②___。

答：①19；②K。

24. 为防止给水管道金属腐蚀，应对给水除___①___和调节给水的___②___。

答：①氧；②pH 值。

25. 水处理方式有多种，只除去硬度的处理称为 ___①___ ，除去阳、阴离子的处理称为 ___②___ 。

答：①软化；②除盐。

26. 在容量分析中，用滴定管将标准溶液滴加到被测溶液中的过程称为_____。

答：滴定。

27. 碘量法是利用 I_2 的 ___①___ 和 I^- 的 ___②___ 来进行容量分析的方法。

答：①氧化性；②还原性。

28. 在丙烷、丙烯、醋酸、酒精四种物质中，相互作用可生成酯的两种物质为 ___①___ 和 ___②___ 。

答：①醋酸；②酒精。

29. 与 ___①___ 平衡一样，电离平衡也是 ___②___ 平衡。

答：①化学；②动态。

30. 在空气中发生的燃烧、缓慢氧化、自燃等现象的相同点是这些反应都是 ___①___ 反应，都属于 ___②___ 反应。

答：①放热；②氧化。

31. 沉淀滴定法要求沉淀的 ___①___ 要小，反应 ___②___ 要快。

答：①溶解度；②速度。

32. 根据杂化轨道理论，直线型为 ___①___ 杂化，正四面体型为 ___②___ 杂化。

答：① sp ；② sp^3 。

33. 如果水中有了强电解质，它的电导率将 ___①___ ；水中溶入二氧化碳后，其溶液电导率将 ___②___ 。

答：①增大；②增大。

34. 如果在硬度测定中，发现滴不到终点或加入指示剂后溶液的颜色显灰紫色时，则可能是 ___①___ 、 ___②___ 、 ___③___ 等离子的干扰。

答：①Fe；②Al；③Cu。

35. 碘量法中使用的标准溶液有 ___①___ 和 ___②___ 标准溶液。

答：①硫代硫酸钠；②碘。

36. 配制铬黑 T 指示剂时，常加入少量三乙醇胺以防止 ① ，加入少量盐酸羟胺以防止 ② 。

答：①铬黑 T 聚合；②铬黑 T 氧化。

37. 高锰酸钾溶液分解速度随溶液酸度的提高而 ① ，其在中性溶液中的分解速度较 ② 。

答：①增加；②慢。

38. 用分光光度法测全硅时， ① 和 ② 均可作掩蔽剂和解络剂。

答：①$AlCl_3$；②硼酸。

39. 天平的稳定性是指天平在 ① 或 ② 平衡时，平衡状态被扰动后，自动恢复初始状态的能力。

答：①空载；②负载。

40. 灼烧减量为溶解固体在 ① 灼烧至残渣变 ② 后失去的质量。

答：①750～800℃；②白。

41. 在用重量法进行硫酸盐测定时，灼烧温度不应高于 ① ，否则易引起 ② 的分解。

答：①900℃；②硫酸钡。

42. 多孔无水氯化钙吸水性很强，它在实验室中常被用作干燥剂，但它不能用来干燥 ① 、 ② 等。

答：①氨；②酒精。

43. DDS－11A 型电导率仪采用 ① 式测量电路，是 ② 型电导率仪。

答：①分压；②实验室。

44. ND－2105 型硅酸根分析仪是专门用于分析水中 ① 硅酸根的光电比色计。

答：①微量。

45. 在消除系统误差的前提下，平行测定次数越多，分析结果的算术平均值越接近 ① 。

答：①真实值。

46. 人们可以看到指示剂颜色变化的 pH 间隔叫做指示剂的 ① ；对于不同指示剂，其离解常数不同， ② 也不相同。

答：①变色范围；②变色范围。

47. K-B 指示剂中，萘酚绿 B 在滴定过程中没有 ① 变化，只起衬托 ② 的作用，终点为蓝绿色。

答：①颜色；②终点颜色。

48. 提高络合滴定选择性的方法有两种：一是控制 ① ，二是进行 ② 。

答：①酸度；②掩蔽。

49. 当指示剂与金属离子生成稳定的络合物，并且比金属离子与 EDTA 形成的络合物更稳定时，就会出现指示剂 ① 现象。

答：①封闭。

50. 在氧化还原滴定中，利用标准溶液或被测物自身颜色变化确定反应的理论终点的方法属于 ① 指示剂法，如 ② 法。

答：①自身；②高锰酸钾。

51. 有些指示剂与金属离子形成的络合物的 ① 很小，使终点的 ② 变化不明显，这种现象称为指示剂的僵化现象。

答：①溶解度；②颜色。

52. 重铬酸钾法的缺点是与有些还原剂作用时，反应 ① 较慢，不适合 ② 。

答：①速度；②滴定。

53. 试亚铁灵指示剂实际上是指 ① 与 ② 的混合物；当以氧化剂滴定还原剂时，溶液终点颜色由 ③ 色变为 ④ 色。

答：①邻菲罗啉；②亚铁盐；③红；④浅蓝。

54. 影响氧化-还原反应方向的因素有 ① 、 ② 和是否生成 ③ 或络合物。

答：①氧化剂和还原剂的浓度；②溶液酸度；③沉淀。

55. 联氨的分子式为___①___，在___②___条件下，它是一种强还原剂，在给水中可以用它除氧。

答：①N_2H_4；②碱性。

56. 金属腐蚀按其腐蚀本质可分为___①___和___②___两大类。

答：①化学腐蚀；②电化学腐蚀。

57. 凝汽器结垢严重时，会使汽轮机负荷___①___，真空度___②___。

答：①下降；②下降。

58. 直接法测水中游度 CO_2 时，水样中加入中性酒石酸钾钠溶液是为了消除水中___①___和___②___的影响。

答：①硬度；②铁。

59. 重铬酸钾快速法测水中的 COD 时，为了消除 Cl^- 的干扰，向水样中先加___①___，再加___②___。

答：①硝酸银溶液；②硝酸铋溶液。

60. EDTA 是___①___元酸，在溶液中存在___②___种型体，其中只有___③___能与金属离子生成稳定的络合物。

答：①四；②七；③Y^{4-}。

61. 为调整天平的灵敏度，应调节天平的___①___。

答：①感量调节螺丝。

62. 标定 H_2SO_2 标准溶液时，最常用的基准物质为___①___；标定 $Na_2S_2O_3$ 标准溶液时，常用的基准物质为___②___。

答：①无水碳酸钠；②重铬酸钾。

63. 为消除干扰离子的影响，可采用掩蔽法。掩蔽分为___①___、___②___、___③___。

答：①络合掩蔽；②沉淀掩蔽；③氧化—还原掩蔽法。

64. 标准溶液制备分为___①___和___②___。

答：①直接法；②标定法。

65. 对于弱酸，若要达到指示剂指示终点准确的目的，则此滴定反应应满足___①___。

答：①$cK_a \geq 10^{-8}$。

66. 某原子失去 2 个核外电子后的核外电子排布与 Ar 原子相同。该原子的元素符号为___①___，原子序数为___②___。

答：①Ca；②20。

67. 测定水的硬度，当硬度较低时，用___①___作为指示剂；当硬度较高时，用___②___作为指示剂。

答：①酸性铬蓝 K；②铬黑 T。

68. 混合指示剂是指由两种___①___混合而成的，或是一种___②___与一种___③___的混合物。

答：①指示剂；②指示剂；③惰性染料。

69. 中和池排放水的 pH 值应控制在___①___。

答：①6 ~ 9。

70. 用变色硅胶作干燥剂，能够发生颜色变化是因为它含有_____。

答：三氯化钴。

二、判断题（在题末括号内作出记号：√表示对，×表示错）

1. 化学平衡常数的大小可以表示化学反应进行的程度。（   ）

答：√。

2. 水样中 $JD_{酚} = JD_{全}$ 时，说明只有 HCO_3^- 存在。（   ）

答：×。

3. 摩尔吸光系数越大，表明该有色物质对此波长光的吸收能力越强。（   ）

答：√。

4. 弱电解质在溶液中不完全电离，所以其溶液不导电。（   ）

答：×。

5. 在滴定过程中，指示剂发生颜色变化的转变点叫反应的理论终点。（   ）

答：×。

6. 氧化还原滴定法是以氧化还原反应为基础的滴定分析方法。（　　）

答：√。

7. 高锰酸钾是一种强氧化剂，故其稳定性很好。（　　）

答：×。

8. 重铬酸钾是一种强氧化剂，所以其溶液稳定性较差。（　　）

答：×。

9. 碘量法是在强酸溶液中进行滴定的。（　　）

答：×。

10. 在络合滴定中，溶液的酸度对测量将产生影响。（　　）

答：√。

11. EDTA 标准溶液可长期贮存于玻璃器皿中而不会变化。（　　）

答：×。

12. 碘量法可以测定能将 I^- 氧化成 I_2 的一切物质。（　　）

答：√。

13. EDTA 滴定 Ca^{2+} 时，应在强酸溶液中进行。（　　）

答：×。

14. 在进行硬度测定时，对碳酸盐硬度较高的水样，在加入缓冲溶液前应先稀释。（　　）

答：√。

15. 磷钼钒的黄色较稳定，在室温下不受其他因素的影响。（　　）

答：√。

16. 两瓶法测水中溶解氧时，应在室温下进行。（　　）

答：√。

17. pNa5 标准溶液只能用来复核钠度计，不能作复定位液使用。（　　）

答：√。

18. $K_2Cr_2O_7$ 快速法测水中 COD 时 Cl^- 离子对测量结果无影响。（　　）

答：×。

19. 用 $KMnO_4$ 法测定水中 COD，Cl^- 离子含量大于 200mg/L 时，应在酸性条件下进行测定。（　　）

答：×。

20. 间接碘量法比直接碘量法应用得更广泛。（　　）

答：√。

21. 直接法测水中游离 CO_2，当水中硬度较高时，会使测定结果偏低。（　　）

答：×。

22. 如水样中氨含量超过 2.5mg/L 时，则可用容量法测定。（　　）

答：×。

23. 硼砂缓冲溶液不宜用玻璃瓶贮存。（　　）

答：√。

24. pH 玻璃电极敏感膜外壁有微量锈时，可用浓酸浸泡消除。（　　）

答：×。

25. 天平在称量时，不能开启前门。（　　）

答：√。

26. 铬黑 T 的游离色为蓝色。（　　）

答：×。

27. 酸和醇两种有机物都含有羟基。（　　）

答：√。

28. 在准确移取一定体积的溶液时，应选用量筒或量杯。（　　）

答：×。

29. 氢气具有可燃性，它燃烧一定生成水。（　　）

答：×。

30. 制取较纯净的二氧化碳时，最适宜的酸是稀盐酸。( )

答：√。

31. 当强碱溅到眼睛里时，应立即送医务所急救。( )

答：×。

32. 可以使用没有减压器的氧气瓶。( )

答：×。

33. 禁止使用没有标签的药品。( )

答：√。

34. 任何人都可以搬运和使用浓酸或浓碱性药品。( )

答：×。

35. 联氨在搬运和使用时，必须放在密封的容器内，不准与人体直接接触。( )

答：√。

36. 在其他条件不变的情况下，降温会使化学平衡向着放热方向移动。( )

答：√。

37. 凡是能导电的物质称为电解质。( )

答：×。

38. 在室温条件下，所有的元素都是以固体形式存在的。( )

答：×。

39. 酒精可以任意比例溶于水。( )

答：√。

三、选择题 ［将正确答案的序号"（×）"写在题内横线上］

1. 一个氧化还原反应的平衡常数可衡量该反应的_____。

（1）方向；（2）速度；（3）完全程度

答：（3）。

2. 用来标定 EDTA 溶液的基准物应为_____。

223

（1）草酸；（2）碳酸钠；（3）氧化锌

答：（3）。

3. 测试 Cl^- 时，规定当200mg/L＜［Cl^-］＜400mg/L 时，应取＿＿＿＿水样，并用蒸馏水稀释到 100mL。

（1）10mL；（2）25mL；（3）50mL

答：（2）。

4. 测定硬度时，加入氨—氯化铵缓冲溶液，控制水样的 pH 值在＿＿＿＿。

（1）8.0 ± 0.1；（2）9.0 ± 0.1；（3）10.0 ± 0.1

答：（3）。

5. 天然水中，甲基橙碱度大于 2 倍的酚酞碱度时，水中含有的有关阴离子为＿＿＿＿。

（1）OH^-；（2）HCO_3^-；（3）$CO_3^{2-} + HCO_3^-$

答：（3）。

6. 在重量分析法中，为了减少沉淀的溶解损失，应在沉淀时加入过量的沉淀剂来减少沉淀的溶解度，这种现象称为＿＿＿＿。

（1）同离子效应；（2）盐效应；（3）酸效应

答：（1）。

7. 蒸汽含钠量高，可能导致汽轮机叶片＿＿＿＿。

（1）结垢；（2）积盐；（3）腐蚀

答：（2）。

8. 垢样呈赤色，可判断其主要成分为＿＿＿＿。

（1）Fe_2O_3；（2）$CaSO_4$；（3）$MgSO_4$

答：（1）。

9. 比色皿被有机试剂着色后，可用＿＿＿＿清洗。

（1）铬酸洗液；（2）洗涤剂；（3）1∶2 的盐酸 – 乙醇溶液

答：（3）。

10. 树脂脱水，应首先用＿＿＿＿浸泡。

（1）NaOH 溶液；（2）除盐水；（3）饱和 NaCl 溶液

答：(3)。

11. 测定水样中的钠离子含量时，水样必须用_____容量盛放。

(1) 钠玻璃；(2) 锌玻璃；(3) 塑料

答：(3)。

12. 过热蒸汽中的二氧化碳对过热器_____腐蚀。

(1) 产生；(2) 不产生；(3) 抑制

答：(2)。

13. 对新锅炉进行碱洗的目的是为了消除锅炉中的_____。

(1) 腐蚀产物；(2) 泥砂；(3) 油污

答：(3)。

14. 滴定突跃范围的大小与溶液的_____有关。

(1) 浓度；(2) 温度；(3) pH 值

答：(1)。

15. $KMnO_4$ 的分解速度在_____溶液中较快。

(1) 酸性；(2) 中性；(3) 碱性

答：(1)。

16. 对于氧化—还原反应来说，通常反应物浓度越大，反应速度_____。

(1) 越快；(2) 越慢；(3) 不受影响

答：(1)。

17. 络合滴定中，使用金属指示剂溶液的_____对有色络合物的稳定性将产生影响。

(1) 浓度；(2) 滴定速度；(3) 酸度

答：(3)。

18. 对于同一溶液，温度一定时，_____值是不变的。

(1) 电导率；(2) 电导；(3) 电阻

答：(1)。

19. 两瓶法测溶解氧时，温度应在_____以下。

(1) 0℃；(2) 15℃；(3) 25℃

答：（2）。

20. 滴定碘法中使用的标准溶液除碘溶液外，还有_____标准溶液。

（1）Na_2SO_4；（2）Na_2SO_3；（3）$Na_2S_2O_3$

答：（3）。

21. 用重量法测 Ca^{2+} 时，采用 H_2SO_4 干燥器进行冷却是因为 CaO 具有很强的_____。

（1）碱性；（2）氧化性；（3）吸湿性

答：（3）。

22. 在测定硬度为 $1 \sim 250 \mu mol/L$ 的溶液时，一般用_____作指示剂。

（1）钙红；（2）铬黑 T；（3）酸性铬蓝 K

答：（3）。

23. 用磺基水杨酸分光光度法测铁时，将水样中的铁全部转化为_____，在 $pH = 9 \sim 11$ 的条件下进行测定。

（1）Fe^{3+}；（2）Fe^{2+}；（3）Fe

答：（1）。

24. 亚硝酸盐与格里斯试剂显色反应的最佳 pH 值的范围为_____。

（1）$1.0 \sim 1.9$；（2）$1.9 \sim 3.0$；（3）$3.0 \sim 3.9$

答：（2）。

25. 用比色法测得的水中硅化合物的含量为_____含量。

（1）全硅；（2）胶体硅；（3）活性硅

答：（3）。

26. 在悬浮固体测定中，当其含量大于 $50mg/L$ 时，取样体积应为_____mL。

（1）250；（2）500；（3）1000

答：（2）。

27. 测定硬度时，_____会使指示剂产生封闭现象。

（1）Fe^{3+}；（2）Ca^{2+}；（3）Na^+

答：（1）。

28. 若分析结果的精密度高，准确度却很差，可能是_____原因引起的。

（1）称样量有差错；（2）使用试剂的纯度不够；（3）操作中有溅失溶液现象

答：（2）。

29. 10.00mL 0.200mol/L 的氨水与 10.00mL 0.100mol/L 的盐酸混合，则混合液的 pH 值为_____（已知 $K_b = 1.8 \times 10^{-5}$）。

（1）4.74；（2）9.26；（3）10.98

答：（2）。

30. $K_2Cr_2O_7$ 快速法测水中 COD 时，为了排除 Cl^- 的干扰，正确加入试剂的顺序为_____。

（1）先加 $AgNO_3$，摇匀后再加 $Bi(NO_3)_3$；　（2）先加 $Bi(NO_3)_3$，摇匀后再加 $AgNO_3$；（3）同时加入

答：（1）。

31. 对于氧化–还原反应，当两电对 $E°$ 相差不太大时，可以通过改变物质的浓度来改变该反应的反应_____。

（1）方向；（2）过程；（3）平衡常数

答：（1）。

32. 20.00mL $Na_2S_2O_3$ 标准溶液与 20.00mL $c\left(\dfrac{1}{6}K_2Cr_2O_7\right) = 0.1000mol/L$ 相当，若其中有 2% 的 $Na_2S_2O_3$ 与 CO_2 作用，那么 20.00mL 该 $Na_2S_2O_3$ 标准溶液与 $c\left(\dfrac{1}{2}I_2\right) = 0.1000mol/L$ 的碘溶液_____mL 相当。

（1）20.00；（2）20.20；（3）20.40

答：（3）。

33. 一般氧化—还原反应等当点的电位 E 等通式为：_____。

（1）$\dfrac{n_1E_1 + n_2E_2}{n_1 + n_2}$；（2）$\dfrac{n_1E_1 + n_1E_2}{n_1n_2}$；（3）$\dfrac{n_1E_2 + n_2E_1}{n_1 + n_2}$

答：（1）。

34. 阴树脂可除去_____。

(1) Ca^{2+}；(2) Na^+；(3) SO_4^{2-}

答：(3)。

35. 阴树脂失效后，可用_____溶液再生，以恢复其使用性能。

(1) 氯化钠；(2) 氢氧化钠；(3) 硫酸钠

答：(2)。

36. 设置除碳器，可减轻_____的负担。

(1) 阳床；(2) 阴床；(3) 阳床和阴床

答：(2)。

37. 水的软化处理是除去水中的_____。

(1) Ca^+、K^+；(2) Na^+、K^+、Ca^{2+}、Mg^{2+}；(3) Ca^{2+}、Mg^{2+}

答：(3)。

38. 阳树脂失效后，可用_____溶液再生，以恢复其使用性能。

(1) 氧化钠；(2) 氢氧化钠；(3) 盐酸

答：(3)。

39. 下列物质中，碱性最强的是_____。

(1) 碳酸钠；(2) 氯化钠；(3) 氢氧化钠

答：(3)

40. 下列盐类物质中，其水溶液呈酸性的是_____。

(1) 硫酸铝；(2) 硫酸钠；(3) 硫酸钾

答：(1)。

41. 氨气溶于水，其溶液呈_____性。

(1) 酸；(2) 碱；(3) 中

答：(2)。

42. 混合床可除去水中的_____。

(1) 阳离子；(2) 阴离子；(3) 阳离子和阴离子

答：(3)。

四、计算题

1. 称取 0.2266g 氯化物样品，溶于水后加入 0.1121mol/L 的 $AgNO_3$ 溶液 30.00mL，过量的 $AgNO_3$ 以 0.1155mol/L 的 NH_4SCN 溶液滴定，用去 6.50mL，计算样品中氯的百分含量。

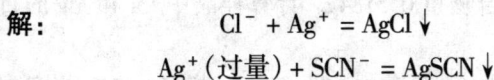

解：
$$Cl^- + Ag^+ = AgCl \downarrow$$
$$Ag^+(过量) + SCN^- = AgSCN \downarrow$$

设样品中 Cl^- 的摩尔数为 $x$mol，则

$$x = 30.00 \times 10^{-3} \times 0.1121 - 6.50 \times 10^{-3} \times 0.1155$$
$$= 2.609 \times 10^{-3} \ (mol)$$

样品中氯的百分含量

$$Cl(\%) = \frac{2.609 \times 10^{-3} \times 35.45}{0.2266} \times 100\%$$
$$= 40.82\%$$

答： 样品中氯的百分含量为 40.82%。

2. 称取 1.000g 试样，将其中银沉淀为 Ag_2CrO_4，经洗涤后将沉淀溶于酸，加入过量 KI，则 I^- 被氧化成 I_2。以 0.09500mol/L 的 $Na_2S_2O_3$ 溶液滴定 I_2，用去 31.25mL，计算试样中银的百分含量。

解： 设试样中有银 x（g），则

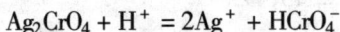

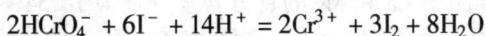

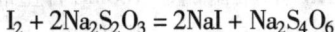

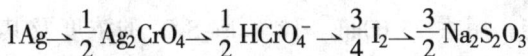

$$Ag_2CrO_4 + H^+ = 2Ag^+ + HCrO_4^-$$
$$2HCrO_4^- + 6I^- + 14H^+ = 2Cr^{3+} + 3I_2 + 8H_2O$$
$$I_2 + 2Na_2S_2O_3 = 2NaI + Na_2S_4O_6$$

$$1Ag \rightarrow \frac{1}{2}Ag_2CrO_4 \rightarrow \frac{1}{2}HCrO_4^- \rightarrow \frac{3}{4}I_2 \rightarrow \frac{3}{2}Na_2S_2O_3$$

$$107.9g \qquad\qquad\qquad\qquad\qquad \frac{3}{2}mol$$

$$x \qquad\qquad\qquad 0.09500 \times 31.25 \times 10^{-3}mol$$

$$107.9 : x = \frac{3}{2} : 0.09500 \times 31.25 \times 10^{-3}$$

$$x = 0.2136(g)$$

$$Ag(\%) = \frac{0.2136}{1.000} \times 100\% = 21.36\%$$

答：试样中银的百分含量为21.36%。

3. 将1.0045g纯的碳酸钙和碳酸镁混合物强烈灼烧后，得到 CaO 与 MgO 的混合物重0.5184g，计算样品中 Ca 和 Mg 的百分含量。

解：设样品中 Ca 的摩尔数为 x mol，样品中 Mg 的摩尔数为 y mol。

根据题意，得

$$\begin{cases} 100.1x + 84.31y = 1.0045 \\ 56.08x + 40.30y = 0.5184 \end{cases}$$

解方程，得

$$\begin{cases} x = 4.645 \times 10^{-3} \\ y = 6.400 \times 10^{-3} \end{cases}$$

$$Ca(\%) = \frac{4.645 \times 10^{-3} \times 40.08}{1.0045} \times 100\%$$

$$= 18.54\%$$

$$Mg(\%) = \frac{6.400 \times 10^{-3} \times 24.30}{1.0045} \times 100\%$$

$$= 15.49\%$$

答：样品中 Ca 和 Mg 的百分含量分别为18.54%和15.49%。

4. 称取0.3600g纯 KIO_3，溶解后于100mL容量瓶中稀释。吸取25.00mL该溶液，加入 H_2SO_4 和 KI，析出的 I_2 以 $Na_2S_2O_3$ 标准溶液滴定，用去25.00mL。计算 $Na_2S_2O_3$ 的浓度及其对 $CuSO_4 \cdot 5H_2O$ 的滴定度。

解：$KIO_3 + 5KI + 3H_2SO_4 = 3K_2SO_4 + 3I_2 + 3H_2O$

$$I_2 + 2Na_2S_2O_3 = 2NaI + Na_2S_4O_6$$

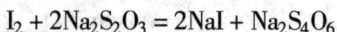
$1KIO_3 \rightarrow 3I_2 \rightarrow 6Na_2S_2O_3$

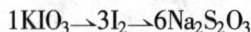
214.0g   6mol

$$0.3600 \times \frac{25.00}{100}g \qquad c(\text{Na}_2\text{S}_2\text{O}_3) \times 25.00 \times 10^{-3}$$

$$214.0:6 = 0.3600 \times \frac{25.00}{100} : c(\text{Na}_2\text{S}_2\text{O}_3) \times 25.00 \times 10^{-3}$$

$$c(\text{Na}_2\text{S}_2\text{O}_3) = 0.1009(\text{mol/L})$$

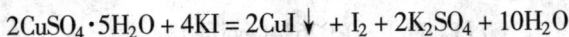

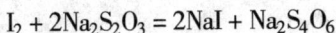

$$2\text{CuSO}_4 \cdot 5\text{H}_2\text{O} + 4\text{KI} = 2\text{CuI} \downarrow + \text{I}_2 + 2\text{K}_2\text{SO}_4 + 10\text{H}_2\text{O}$$

$$\text{I}_2 + 2\text{Na}_2\text{S}_2\text{O}_3 = 2\text{NaI} + \text{Na}_2\text{S}_4\text{O}_6$$

$$
\begin{aligned}
\text{T}_{\text{CuSO}_4 \cdot 5\text{H}_2\text{O}/\text{Na}_2\text{S}_2\text{O}_3} &= \frac{c(\text{Na}_2\text{S}_2\text{O}_3)M(\text{CuSO}_4 \cdot 5\text{H}_2\text{O})}{1000} \\
&= \frac{0.1009 \times 249.7}{1000} \\
&= 2.519 \times 10^{-2}(\text{g/mL})
\end{aligned}
$$

答：$\text{Na}_2\text{S}_2\text{O}_3$ 的浓度及其对 $\text{CuSO}_4 \cdot 5\text{H}_2\text{O}$ 的滴定度分别为 0.1009mol/L 和 $2.519 \times 10^{-2}\text{g/mL}$。

5. 试计算下列反应的平衡常数

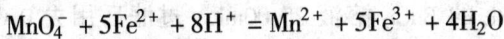

$$\text{MnO}_4^- + 5\text{Fe}^{2+} + 8\text{H}^+ = \text{Mn}^{2+} + 5\text{Fe}^{3+} + 4\text{H}_2\text{O}$$

解：
$$
\begin{aligned}
\lg K &= \frac{(E_1^0 - E_2^0)n}{0.059} \\
&= \frac{(E_{\text{MnO}_4^-/\text{Mn}^{2+}}^0 - E_{\text{Fe}^{3+}/\text{Fe}^{2+}}^0) \times 5}{0.059} \\
&= \frac{(1.51 - 0.77) \times 5}{0.059} \\
&= 62.7
\end{aligned}
$$

$$K = 10^{62.7} = 5.01 \times 10^{62}$$

答：平衡常数为 5.01×10^{62}。

6. 称取纯 CaCO_3 0.5405g，用 HCl 溶解后在容量瓶中配成 250mL 溶液。吸取此溶液 25.00mL，此紫脲酸铵作指示剂，用去 20.50mLEDTA 溶液滴定至终点。计算 EDTA 溶液的浓度及其对 CaO 的滴定度。

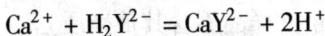

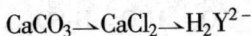

解：
$$\text{CaCO}_3 + 2\text{HCl} = \text{CaCl}_2 + \text{CO}_2\uparrow + \text{H}_2\text{O}$$

$$\text{Ca}^{2+} + \text{H}_2\text{Y}^{2-} = \text{CaY}^{2-} + 2\text{H}^+$$

$$\text{CaCO}_3 \rightarrow \text{CaCl}_2 \rightarrow \text{H}_2\text{Y}^{2-}$$

$$100.1g \qquad 1mol$$

$$\frac{25.00}{250} \times 0.5405g \quad c(\text{EDTA}) \times 20.50 \times 10^{-3}mol$$

$$100.1 : \frac{25.00}{250} \times 0.5405 = 1 : c(\text{EDTA}) \times 20.50 \times 10^{-3}$$

$$c(\text{EDTA}) = 0.02634(\text{mol/L})$$

$$T_{\text{CaO/EDTA}} = \frac{c(\text{EDTA})M(\text{CaO})}{1000}$$

$$= \frac{0.02634 \times 56.08}{1000}$$

$$= 0.001477(\text{g/mL})$$

答：EDTA 溶液浓度及其对 CaO 的滴定度分别为 0.02436mol/L 和 0.001477g/mL。

7. 测定硫酸盐中的 SO_4^{2-}，称取试样 3.000g，溶解后用 250mL 容量瓶稀释至刻度。用移液管取 25.00mL 该溶液，加入 0.05000mol/L 的 $BaCl_2$ 溶液 25.00mL，过滤后用去 0.05000mol/L 的 EDTA 溶液 17.15mL 滴定剩余的 Ba^{2+}。计算样品中 SO_4^{2-} 百分含量。

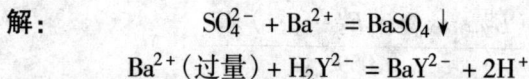

解：
$$SO_4^{2-} + Ba^{2+} = BaSO_4 \downarrow$$
$$Ba^{2+}(过量) + H_2Y^{2-} = BaY^{2-} + 2H^+$$

设样品中 SO_4^{2-} 的摩尔数为 x，则

$$x = (0.05000 \times 25.00 \times 10^{-3} - 0.05000 \times 17.15 \times 10^{-3}) \times \frac{250}{25}$$

$$= 3.92 \times 10^{-3}(\text{mol})$$

$$SO_4^{2-}(\%) = \frac{3.92 \times 10^{-3} \times 96.1}{3.000} \times 100\%$$

$$= 12.6\%$$

答：样品中 SO_4^{2-} 的百分含量为 12.6%。

8. 现有含 SO_3 的发烟硫酸样品 1.400g，将其溶于水，用 0.8050mol/L 的 NaOH 溶液滴定，用去 36.10mL，计算样品中 SO_3 和 H_2SO_4 的百分含量（样品不含其他杂质）。

解：
$$SO_3 + H_2O = H_2SO_4$$

$$H_2SO_4 + 2NaOH = Na_2SO_4 + 2H_2O$$

设样品中有 SO_3 为 xg，消耗 $NaOH$ 为 $n$mol。

$$SO_3 \rightarrow H_2SO_4 \rightarrow 2NaOH$$

$$80.06g \qquad 2mol$$

$$xg \qquad n\,mol$$

$$80.06 : x = 2 : n$$

$$n = 2x/80.06$$

样品中 H_2SO_4 为 $(1.400 - x)$g，消耗 $NaOH$ n'mol，则

$$H_2SO_4 + 2NaOH = Na_2SO_4 + 2H_2O$$

$$98.07g \quad 2mol$$

$$(1.400 - x)g \qquad n'$$

$$n' = 2(1.400 - x)/98.07$$

$$n + n' = 0.8050 \times 36.10 \times 10^{-3}$$

即 $$\frac{2x}{80.06} + \frac{2(1.400 - x)}{98.07} = 0.8050 \times 36.10 \times 10^{-3}$$

解之，得 $$x = 0.111(g)$$

$$SO_3(\%) = \frac{0.111}{1.400} \times 100\%$$

$$= 7.93\%$$

$$H_2SO_4(\%) = 1 - SO_3(\%)$$

$$= 1 - 7.93\%$$

$$= 92.07\%$$

答： 样品中 SO_3 和 H_2SO_4 的百分含量分别为 7.93% 和 92.07%。

9. 已知，1.100g样品中含有 Na_2CO_3 和 $NaHCO_3$，用甲基橙作指示剂需 31.40mL HCl 溶液，同质量的样品，若用酚酞作指示剂，需用 13.30mL HCl 溶液。已知 $T_{CaO/HCl} = 0.01402$g/mL，计算样品中各成分的百分含量。

解： $c(HCl) = \dfrac{T_{CaO/HCl} \times 1000}{\dfrac{1}{2} M(CaO)}$

$$= \frac{0.01402 \times 1000}{\frac{1}{2} \times 56.08}$$

$$= 0.5000(\text{mol/L})$$

由于 $a = 13.30\text{mL}$，$b = 31.40\text{mL}$，所以：

Na_2CO_3 消耗 HCl 体积为 $13.30 \times 2\text{mL}$；

$NaHCO_3$ 消耗 HCl 体积为 $(31.40 - 13.30 \times 2)\text{mL}$。$Na_2CO_3(\%)$

$$= \frac{0.5000 \times 13.30 \times 10^{-3} \times 2 \times \frac{106.0}{2}}{1.100} \times 100\%$$

$$= 64.08\%$$

$NaHCO_3(\%)$

$$= \frac{0.5000 \times (31.40 - 13.30 \times 2) \times 10^{-3} \times 84.01}{1.100} \times 100\%$$

$$= 18.3\%$$

答：样品中的 Na_2CO_3 和 $NaHCO_3$ 的百分含量分别为 64.08% 和 18.3%。

10. 现有 0.09250mol/L 的 $Na_2S_2O_3$ 2000mL，欲调配成 0.1000mol/L 的溶液，应加入固体 $Na_2S_2O_3 \cdot 5H_2O$ 多少克？

解：设应加入固体 $Na_2S_2O_3 \cdot 5H_2O\ x$（g），则

$$0.09250 \times 2.000 + \frac{x}{M(Na_2S_2O_3 \cdot 5H_2O)} = 0.1000 \times 2.000$$

解之，得 $\qquad x = 3.72$（g）

答：应加入固体 $Na_2S_2O_3 \cdot 5H_2O\ 3.72\text{g}$。

11. 为了配制滴定度为 $T_{Fe/K_2Cr_2O_7} = 0.005000\text{g/mL}$ 的 $K_2Cr_2O_7$ 溶液 1000mL，需称取基准物 $K_2Cr_2O_7$ 多少克？

解：设需称取 $K_2Cr_2O_7\ x(\text{g})$，则

$$6Fe^{2+} + Cr_2O_7^{2-} + 14H^+ = 6Fe^{3+} + 2Cr^{3+} + 7H_2O$$

$\qquad 6 \times 55.85\text{g} \qquad\qquad 294.2\text{g}$

$\qquad 0.005000 \times 1000\text{g} \qquad\quad x\text{g}$

$\qquad\quad 294.2 : x = 6 \times 55.85 : 0.005000 \times 1000$

$$x = 4.390(\mathrm{g})$$

答：应称取基准 $K_2Cr_2O_7$ 4.390g。

12. 测一工业硫酸纯度，称样 1.1250g，用容量瓶稀释成 250mL，摇匀后取出 25.00mL，消耗 0.1340mol/L 的 NaOH 溶液 15.40mL，求工业硫酸的纯度。

解：设工业硫酸中有 $H_2SO_4 x$（g），则

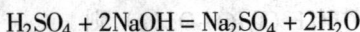
$$H_2SO_4 + 2NaOH = Na_2SO_4 + 2H_2O$$

$$98.07\mathrm{g} \qquad 2\mathrm{mol}$$

$$x\mathrm{g} \quad 0.1340 \times 15.40 \times 10^{-3}\mathrm{mol}$$

$$98.07 : x = 2 : 0.1340 \times 15.40 \times 10^{-3}$$

$$x = 0.1012 \ (\mathrm{g})$$

$$H_2SO_4 \ (\%) = \frac{0.1012 \times \dfrac{250}{25}}{1.1250} \times 100\%$$

$$= 89.96\%$$

答：工业硫酸的纯度为 89.96%。

13. 有工业硼砂 1.000g，用 0.2000mol/L 的 HCl 标准溶液滴定，用去 25.00mL，计算试样中 $Na_2B_4O_7$ 的百分含量及其中 B 的百分含量。

解：设工业硼砂中有 $Na_2B_4O_7 x$（g），则

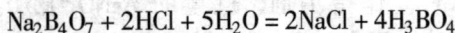
$$Na_2B_4O_7 + 2HCl + 5H_2O = 2NaCl + 4H_3BO_4$$

$$201.2\mathrm{g} \qquad 2\mathrm{mol}$$

$$x\mathrm{g} \quad 0.2000 \times 25.00 \times 10^{-3}\mathrm{mol}$$

$$201.2 : x = 2 : 0.2000 \times 25.00 \times 10^{-3}$$

$$x = 0.5030(\mathrm{g})$$

$$Na_2B_4O_7(\%) = \frac{0.5030}{1.000} \times 100\%$$

$$= 50.30\%$$

$$B(\%) = Na_2B_4O_7(\%) \times \frac{4M(B)}{M(Na_2B_4O_7)}$$

$$= 50.30\% \times \frac{4 \times 10.81}{201.2}$$

$$= 10.81\%$$

答：试样中 $Na_2B_4O_7$，及 B 的百分含量分别为 50.30% 和 10.81%。

14. 为了检查试剂 $FeCl_3 \cdot 6H_2O$ 的质量，称取 0.5000g 样品，溶于水后，加入 HCl 和 KI2.000g，最后用 0.1000mol/L 的 $Na_2S_2O_3$ 标准溶液 18.17mL 滴定至终点。问该试样的纯度是多少？

解：设试样中有 $FeCl_3 \cdot 6H_2O \ x(g)$，则

$$2Fe^{3+} + 2I^- = I_2 + 2Fe^{2+}$$

$$I_2 + 2Na_2S_2O_3 = 2NaI + Na_2S_4O_6$$

$$2FeCl_3 \cdot 6H_2O \rightarrow 2Fe^{3+} \rightarrow I_2 \rightarrow 2Na_2S_2O_3$$

$$2 \times 270.3g \qquad\qquad 2mol$$

$$x \quad g \qquad\qquad 0.1000 \times 18.17 \times 10^{-3} mol$$

$$2 \times 270.3 : x = 2 : 0.1000 \times 18.17 \times 10^{-3}$$

$$x = 0.4911(g)$$

$$FeCl_3 \cdot 6H_2O\% = \frac{0.4911}{0.5000} \times 100\%$$

$$= 98.22\%$$

答：该试样的纯度为 98.22%。

15. 现有氯化钠试样 0.5000g，溶解后加入固体 $AgNO_3$ 0.8920g，用 Fe^{3+} 作指示剂，过量的 $AgNO_3$ 用 0.1400mol/L 的 KSCN 溶液回滴，用去 25.50mL，求试样中 NaCl 的百分含量（试样中除 Cl^- 外，不含与 Ag^+ 生成沉淀的其他离子）。

解：
$$Cl^- + Ag^+ (过量) = AgCl \downarrow$$

$$Ag^+ + SCN^- = AgSCN \downarrow$$

试样中 Cl^- 的摩尔数 $= \dfrac{m(AgNO_3)}{M(AgNO_3)} - c(KSCN)V(KSCN)$

$$= \frac{0.8920}{169.9} - 0.1400 \times 25.50 \times 10^{-3}$$

$$= 1.680 \times 10^{-3}(mol)$$

$$NaCl(\%) = \frac{1.680 \times 10^{-3} \times 58.44}{0.5000} \times 100\%$$

$= 19.63\%$

答：试样中 NaCl 的百分含量为 19.63%。

16. 今有 I_2 标准溶液及 $Na_2S_2O_3$ 标准溶液，滴定度为 $T_{As_2O_3/I_2}$ $= 0.004946$g/mL，$T_{KBrO_3/Na_2S_2O_3} = 0.004170$g/mL。试求：（1）$I_2$ 标准溶液的浓度；（2）$Na_2S_2O_3$ 溶液对 Cu^{2+} 的滴定度。

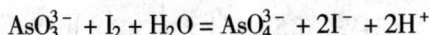

解：（1）$As_2O_3 + 6OH^- = 2AsO_3^{3-} + 3H_2O$

$$AsO_3^{3-} + I_2 + H_2O = AsO_4^{3-} + 2I^- + 2H^+$$

$$T_{As_2O_3/I_2} = \frac{c(I_2) \times \frac{1}{2}M(As_2O_3)}{1000}$$

$$c(I_2) = \frac{T_{As_2O_3/I_2} \times 1000}{\frac{1}{2}M(As_2O_3)} = \frac{0.004946 \times 1000}{\frac{1}{2} \times 197.8}$$

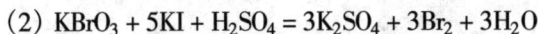

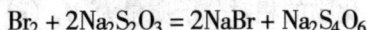

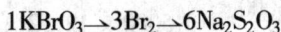

$$= 0.05000(\text{mol/L})$$

（2）$KBrO_3 + 5KI + H_2SO_4 = 3K_2SO_4 + 3Br_2 + 3H_2O$

$$Br_2 + 2Na_2S_2O_3 = 2NaBr + Na_2S_4O_6$$

$$1KBrO_3 \rightarrow 3Br_2 \rightarrow 6Na_2S_2O_3$$

$$c(Na_2S_2O_3) = \frac{T_{KBrO_3/Na_2S_2O_3} \times 1000}{M\left(\frac{1}{6}KBrO_3\right)}$$

$$= \frac{0.004170 \times 1000 \times 6}{167}$$

$$= 0.1498(\text{mol/L})$$

$$T_{Cu^{2+}/Na_2S_2O_3} = \frac{c(Na_2S_2O_3)M(Cu^{2+})}{1000}$$

$$= \frac{0.1498 \times 63.54}{1000}$$

$$= 9.518 \times 10^{-2}(\text{g/mL})$$

答：I_2 标准溶液的浓度及 $Na_2S_2O_3$ 溶液对 Cu^{2+} 的滴定度分别为 0.05000mol/L 和 9.518×10^{-2}g/mL。

17. 测定 $BaCl_2 \cdot 2H_2O$ 中钡含量时，称样量为 0.5g，选用

$c\left(\dfrac{1}{2}H_2SO_4\right) = 2mol/L$ 的 H_2SO_4 溶液作沉淀剂，根据理论需要使用多少毫升 H_2SO_4 溶液？

解：$BaCl_2 \cdot 2H_2O + H_2SO_4 = BaSO_4 \downarrow + 2H_2O + 2HCl$

244.3g   1mol

0.5g $V \times \dfrac{1}{2} \times 2 \times 10^{-3}$

$$244.3 : 0.5 = 1 : V \times \dfrac{1}{2} \times 2 \times 10^{-3}$$

$$V \approx 2 \text{（mL）}$$

答：需要使用 2mL H_2SO_4 溶液。

18. 0.5000g 纯的铁氧化物处理成溶液后，于酸性条件下用 $SnCl_2$ 还原，以 $HgCl_2$ 除去剩余的 $SnCl_2$，以 $c\left(\dfrac{1}{6}K_2Cr_2O_7\right) = 0.5000mol/L$ 的 $K_2Cr_2O_7$ 标准溶液滴定，用去 12.52mL，求铁的氧化物成分。

解：设铁氧化物的相对分子质量为 M_r（g），则

$$\dfrac{0.5000}{M_r} = 0.5000 \times 12.52 \times 10^{-3}$$

$$M_r = 79.87(g)$$

铁的氧化物有 FeO、Fe_2O_3、Fe_3O_4，而 $M_r = 79.87$ 相当于 $M\left(\dfrac{1}{2}Fe_2O_3\right) = 79.85$。

答：此铁的氧化物为 Fe_2O_3。

19. 用邻菲罗啉比色法测定铁，已知比色试液中 Fe^{2+} 的含量为 $50\mu g/100mL$，用 1cm 厚度比色皿，在波长为 510nm 处测得的吸光度为 0.099，计算铁（Ⅱ）—邻菲罗啉络合物的摩尔吸光系数。

解：$\left[Fe^{2+}\right] = \dfrac{50 \times 10^{-6} \times \dfrac{1000}{100}}{55.85}$

$= 9.0 \times 10^{-6}(mol/L)$

$$\varepsilon = \frac{A}{cL} = \frac{0.099}{9.0 \times 10^{-6} \times 1}$$

$$\varepsilon = 1.1 \times 10^4 [\text{L}/(\text{mol} \cdot \text{cm})]$$

答：铁（Ⅱ）—邻菲罗啉络合物的摩尔吸光系数为 1.1×10^4 L/ （mol·cm）。

20. 有一浓度为 c（mol/L）的溶液，吸收了入射光线的 16.69%，在同样条件下，浓度为 $2c$（mol/L）的溶液的百分透光度应是多少？

解：$T = \dfrac{I_t}{I_0} = 10^{-KcL}$

当浓度为 c 时　　　$T = 1 - 16.69\% = 0.8331$

当浓度为 $2c$ 时　　　$T = 10^{-2KcL} = (10^{-KcL})^2$

$$= (0.8331)^2 = 0.6940$$

答：浓度为 $2c$（mol/L）溶液的百分透光度为 0.6940。

21. 某电厂有一台蒸发量为 120t/h 的中压锅炉，用软化水作补给水，给水含盐量为 200mg/L，Cl^- 含量为 25mg/L，运行中测得锅炉水含盐量为 2500mg/L，Cl^- 含量为 225mg/L，问锅炉排污率是多少？每小时排污量是多少？锅炉排污率是否符合规定？

解：若忽略蒸汽中的 Cl^- 的含量，则

$$P = \frac{\rho}{\rho' - \rho} \times 100\% = \frac{25}{225 - 25} \times 100\% = 8\%$$

排污量　　　　$D_p = 120 \times 8\% = 9.6(\text{t/h})$

由于 $P > 5\%$，因此锅炉排污率不符合规定。

答：锅炉的排污率为 8%；排污量为 9.6t/h。该锅炉排污率不符合规定。

22. 燃烧 1g 乙炔（C_2H_2）气体，生成液态水和二氧化碳气体，并放出 50kJ 的热量，试计算燃烧 3mol 乙炔所放出的热量为多少？

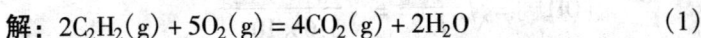

解：$2C_2H_2(g) + 5O_2(g) = 4CO_2(g) + 2H_2O$ 　　　　　　(1)

1g 乙炔的物质的量为：$1/26 = 0.0385$（mol）

燃烧 1mol 乙炔所放出的热量计算如下

$$Q = 50/0.0385 = 1298.7 \ (\text{kJ/mol})$$

燃烧 3mol 乙炔所放出的热量计算如下

$$1298.7 \times 3 = 3896.1 \ (\text{kJ})$$

答：燃烧 3mol 乙炔放出 3896.1kJ 的热量。

23. 将 0.20mol/L 的氨水 20mL 溶液与 0.10mol/L 的 HCl 溶液 20mL 混合，计算混合液的 pH 值为多少（已知 $K_b = 1.8 \times 10^{-5}$）?

解：设生成 $NH_4Cl \ x$（mmol），则

$$NH_3 + HCl = NH_4Cl$$

$$\qquad 1 \qquad 1 \qquad 1$$

$$0.20 \times 20 \quad 0.1 \times 20 \quad x$$

因氨水过量，$x = 0.1 \times 20 = 2.0$（mmol），组成了氨—氯化铵缓冲溶液，则

$$pH = 14 - pKb + \lg \frac{c_{\text{碱}}}{c_{\text{盐}}} = 14 - (-\lg 1.8 \times 10^{-5})$$

$$+ \lg \frac{(0.20 \times 20 - 0.1 \times 20)/(20 + 20)}{0.1 \times 20/(20 + 20)}$$

$$= 14 + \lg 1.8 \times 10^{-5} + \lg \frac{2.0}{2.0}$$

$$= 9.26$$

答：混合液的 pH 值为 9.26。

24. 试求 0.1mol/L 的 Na_2CO_3 溶液的 pH 值（$K_{a1} = 4.2 \times 10^{-7}$，$K_{a2} = 5.6 \times 10^{-11}$）。

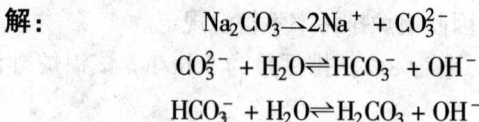

解：
$$Na_2CO_3 \rightarrow 2Na^+ + CO_3^{2-}$$

$$CO_3^{2-} + H_2O \rightleftharpoons HCO_3^- + OH^-$$

$$HCO_3^- + H_2O \rightleftharpoons H_2CO_3 + OH^-$$

第一级水解产物抑制了第二级的水解反应，所以只考虑第一级水解，则

$$[OH^-] = \sqrt{\frac{K_w c_{\text{盐}}}{K_{a2}}} = \sqrt{\frac{10^{-14} \times 0.1}{5.6 \times 10^{-11}}}$$

$$= 4.2 \times 10^{-3} (\text{mol/L})$$

$$pOH = -lg[OH^-] = 2.37$$
$$pH = 14 - pOH = 14 - 2.37 = 11.63$$

答：0.1mol/L 的 Na_2CO_3 溶液的 pH 值为 11.63。

25. 在 N_2 与 H_2 合成 NH_3 的反应中，若 N_2 的起始浓度为 1mol/L，2s 后 N_2 的浓度为 0.8mol/L，试计算该反应中的 N_2 在 2s 内的平均反应速度。

解：
$$v_{N_2} = \frac{1 - 0.8}{2} = 0.1[mol/(L \cdot s)]$$

答：该反应中的 N_2 在 2s 内平均反应速度为 0.1mol/ (L·s)。

五、问答题

1. 何谓指示剂的封闭现象？

答：当指示剂与金属离子生成极稳定的络合物，并且比金属离子与 EDTA 生成的络合物更稳定，以至到达理论终点时，微过量的 EDTA 不能夺取金属离子与指示剂所生成络合物中的金属离子，而使指示剂不能游离出来，故看不到溶液颜色发生变化，这种现象称为指示剂的封闭现象。某些有色络合物颜色变化的不可逆性，也可引起指示剂的封闭现象的产生。

2. 在络合滴定中，为什么常使用缓冲溶液？

答：在络合滴定中，为了产生明显的突跃，要求 $cK_{M'Y} \geqslant 10^6$。这也就要求溶液的酸度必须在一定的范围（酸效应）内，而在滴定过程中，溶液的 pH 值又会降低：$M^{2+} + H_2Y^{2-} = MY^{2-} + 2H^+$。当调节溶液 pH 值太高时，又会产生水解或沉淀，所以只有使用缓冲溶液，才能满足上述要求。

3. 怎样制备 $AgNO_3$ 标准溶液？

答：硝酸银标准溶液的制备采用标定法。现以配制 $T_{Cl^-/AgNO_3} = 1mg/mL$ 为例：

称取 5.0g 硝酸银溶于 1000mL 蒸馏水中，混匀。用移液管取 10.00mLNaCl 标准溶液（1.000mL 含 1mgCl^-），再加入 90mL 蒸馏水及 1mL10% 铬酸钾指示剂，用硝酸银标准溶液滴定至橙色终点，记录消耗硝酸银标准溶液的体积，同时做空白试验。注意平行试验的相对误差应小于 0.25%。硝酸银溶液对 Cl^- 的滴定度 $T_{Cl^-/AgNO_3}$ 按下式计算

$$T_{Cl^-/AgNO_3} = \frac{10.00 \times 1.000}{a - b}$$

式中　a——氯化钠消耗硝酸银的体积，mL；

　　　b——空白试验消耗硝酸银的体积，mL；

　10.00——氯化钠标准溶液的体积，mL；

　1.000——氯化钠标准溶液的浓度，mg/mL。

4. 重量分析法选择沉淀剂的原则是什么？

答： 选择沉淀剂的原则如下：

（1）沉淀剂最好是易挥发易分解的物质。这样，未被洗净的沉淀剂可以在灼烧时挥发或分解而除去。

（2）沉淀剂应该具有特效性或良好的选择性。这样，可以直接进行测定，省掉了除去干扰离子的分离手续。

（3）沉淀剂与被测组分生成的沉淀溶解度要小，而且沉淀烘干或灼烧时组分恒定。

（4）沉淀剂的纯度高，易于保存。

5. 使用分析天平应注意哪些问题？

答： 使用分析天平时，应注意以下几点：

（1）对同一实验应使用同一台天平。

（2）天平载重不得超过最大负荷。

（3）不能将过冷或热的物体在天平上称量。

（4）不能用手拿取砝码，须用镊子夹取。

（5）具有腐蚀性的蒸汽或吸湿性的物品，必须放在密闭容器内称量。

（6）在天平盘上放置或取下物品或砝码时，都必须把天平梁托起，以免损坏刀口。

6. 试述打开磨口塞的方法。

答： 当磨口塞打不开时，要针对不同情况采取相应的措施，

具体方法如下：

（1）如果是凡士林等油状物质黏住活塞，可以用电吹风或微火慢慢地加热，使油类黏度降低，熔化后，用木棒轻敲塞子即可打开。

（2）有些活塞长时间不用因灰尘等黏住，可把它泡在水中，几小时后即可打开。

（3）因碱性物质黏住的活塞可将仪器在水中加热至沸，再用木棒轻敲塞子。

（4）若瓶内是腐蚀性试剂，要在瓶外放好塑料桶以防瓶破裂。

（5）对于因结晶或碱金属盐沉积及强碱黏住的瓶塞，可把瓶口泡在水中或稀盐酸中，经过一段时间后可打开。

7. 如何制备硫酸标准溶液？

答：制备硫酸标准溶液采用标定法，以制备 1000mL $c\left(\frac{1}{2}H_2SO_4\right) = 0.1mol/L$ 为例。

配制：取 3mL 浓硫酸，缓缓注入 1L 蒸馏水中，冷却、摇匀。

标定：称取 0.2g（准确至 0.2mg）于 270～300℃灼烧至恒重的基准无水碳酸钠，溶于 50mL 水中，加 2 滴甲基红—亚甲基蓝指示剂，用待标定的硫酸溶液滴定至滴定由绿色变为紫色，煮沸 2～3min，冷却后继续滴定至紫色，同时做空白试验。

硫酸标准溶液的浓度按下式计算

$$c(1/2H_2SO_4) = \frac{m}{(a_1 - a_2) \times 0.05300}$$

式中　m——无水碳酸钠的质量，g；

a_1——滴定碳酸钠消耗硫酸标准溶液的体积，mL；

a_2——空白试验消耗硫酸标准溶液的体积，mL。

8. 试述氢氟酸转化分光光度法测水中全硅的原理。

答：氢氟酸转化分光光度法测全硅，首先是将非活性硅转化

为活性硅，反应如下

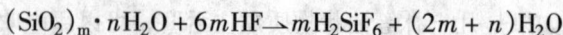

$$(SiO_2)_m \cdot nH_2O + 6mHF \rightarrow mH_2SiF_6 + (2m+n)H_2O$$

（多分子聚合硅）

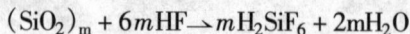

$$(SiO_2)_m + 6mHF \rightarrow mH_2SiF_6 + 2mH_2O$$

水中活性硅也转化为 H_2SiF_6，用三氯化铝或硼酸作掩蔽剂和解络剂，使溶液中剩余的 HF 转变成 H_3AlF_6 或 HBF_4，络合物 H_2SiF_6 转变成 H_2SiO_3，加入显色剂钼酸铵和还原剂氯化亚锡，用分光光度法测硅钼蓝，即可求出水中硅的含量。

9. 在朗伯—比尔定律的应用中，等厚度法是如何进行测定的?

答：由朗伯—比尔定律得

$$A = KcL$$

对于标准溶液 $\qquad A_s = Kc_sL_s$

对于试样溶液 $\qquad A_x = Kc_xL_x$

当 $L_s = L_x$ 时，有 $\dfrac{A_s}{A_x} = \dfrac{c_s}{c_x}$，故

$$c_x = \frac{c_xA_x}{A_s}$$

10. 试述两瓶法测溶解氧的原理。

答：在碱性溶液中，水中溶解氧可以把锰（Ⅱ）氧化成锰（Ⅲ）、锰（Ⅳ），这样就固定了溶氧。反应如下

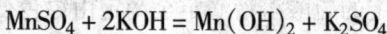

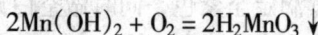

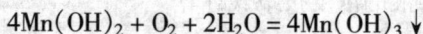

$$MnSO_4 + 2KOH = Mn(OH)_2 + K_2SO_4$$

$$2Mn(OH)_2 + O_2 = 2H_2MnO_3 \downarrow$$

$$4Mn(OH)_2 + O_2 + 2H_2O = 4Mn(OH)_3 \downarrow$$

溶液酸化后，锰（Ⅲ）、锰（Ⅳ）能将 I^- 氧化成 I_2，用淀粉作指示剂，用硫代硫酸钠标准溶液滴定生成的 I_2，即可求出水中溶氧的含量，反应如下

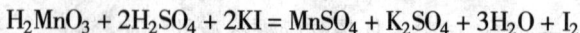

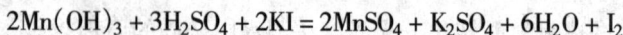

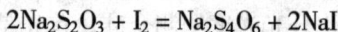

$$H_2MnO_3 + 2H_2SO_4 + 2KI = MnSO_4 + K_2SO_4 + 3H_2O + I_2$$

$$2Mn(OH)_3 + 3H_2SO_4 + 2KI = 2MnSO_4 + K_2SO_4 + 6H_2O + I_2$$

$$2Na_2S_2O_3 + I_2 = Na_2S_4O_6 + 2NaI$$

11. 如何维护光电比色计和分光光度计？

答： 维护光电比色计和分光光度计时，需注意以下几点：

（1）硒光电池或光电管不应受到光的连续照射。

（2）比色皿用毕应洗净，揩干并保存在专用的盒子内。

（3）检流计用完或移动时要防止震动，并一定要将检流计选择开关转至"0"档。

12. 测定溶液中的 Na^+ 时，为什么要加入碱性试剂？如何配制碱性溶液？

答： 加入碱性试剂的目的是使被测水样的 pH 值达到 10 左右，避免氢离子对 pNa 的测定造成干扰。

碱性试剂配制方法如下：

（1）0.2mol/L 二异丙胺溶液。取实验试剂二异丙胺用无钠水稀释至 100mL，储存在塑料小瓶中。

（2）饱和氢氧化钡溶液。称取分析纯氢氧化钡（含结晶水）30g，溶解于 200mL 无钠水中，加热溶解，待冷却后取出结晶部分将此结晶和另取无钠水混合制成饱和溶液，盛放于塑料瓶中，待澄清后将表面溶液吸取于塑料小瓶中待用。

13. 在高锰酸钾法中，为什么不用盐酸或硝酸调节、控制溶液的酸度？

答： 因为盐酸中的 Cl^- 是还原性物质，要消耗高锰酸钾标准溶液，反应如下

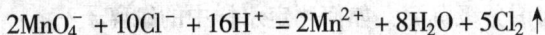

$$2MnO_4^- + 10Cl^- + 16H^+ = 2Mn^{2+} + 8H_2O + 5Cl_2 \uparrow$$

而硝酸是一种氧化剂，它能将被测组分氧化，从而使试验产生误差。所以使用高锰酸钾法时不能用盐酸或硝酸调节、控制溶液的酸度。

14. 怎样制备垢和腐蚀产物的分析试样？

答： 在一般情况下，由于垢和腐蚀产物试样的数量不多，颗粒大小差别较大，因此，可直接破碎成 1mm 左右的试样后，用四分法将试样缩分（若试样少于 8g 可以不缩分）。取一部分缩分后的试样（一般不少于 2g）放在玛瑙研钵中研磨细，氧化铁垢、

硅垢等难溶试样应磨细到试样全部通过 120 目筛网为止。钙镁垢、盐垢、磷酸盐垢等较易溶解的试样，磨细到全部通过 100 目筛网即可。

制备好的分析试样，应装入粘贴有标签的称量瓶中备用。

15. 影响酸碱指示剂变色的因素有哪些？

答：影响酸碱指示剂变色的因素有以下几点：

（1）温度。温度改变，指示剂的电离平衡常数也随之改变，同时也就影响了指示剂的变色范围。

（2）指示剂用量。由于酸碱指示剂一般为弱酸或弱碱，指示剂用量一旦改变，电离平衡也随之发生改变，从而会影响指示剂的变色范围。

（3）溶剂。指示剂在不同溶剂中，由于离解平衡发生变化，变色范围也与在水溶液中的有所不同。

16. 简述原子吸收分光光度法的原理。

答：原子吸收分光光度法是将待测元素的盐溶液雾化，喷入近 2000℃ 的火焰中，雾滴溶剂迅速蒸发，形成固体盐的微粒，微粒很快熔化，挥发并热解离为组分原子，形成原子蒸汽。当一束空心阴极灯发出的与待测元素的吸收波长相同的特征谱线，穿过一定厚度的待测原子蒸汽时，光的一部分被蒸汽中的基态原子吸收，透射出的光经单色器分光，测定出其强度，然后利用吸收度与火焰中原子浓度成正比的关系，即求得被测物的浓度。

17. 何谓分级沉淀？如何测定水样中的氯离子？

答：所谓分级沉淀，就是在混合离子的溶液中加入沉淀剂，沉淀析出时有先后，首先析出的是溶解度小的离子。

水样中氯离子测定可以用摩尔法，即在水样中加入 K_2CrO_4 作指示剂，在近中性的溶液中以 $AgNO_3$ 为标准溶液滴定，首先生成 $AgCl$ 沉淀，待水样中的 Cl^- 反应完以后，铬酸根与银离子反应生成 Ag_2CrO_4 沉淀，即达到终点，反应如下

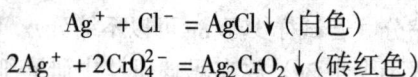

$$Ag^+ + Cl^- = AgCl \downarrow （白色）$$
$$2Ag^+ + 2CrO_4^{2-} = Ag_2CrO_2 \downarrow （砖红色）$$

18. 重铬酸钾法与高锰酸钾法相比，有何优缺点？

答：重铬酸钾法的优点有以下三个方面：

(1) 重铬酸钾容易提纯，可以用直接法配制标准溶液。

(2) 重铬酸钾溶液非常稳定，长时间保存浓度也不发生改变。

(3) 室温下，在酸度不太高时，Cl^- 的存在对其浓度不产生干扰。

(4) 反应简单，产物单一。

重铬酸钾法的缺点是有些还原剂与重铬酸钾作用时反应速度较慢，不适于滴定。

19. 电位式成分分析仪有哪些优点？

答：电位式成分分析仪有以下优点：

(1) 对离子浓度的变化反应快，特别适合于工业流程中的连续监督和控制。

(2) 对被测样品溶液一般不需要处理或只需简单处理。

(3) 分析设备简单，操作方便。

(4) 测量时对样品的需要量少，样品也可以是不透明的。

(5) 测量范围广，灵敏度高，适合于微量分析。

20. 简述氨水和液氨有何区别？氨水溶液中存在哪些离子？

答：在常压下，将氨气冷却至 240K 或常温下，压力加至为 0.8MPa 时，氨气转化成液氨，而氨水是由氨气溶于水而成的溶液。在液氨中氨以分子形式存在，不导电，是纯净物。而在氨水中，既有分子的水合氨，又有离子的 NH_4^+，氨水能导电，为混合物。氨水溶液中存在着 NH_4^+、OH^-、H^+ 等离子。

21. 比色分析法和分光光度法与其他常规分析法相比，有哪些优点？

答：比色分析法和分光光度法有以下几个优点：

(1) 灵敏度高。测定物质的浓度下限可达 $10^{-5} \sim 10^{-6}$mol/L。

(2) 准确度较高。

(3) 适用范围广。

（4）操作简单，测定速度快。

22. 为什么要在新锅炉启动前进行酸洗？

答：新安装的锅炉在制造、储运和安装时，在其金属内表面总有一些腐蚀产物、沉积物和大量的焊渣等。对这些杂质不进行彻底地清洗，会带来如下危害：

（1）妨碍炉管管壁传热，使炉管过热。

（2）使炉管发生沉积物下腐蚀，引起炉管变薄，发生穿孔或爆管。

（3）使锅炉水质长期不合格，蒸汽品质恶化，会大大地延长新机组启动到正常运行的时间。

23. 对停用的锅炉实行保护的基本原则是什么？

答：对停用锅炉实行保护的基本原则有以下几点：

（1）不让空气进入停用锅炉的水汽系统内。

（2）保证停用锅炉水汽系统的金属内表面的干燥。

（3）在金属表面制成具有防腐蚀作用的薄膜。

（4）使金属表面浸泡在含有除氧剂或其他保护剂的水溶液中。

24. 适合于沉淀滴定法的沉淀反应必须符合什么条件？

答：适合于沉淀滴定法的沉淀反应必须符合以下几个条件：

（1）反应必须按一定的化学反应定量地进行，所生成的沉淀的溶解度要小。

（2）沉淀反应的速度要快。

（3）能够用适当的指示剂或其他方法确定滴定的理论终点。

（4）沉淀的共沉淀现象不影响滴定结果。

25. 如何正确地进行沉淀的过滤和洗涤？

答：正确的操作如下：

（1）根据沉淀特点选择合适的滤纸，折好滤纸，使流过它的水在漏斗上形成水柱。

（2）用倾泻法把尽可能多的清液先过滤过去，同时洗涤沉淀，往复2~3次。

（3）将沉淀全部转移到滤纸上。

（4）洗涤至无代表性离子为止。

在上述操作过程中，不能使沉淀透过滤层，洗涤液的使用应为"少量多次"。

第四章 电厂水处理运行员

第一节 初 级 工

一、填空题

1. 水在火力发电厂的生产过程中，主要担负着 ___①___ 和 ___②___ 的作用。

答：①传递能量；②冷却。

2. 火力发电厂锅炉用水，不进行净化处理或处理不当，将会引起 ___①___ ， ___②___ 和 ___③___ 等危害。

答：①热力设备结垢；②热力设备及系统腐蚀；③过热器和汽轮机流通部分积盐。

3. 天然水中的杂质，按其颗粒大小的不同，通常可分为 ___①___ 、 ___②___ 和 ___③___ 三大类。

答：①悬浮物；②胶体物质；③溶解物质。

4. 水的硬度，一般是指水中 ___①___ 的总浓度。水的硬度可分为两大类，即： ___②___ 和 ___③___ 。

答：①钙、镁盐类（或钙、镁离子）；②碳酸盐硬度；③非碳酸盐硬度。

5. 水的碱度表示水中 ___①___ 和 ___②___ 的总浓度。

答：①OH^-、CO_3^{2-}、HCO_3^-；②其他弱酸阴离子。

6. 水的碱度，根据测定时所使用的指示剂不同或滴定终点的不同，可分为 ___①___ 和 ___②___ 两大类。

答：①酚酞碱度；②甲基橙碱度。

7. 水的酸度是指水中含有能与强碱（如 $NaOH$、KOH 等）起中和作用的物质的量浓度。这些物质归纳起来有三类，即：___①___ 、 ___②___ 和 ___③___ 等。

答：①强酸；②强酸弱碱所组成的盐；③弱酸。

8. 天然水中，主要化合物有 ___①___ 、___②___ 、___③___ 和 ___④___ 等四大类。

答：①碳酸化合物；②硅酸化合物；③铁的化合物；④氮的化合物。

9. 天然水按其含盐量的多少，可分为 ___①___ 、___②___ 、___③___ 和 ___④___ 等四大类。

答：①低含盐量水；②中等含盐量水；③较高含盐量水；④高含盐量水。

10. 天然水按水处理工艺学，可分为 ___①___ 和 ___②___ 两大类。

答：①碱性水；②非碱性水。

11. 碱性水的特征是 ___①___ 。在碱性水中，没有 ___②___ 存在。

答：①碱度大于硬度；②非碳酸盐硬度。

12. 非碱性水的特征是 ___①___ 。在非碱性水中，有 ___②___ 存在。

答：①硬度大于碱度；②非碳酸盐硬度。

13. 天然水中的胶体是由无数个胶团组成的，其胶团的结构主要是由 ___①___ 、___②___ 和 ___③___ 三部分组成的。

答：①胶核；②吸附层；③扩散层。

14. 胶体物质在水中长期保持分散状态而不被破坏的性质叫做 ___①___ 。造成这种现象的主要因素是 ___②___ 。

答：①胶体的稳定性；②胶体微粒带有同性的电荷。

15. 在水的混凝处理过程中，常用的混凝剂有 ___①___ 和 ___②___ 两大类。

答：①铁盐；②铝盐。

16. 助凝剂是 ___①___ 的物质。助凝剂根据其作用机理，可分为 ___②___ 、___③___ 和 ___④___ 等三大类。

答：①促进凝聚过程，提高混凝效果，而本身不起凝聚作用；②酸、碱；③氧化剂；④改善凝絮结构。

17. 粒状滤料在过滤过程中，有两个主要作用，即：___①___ 和 ___②___ 。

答：①机械筛分作用；②接触凝聚作用。

18. 过滤器运行的主要参数是 ___①___ 、 ___②___ 和 ___③___ 。

答：①滤速；②过滤周期；③滤层的截污能力。

19. 在反洗强度和反洗时间一定的条件下，影响过滤器运行的主要因素有 ___①___ 、 ___②___ 和 ___③___ 等三个方面。

答：①滤速；②反洗；③水流的均匀性。

20. 水的软化处理是除去水中的 ___①___ ；水的化学除盐是除去水中的 ___②___ 。

答：①钙、镁盐类（或钙、镁离子）；②所有溶解盐类。

21. 离子交换树脂失效后，其颜色 ___①___ ，其体积 ___②___ 。

答：①稍微变深；②稍微缩小。

22. 一般阳离子交换树脂耐热温度为 ___①___ 或更高的温度 ___②___ ；而阴离子交换树脂的耐热温度为 ___③___ 。

答：①100℃；②120℃；③60℃。

23. 离子交换树脂的湿真密度必须大于 ___①___ ，否则会 ___②___ ，不利于离子交换。

答：①1；②漂浮在水面。

24. 天然水经钠型离子交换器处理后，水中的硬度 ___①___ ；水中的碱度 ___②___ ；水中的含盐量 ___③___ 。

答：①基本除去；②不变；③略有增加。

25. 离子交换器长期备用时，离子交换树脂应呈 ___①___ ，这样可以避免离子交换树脂在水中 ___②___ 现象。

答：①失效状态；②出现胶溶。

26. 顺流再生离子交换器的工作过程，一般可分为 ___①___ 、 ___②___ 、 ___③___ 、 ___④___ 和 ___⑤___ 等五个步骤。这五个步骤为一个运行周期。

答：①交换；②反洗；③再生；④置换；⑤正洗。

27. 离子交换器反洗的目的是____①____；____②____；____③____和____④____。

答： ①松动交换剂层；②清除交换剂上层的悬浮物；③排除碎树脂；④树脂层中的气泡。

28. 离子交换器正洗的目的，是把充满在交换剂颗粒孔隙中的____①____和____②____冲洗干净。

答： ①再生液；②再生产物。

29. 在强酸性 H 型交换器运行过程中，主要监督____①____和____②____等出水水质指标的变化。

答： ①钠离子含量；②酸度（或 pH 值）。

30. 在混合床离子交换器运行过程中，主要监督____①____；____②____和____③____等出水水质指标。

答： ①电导率；②含硅量；③钠离子含量。

31. 金属腐蚀和金属侵蚀的主要区别在于它的____①____和____②____不同。

答： ①形成原因；②金属表面状态。

32. 腐蚀电池是____①____；腐蚀电池的阳极电位____②____，阴极电位____③____。

答： ①微小的原电池；②较低；③较高。

33. 水中的溶解氧对金属腐蚀有双重影响，一是在____①____抑制金属的腐蚀；二是____②____加速金属的腐蚀。

答： ①金属表面生成氧化物保护膜；②起阴极的去极化作用。

34. 防止给水系统金属腐蚀的主要措施是____①____和____②____。

答： ①给水除氧；②调整给水的 pH 值。

35. 锅炉设备产生水垢后，有以下危害：____①____；____②____；____③____。

答： ①降低锅炉的热经济性；②引起锅炉受热面金属过热、变形、甚至爆管；③引起沉积物下腐蚀。

36. 锅炉排污的方式有____①____和____②____。

答：①连续排污（表面排污）；②定期排污（底部排污）。

37. 蒸汽中的 ① 的现象，称为蒸汽污染。造成饱和蒸汽污染的主要原因是 ② 和 ③ 。

答：①杂质含量超过规定标准；②蒸汽带水（也称水滴携带或机械携带）；③蒸汽溶解杂质（也称溶解携带或选择性携带）。

38. 过热器内的盐类沉积物主要是 ① 。所以，清除过热器内的沉积物，一般采用 ② 的方法。

答：①Na_2SO_4、Na_3PO_4、Na_2CO_3、$NaCl$ 等钠盐；②公共式水冲洗或单位式水冲洗。

39. 对蒸汽一般都监督 ① 和 ② 两个项目。

答：①含钠量；②含硅量。

40. 对锅炉给水经常监督的项目是 ① 、 ② 、 ③ 和 ④ 等。监督这些项目的主要目的是 ⑤ 。

答：①硬度；②溶解氧；③pH 值；④铜、铁含量；⑤防止热力设备及系统腐蚀和结垢。

41. 排污量是指锅炉 ① 。排污率是指排污量占锅炉 ② 的百分数。

答：①每小时排出的水量；②额定蒸发量。

42. 造成汽轮机凝汽器铜管汽侧腐蚀的主要因素是有 ① 和 ② 的存在。

答：①氧；②NH_3。

43. 对锅炉进行化学清洗时，一般用三种药品，即： ① ， ② 和 ③ 。

答：①清洗剂；②缓蚀剂；③添加剂。

44. 盐类沉积物在汽轮机内的分布规律，可归纳为：①不同级中沉积物的量 ① ；②不同级中沉积物的化学组成 ② ；③供热机组和经常启停的汽轮机内沉积物量 ③ 。

答：①不同；②不同；③很少或没有。

45. 对汽轮机凝结水经常监督的项目是 ① 、 ② 和 ③ 等。监督这些项目的主要目的是 ④ 。

答：①硬度；②溶解氧；③电导率；④为了及时发现凝汽器漏泄，避免污染给水水质。

46. 汽轮机凝汽器铜管内生成附着物后，有以下现象产生：___①___；___②___；___③___ 和___④___等。

答：①水流阻力升高；②流量减少；③冷却水出口与蒸汽侧温差增大；④真空度降低。

二、判断题（在题末括号内作出记号：√表示对，×表示错）

1. 天然水中都含有杂质。 （　　）

答：√。

2. 对火力发电厂的锅炉用水，必须进行适当的净化处理。 （　　）

答：√。

3. 火力发电厂水、汽循环系统中的水汽，不可避免地总有一部分损失。 （　　）

答：√。

4. 胶体是许多分子或离子的集合体，胶体微粒表面都带有电荷。 （　　）

答：√。

5. 水中所含杂质的总和，称水的含盐量。 （　　）

答：×。

6. 水中结垢物质的总含量，即水中高价金属盐类的总浓度，称为水的硬度。 （　　）

答：×。

7. 水的暂时硬度，也叫水的非碳酸盐硬度。 （　　）

答：×。

8. 水中的 OH^-、CO_3^- 和 HCO_3^-，以及其他酸根阴离子总和，称为碱度。 （　　）

答：×。

9. 化学耗氧量可表示水中有机物的总含量。 （　　）

答：×。

10. 水的 pH 值可用来表示水中 H^+ 离子的浓度。　（　）

答：√。

11. 天然水的 pH 值小于 7 时，水中的碳酸化合物主要是重碳酸盐类和游离二氧化碳。（　）

答：√。

12. 天然水的 pH 值小于 7 时，天然水中的硅化合物的 99%以上是以硅酸的形式存在于水中的。（　）

答：×。

13. 在水的混凝处理过程中，常用的混凝剂是硫酸铝盐和硫酸亚铁盐两大类。（　）

答：√。

14. 聚合铝是由 $Al(OH)_3$ 等聚合而成的高分子化合物的总称，简称 PAC。（　）

答：√。

15. 粒状滤料的过滤过程有两个作用，一是机械筛分；二是接触凝聚。（　）

答：√。

16. 粒度是粒径和不均匀系数两个指标的总称。（　）

答：√。

17. 水流通过滤层的压力降叫过滤器的水头损失。（　）

答：√。

18. 从外观和内部结构来看，有机合成的离子交换剂很像树木分泌出来的树脂（如桃胶、松脂等），所以通常把有机合成的离子交换剂叫做离子交换树脂。（　）

答：√。

19. 凡含有活性基团，并能电离出可交换离子，具有离子交换能力的物质，均称为离子交换剂。（　）

答：√。

20. 离子交换树脂的交联度值愈大，树脂的机械强度愈大，

溶胀性愈大。（　　）

答：×。

21. 离子交换树脂的交联度值愈小，树脂的含水率愈大，抗污染性能愈强。（　　）

答：√。

22. 离子交换剂的交换容量是用来表示交换剂交换能力的大小的。（　　）

答：√。

23. 离子交换树脂长期贮存或备用时，应再生好，使其转化成 H 型（或 OH 型）。（　　）

答：×。

24. 在离子交换器运行过程中，进水流速愈大，交换剂的工作交换容量愈大，周期制水量也愈大。（　　）

答：×。

25. 离子交换器内的交换剂层愈厚，交换器运行过程中水头损失愈大，交换器的周期制水量愈少。（　　）

答：×。

26. 逆流再生交换器或浮动床交换器运行中的关键问题，是使交换器内的交换剂不乱层。（　　）

答：√。

27. 除去水中所有的溶解盐类的处理，叫做水的化学除盐。（　　）

答：√。

28. 在一级复床除盐系统中，阳床漏 Na^+ 必然会导致阴床漏 $HSiO_3^-$。（　　）

答：√。

29. 在一级复床除盐系统中，除碳器除碳效果的好坏，直接影响着阴床除硅的效果。（　　）

答：√。

30. 原电池中阴极电位变低，阳极电位变高，阴、阳两极间

的电位差降低，这种电极电位的变化叫去极化。（ ）

答：×。

31. 原电池（或腐蚀电池）的极化，可抑制或减缓金属的腐蚀。（ ）

答：√。

32. 造成给水系统腐蚀的主要原因是水中的游离二氧化碳降低了给水的 pH 值，破坏了金属表面的保护膜。（ ）

答：×。

33. 热力除氧的基本原理是：把水加热到沸点温度，使水中的溶解气体全部析出。（ ）

答：×。

34. 饱和蒸汽所携带的 NaOH 杂质进入过热器后，随温度的升高，溶解度增大，并呈浓液滴随过热蒸汽带往汽轮机。（ ）

答：√。

35. 汽轮机凝汽器铜管内形成水垢的主要原因是：冷却水中的重碳酸钙的分解。（ ）

答：√。

36. 蒸汽溶解某些物质的能力与蒸汽压力有关，压力愈高，溶解能力愈大。（ ）

答：√。

三、选择题 [将正确答案的序号"（×）"写在题内横线上]

1. 送往锅炉的水称为＿＿＿＿。

（1）补给水；（2）给水；（3）锅炉水

答：（2）。

2. 除去水中钙、镁盐类的水称为＿＿＿＿。

（1）净水；（2）软化水；（3）除盐水

答：（2）。

3. 未经任何处理的天然水称为＿＿＿＿。

（1）原水；（2）补给水；（3）自来水

答：（1）。

4. 天然水按其含盐量分类时，含盐量在 200～500mg/L 的属_____。

(1) 低含盐量水；(2) 中等含盐量水；(3) 较高含盐量水

答：(2)。

5. 天然水按其硬度分类时，硬度在 1～3mmol/L 的属_____。

(1) 软水；(2) 中等硬度水；(3) 硬水

答：(1)。

6. 用铝盐作混凝剂时，最优 pH 值在_____之间。

(1) 6.0～6.5；(2) 6.5～8；(3) 8 以上

答：(2)。

7. 强酸性 H 型阳离子交换树脂失效后，_____。

(1) 体积增大；(2) 体积缩小；(3) 体积不变

答：(2)。

8. 离子交换树脂受铁、铝及其氧化物污染后，_____。

(1) 颜色变深；(2) 颜色变浅；(3) 颜色不变

答：(1)。

9. 阳离子交换树脂在使用中受活性氯污染后，_____。

(1) 颜色变浅、体积增大；(2) 颜色变深、体积增大；(3) 颜色不变、体积增大

答：(1)。

10. 原水经 Na 型离子交换器处理后，水中的碱度_____。

(1) 增大；(2) 减小；(3) 不变

答：(3)。

11. 化学除盐系统中交换器的排列位置理论上应该是_____。

(1) 阳离子交换器在阴离子交换器之前；(2) 阴离子交换器在阳离子交换器之前；(3) 一般情况下，哪个在前都可以

答：(1)。

12. 锅炉饱和蒸汽溶解携带硅酸是随炉水的 pH 值_____

的。

(1) 升高而增大；(2) 升高而减小；(3) 降低而减小

答：(2)。

13. 防止锅炉出现易溶盐"隐藏"现象的主要方法是_____。

(1) 降低锅炉水的含盐量；(2) 加强锅炉的排污；(3) 改善锅炉的运行工况。

答：(3)。

14. 蒸汽溶解携带的硅酸会沉积在_____。

(1) 过热器管壁上；(2) 汽轮机叶片上；(3) 过热器和汽轮机内

答：(2)。

15. 离子交换树脂的交联度值愈大，树脂的反应速度_____。

(1) 愈慢；(2) 愈快；(3) 不变

答：(1)。

16. H 型交换树脂再生后，_____。

(1) 颜色不变，体积增大；(2) 颜色变浅，体积增大；(3) 颜色变浅，体积缩小

答：(2)。

17. 离子交换反应的平衡常数随着已交换树脂量的增加而_____。

(1) 减小；(2) 增大；(3) 不变

答：(3)。

18. 在浮动床离子交换器的运行中，为了不乱层，交换剂层应呈压实状态，此时水的流速不能低于_____。

(1) 5m/h；(2) 7m/h；(3) 10m/h

答：(2)。

19. 黄铜中的锌被单独溶解的现象，称为_____。

(1) 脱锌腐蚀；(2) 局部腐蚀；(3) 点状腐蚀

答：(1)。

20. 给水加氨处理时，加氨量以使给水 pH 值调节到_____为宜。

(1) 7 以上；(2) 8.5~9.2；(3) 9 以上

答：(2)。

21. 锅炉在正常运行过程中，锅炉水含盐量逐渐增加，但未超过一定值时，蒸汽的带水量_____。

(1) 成正比例增加；(2) 基本不变；(3) 逐渐减少

答：(2)。

22. 锅炉水的 pH 值不应低于_____。

(1) 7；(2) 9；(3) 11

答：(2)。

23. 火力发电厂汽、水取样器的出水，一般应冷却到_____。

(1) 10~20℃；(2) 25~30℃；(3) 40℃以下

答：(2)。

四、问答题

1. 概述火力发电厂的水汽循环系统。

答：在火力发电厂中，水进入锅炉后吸收燃料燃烧放出的热，转变为具有一定压力和温度的蒸汽，送入汽轮机中膨胀做功，使汽轮机带动发电机转动。做完功的蒸汽排入汽轮机凝汽器(蒸汽在凝汽器铜管外侧，管内通以冷却水)，被冷却成凝结水，再由凝结水泵送到低压加热器，加热后送至除氧器除氧。除氧后的水，再由给水泵送到高压加热器，然后经省煤器进入锅炉汽包，这就是凝汽式发电厂水、汽循环系统，如图 4-1 所示。

有些火力发电厂，除发电外还向附近工厂和住宅区供生产用汽和取暖用热水，这种电厂称为热电厂。热电厂中的水、汽循环系统的主要流程如图 4-2 所示。

2. 火力发电厂化学监督工作的主要内容有哪些?

答：火力发电厂化学监督工作的主要内容如下：

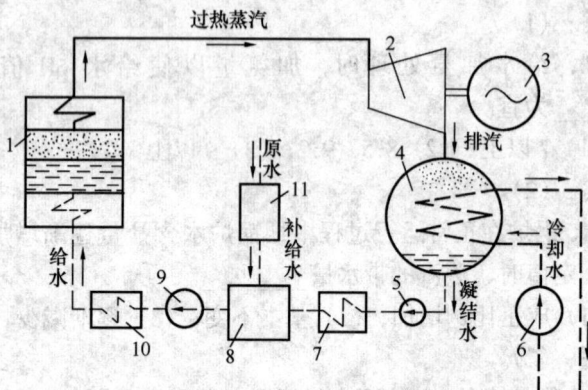

图 4-1 凝汽式发电厂水汽循环系统主要流程

1—锅炉；2—汽轮机；3—发电机；4—凝汽器；5—凝结水泵；

6—冷却水泵；7—低压加热器；8—除氧器；9—给水泵；

10—高压加热器；11—水处理设备

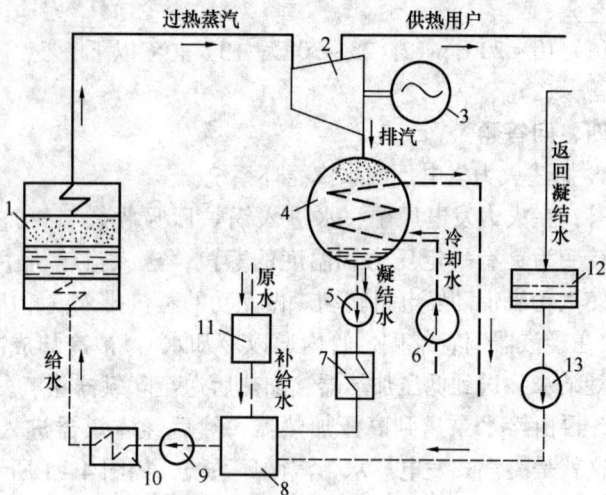

图 4-2 热电厂水汽循环系统主要流程

1—锅炉；2—汽轮机；3—发电机；4—凝汽器；5—凝结水泵；6—冷却
水泵；7—低压加热器；8—除氧器；9—给水泵；10—高压加热器；
11—水处理设备；12—返回凝结水箱；13—返回水泵

（1）用混凝、澄清、过滤及离子交换等方法制备质量合格、数量足够的补给水，并通过调整试验降低水处理的成本。

（2）对给水进行加氨和除氧等处理。

（3）对汽包锅炉，要进行锅炉水的加药和排污处理。

（4）对直流锅炉机组和亚临界压力的汽包锅炉机组，要进行凝结水的净化处理。

（5）在热电厂中，对生产返回凝结水，要进行除油、除铁等净化处理。

（6）对冷却水要进行防垢、防腐和防止出现有机附着物等处理。

（7）在热力设备停备用期间，做好设备防腐工作中的化学监督工作。

（8）在热力设备大修期间，应检查并掌握热力设备的结垢、积盐和腐蚀等情况，作出热力设备的腐蚀结垢状况的评价，不断改进化学监督工作。

（9）做好各种水处理设备的调整试验；配合汽轮机、锅炉专业人员做好除氧器的调整试验，汽包锅炉的热化学试验，以及热力设备的化学清洗等工作。

（10）正确取样、化验、监督给水、锅炉水、蒸汽、凝结水等各种水、汽，并如实地向领导反映设备运行情况。

3. 什么叫溶液、溶剂、溶质？

答：由两种或两种以上的物质所组成的稳定而均匀的体系，称为溶液。

能溶解其他物质的物质，称为溶剂。

溶解在溶剂中的物质，称为溶质。

4. 何谓金属腐蚀和金属侵蚀？它们之间有何区别？

答：金属在周围介质（如空气、水等）的作用下，由于化学或电化学反应，金属表面开始遭到破坏，这一现象称为金属的腐蚀。

金属表面由于机械因素的作用遭到破坏，这一现象称为金属的侵蚀。

金属腐蚀与金属侵蚀的原因是不同的，但它们作用的结果有时在外观上彼此相象，因此金属表面破坏究竟是由于腐蚀还是侵蚀造成的，只有分析该金属所处的工作环境、工作条件后才能确定。

一般受侵蚀的金属表面没有附着物，而且破坏、损伤的分布情况与工作介质（如水、烟气、蒸汽等）的流动方向相吻合。遭到腐蚀的金属表面往往被腐蚀产物所覆盖。

5. 何谓化学腐蚀和电化学腐蚀？

答：金属与周围介质（干燥气体、过热蒸汽、润滑油，以及其他非电解质溶液等）直接起化学作用而出现的金属表面被破坏的现象称为金属的化学腐蚀。在金属化学腐蚀的整个过程中，没有电流产生，如锅炉水冷壁外侧受高温炉烟的氧化；过热器因受高温过热蒸汽的作用所发生的汽水腐蚀等都属于化学腐蚀。

金属与周围电解质（酸、碱、盐）溶液互相作用而引起金属表面被破坏的同时，有局部电流产生，这种腐蚀就称为电化学腐蚀。金属在各种电解质水溶液中或潮湿空气中的腐蚀，如所有与除盐水、给水、锅炉水、冷却水，以及湿蒸汽接触的金属设备所遭到的腐蚀，均属于电化学腐蚀。

6. 水的含盐量和水的溶解固形物是否一样？它们之间的关系如何？

答：水的含盐量是指水中各种阳离子浓度和阴离子浓度的总和。而溶解固形物是水经过过滤、蒸干，最后在 $105 \sim 110℃$ 温度下干燥后的残留物质。两者之间是有一定的差别的。

含盐量和溶解固形物有着密切的关系。水的含盐量高，溶解固形物的量也大。但当用溶解固形物表示含盐量时，必须加以校正，其校正值通常为：含盐量 $\approx$ 溶解固形物 $+ \frac{1}{2}$ [HCO_3^-]。

7. 什么是水的硬度？硬度可分为几类？它的常用单位是什么？

答：水中钙、镁离子的总浓度称为硬度。

根据水中阴离子的存在情况，硬度可分为碳酸盐硬度和非碳酸盐硬度两大类。碳酸盐硬度是指水中钙、镁的碳酸氢盐、碳酸盐的浓度之和。非碳酸盐硬度是指水的总硬度和碳酸盐硬度之差，它可表示钙、镁的氯化物、硝酸盐和硫酸盐等的浓度。

硬度常用的单位是毫摩（尔）/升或微摩（尔）/升。

8. 什么是水的碱度？碱度可分几类？它的常用单位是什么？

答：水的碱度是用来表示水中的 OH^-、CO_3^{2-}、HCO_3^- 及其他弱酸盐类量的总和。

根据测定碱度时所采用的指示剂，碱度可分为酚酞碱度和甲基橙碱度。

酚酞碱度是指以酚酞为指示剂，用酸滴定至终点（终点 pH 值为 8.3）时所测得的碱度值。此反应如下：

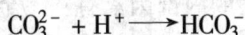

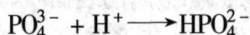

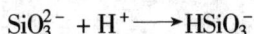

$$OH^- + H^+ \longrightarrow H_2O$$
$$CO_3^{2-} + H^+ \longrightarrow HCO_3^-$$
$$PO_4^{3-} + H^+ \longrightarrow HPO_4^{2-}$$
$$SiO_3^{2-} + H^+ \longrightarrow HSiO_3^-$$

HCO_3^- 及其他弱酸阴离子不参与此反应。

甲基橙碱度是指以甲基橙为指示剂，用酸滴定至终点（终点 pH 值为 4.0）时所测得的碱度值。此反应如下：

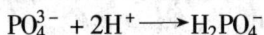

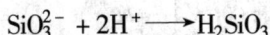

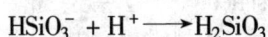

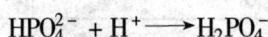

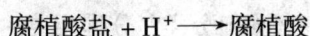

$$OH^- + H^+ \longrightarrow H_2O$$
$$CO_3^{2-} + 2H^+ \longrightarrow H_2O + CO_2$$
$$PO_4^{3-} + 2H^+ \longrightarrow H_2PO_4^-$$
$$SiO_3^{2-} + 2H^+ \longrightarrow H_2SiO_3$$
$$HCO_3^- + H^+ \longrightarrow H_2O + CO_2$$
$$HSiO_3^- + H^+ \longrightarrow H_2SiO_3$$
$$HPO_4^{2-} + H^+ \longrightarrow H_2PO_4^-$$
$$腐植酸盐 + H^+ \longrightarrow 腐植酸$$

由此可知，用甲基橙为指示剂时，测得的碱度值包括了能表示碱度的所有的阴离子，所以它是全碱度。

碱度的常用单位是毫摩（尔）/升或微摩（尔）/升。

9. 什么是酸度？它和酸的浓度是否相同？

答：酸度是指水中含有能与强碱起中和作用的物质的量浓度。实质上是指水中 H^+ 离子浓度的多少。它不同于酸的浓度。酸的浓度是指溶于水中的酸分子的多少，它包括已电离的酸分子和未电离的酸分子。

10. 影响金属腐蚀的外部因素有哪些？

答：影响金属腐蚀速度和腐蚀分布状况的外部因素有以下几方面：①水中溶解氧；②水的 pH 值；③游离 CO_2；④水中盐类的化学性质及浓度；⑤温度；⑥热负荷；⑦水流速；⑧水中有机胶体物质；⑨漏溢电流的影响等。

11. 影响金属腐蚀的内部因素有哪些？

答：影响金属腐蚀的内部因素有：①金属的成分和结构；②金属内部的杂质和应力；③金属的表面状态等。

12. 酚酞碱度（P）、甲基橙碱度（M）与 OH^-、CO_3^{2-} 和 HCO_3^- 的关系如何？

答：P、M 与 OH^-、CO_3^{2-} 和 HCO_3^- 的关系，如表 4-1 所示。

表 4-1　　　P、M 与 OH^-、CO_3^{2-} 和 HCO_3^- 的关系

P 与 M 的关系	水中存在的离子	各离子的浓度（mmol/L）		
		OH^-	CO_3^{2-}	HCO_3^-
$M = P$	OH^-	P 或 M	—	—
$M < 2P$	OH^- 和 CO_3^{2-}	$2P-M$	$2(M-P)$	—
$M = 2P$	CO_3^{2-}	—	M 或 $2P$	—
$M > 2P$	CO_3^{2-} 和 HCO_3^-	—	$2P$	$M-2P$
$P = 0$	HCO_3^-	—	—	M

13. 天然水一般如何分类？分哪几类？

答：目前，我国对天然水的分类是按其主要水质指标或水处理工艺学来分类的。

一、按主要水质指标分类

1. 按含盐量来分

低含盐量水——含盐量在 200mg/L 以下；

中等含盐量水——含盐量在 200～500mg/L；

较高含盐量水——含盐量在 500～1000mg/L；

高含盐量水——含盐量在 1000mg/L 以上。

2. 按硬度来分

极软水——硬度在 1.0mmol/L 以下；

软　水——硬度在 1.0～3.0mmol/L；

中等硬水——硬度在 3.0～6.0mmol/L；

硬　水——硬度在 6.0～9.0mmol/L；

极硬水——硬度在 9.0mmol/L 以上。

二、按水处理工艺学分类

碱性水——碱度大于硬度；

非碱性水——硬度大于碱度。

14. 什么是胶体？它有什么特性？

答：胶体是由许多分子和离子组成的集合体，其颗粒直径在 $10^{-6}～10^{-4}mm$ 之间。胶体颗粒的表面带有电荷。

胶体的主要特性是其颗粒表面带有同性电荷，颗粒之间相互排斥，避免了胶体颗粒之间的聚合，使它在水中很稳定，能持久地保持悬浮的分散状态，不易聚合、长大而沉降下来。

15. 什么是胶体颗粒的稳定性？促使其稳定的原因有哪些？

答：胶体颗粒在水中长期保持悬浮状态而不被破坏的性质，叫做胶体颗粒的稳定性。

促使胶体颗粒稳定的原因有以下三个方面：

（1）胶体颗粒带有同性电荷而互相排斥，这是在水溶液中不易沉降的基本原因。

（2）胶体微粒表面被一层水分子紧紧地包围着（称为水化

层），阻碍了胶体颗粒间的接触，使得胶体在热运动时不能被此粘合，从而使其颗粒悬浮不沉。

（3）由于布朗运动，胶体颗粒克服了重力所产生的影响，因此不易下沉。

16. 怎样才能使胶体凝聚？

答：要促使胶体凝聚，就要压缩扩散层、减少 ζ 电位，其具体办法如下：

（1）加入带相反电荷的胶体。此时水中原有的胶体和加入的胶体，发生电中和，使两种胶体的 ζ 电位都减少，便于胶体颗粒的凝聚、长大而下沉。

（2）添加与胶体颗粒电荷符号相反的高价离子。压缩扩散层，使胶粒便于接触凝聚而下沉。

17. 天然水中一般都有哪些胶体？这些胶体对火力发电厂水处理设备和热力设备有何影响？

答：天然水中的胶体一般为有机物和矿物质。有机物胶体是由于动植物在水中腐烂和分解而生成的；矿物质胶体主要是铁、铝和硅的化合物。

天然水中的胶体能污染离子交换树脂，降低其交换容量。胶体进入锅炉后，会引起锅炉水工况恶化，造成锅炉内部结垢，锅炉水 pH 值下降或产生泡沫，使蒸汽品质恶化；有机物在锅炉中还可转化为有机酸进入蒸汽中，引起汽轮机低压段隔板、缸体的严重腐蚀。总之，天然水中的胶体对火力发电厂水处理设备和热力设备的安全、经济运行有着很大的危害。因此，天然水进入离子交换器以前，必须经过混凝、沉淀等预处理，将胶体物质彻底除去。

18. 怎样除去天然水中的胶体物质？

答：除去天然水中的胶体物质，通常采用混凝处理，使胶体物质所带电荷被中和而凝聚成絮状物质从水中沉淀出来。混凝处理是在澄清设备中进行的。

除去水中的胶体物质也可采用活性炭吸附，因为活性炭具有很大的比表面积、具有很强的吸附能力。但由于活性炭吸附胶体物质的成本高，目前此项技术尚未被广泛地采用。

19. 过滤处理的基本原理是什么？

答：水的过滤处理是表面过滤（或称薄膜过滤）和渗透过滤（或称接触混凝过滤）的综合过程。

带有悬浮物的水自上部进入过滤层时，在滤层表面由于吸附和机械阻留作用，悬浮物被截留下来，于是它们发生彼此重叠和架桥作用，其结果好像形成了一层附加的滤膜，在以后的过滤过程中，此滤膜就起主要的过滤作用，这种过滤过程称为表面过滤。当带有悬浮物的水流入滤层中间和下部时，由于滤层中的滤料颗粒排列紧密，含有悬浮物的水流经滤层中弯弯曲曲的孔隙时，水中的悬浮物和滤料碰撞接触，彼此相互粘附，在滤层中进行了进一步的混凝过程，故此过程又称为接触混凝。

在水由上向下流动的过滤器中，这两种过滤作用都有，但其中表面过滤作用是主要的。

20. 何谓滤料？它应具备哪些条件？

答：作为过滤器（或滤池）过滤材料的物质称作滤料。

滤料应具备的条件为：①化学性能稳定，不影响出水水质；②机械强度大，在使用中不易破碎；③粒度适当，不影响过滤器的正常运行。除此以外，还应当价廉，便于采购等。

21. 何谓水的离子交换处理？

答：水的离子交换处理是用一种称做离子交换剂的物质来进行的。离子交换剂遇水后，可将本身所具有的某种离子与水中同电性离子进行交换，如钠型离子交换剂遇到含有 Ca^{2+} 离子的水时，就发生如下的交换反应

$$Ca^{2+} + 2RNa^+ \longrightarrow R_2Ca + 2Na^+$$

反应结果是水中的 Ca^{2+} 被吸附在交换剂上，交换剂转变成 Ca 型，而交换剂上原有的 Na^+ 进入水中，这样水中的 Ca^{2+} 离子就被除去了。

22. 何谓离子交换剂？

答: 离子交换剂是一种反应性的高分子电解质。其内部含有活性基团，活性基团能离解出可交换离子，这种离子能够和溶液中的同符号离子相互交换。所以，凡含有可交换离子、具有离子交换能力的物质，均称为离子交换剂。

23. 简述离子交换剂的结构。

答: 离子交换剂一般都具有网状结构。它不溶于酸或碱，但具有酸或碱的性质。其结构包括两个组成部分：一部分是具有网状结构的高分子骨架（或称母体结构），另一部分是能够发生离解作用的活性基团。这个活性基团牢固地结合在高分子骨架上，不能自由移动，故称为惰性物质。但在这个活性基团上带有能离解的离子，这种离子可以自由移动，与周围外来的同电性离子互相交换，称为可交换离子，即

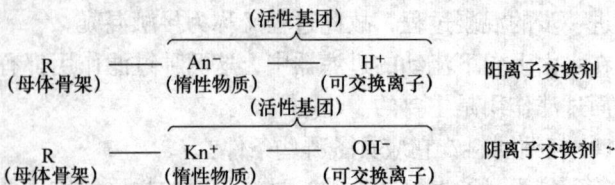

（活性基团）

R ——— An^- ——— H^+ 阳离子交换剂
（母体骨架）（惰性物质）（可交换离子）

（活性基团）

R ——— Kn^+ ——— OH^- 阴离子交换剂 ～
（母体骨架）（惰性物质）（可交换离子）

24. 常用的离子交换剂是怎样分类的?

答: 常用的离子交换剂的种类很多，有天然的和人造的、有机质和无机质、阳离子型和阴离子型、大孔型和凝胶型等。详细分类如下：

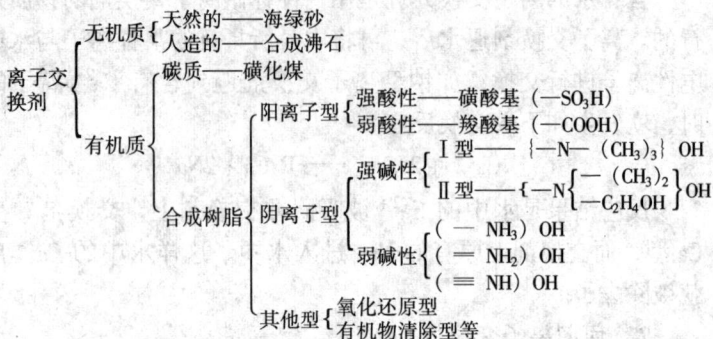

270

25. 火力发电厂水处理常用的苯乙烯系离子交换树脂是怎样制造的？

答： 苯乙烯系离子交换树脂的制造过程是：将苯乙烯和二乙烯苯放在水溶液中，使其在悬浮状态下进行共聚，制得高分子化合物聚苯乙烯小球。这是半成品，没有可交换离子基团，称为白球。将白球进一步处理，即可得到阴、阳离子交换树脂。

对白球进行浓硫酸处理，引入活性基团—SO_3H，即可制得磺酸型阳离子交换树脂。

将白球氯甲基化，制取中间产物，然后经胺化处理，即可制得苯乙烯系阴离子交换树脂。

26. 电厂常用的离子交换剂为什么都称作离子交换树脂？

答： 用化学合成法制成的高分子有机质离子交换剂，其外形很像树木分泌出的树脂（如松脂、桃胶等），内部也具有树脂状结构（内部网状多孔），因此被称为离子交换树脂。

27. 使用新树脂前为什么要进行处理？

答： 工业产品的离子交换树脂中常含有一些过剩的溶剂及反应不完全而生成的低分子聚合物和某些重金属离子。如不除去这些物质，它们就会在离子交换树脂使用过程中，污染出水水质。所以，对新的离子交换树脂，在使用前必须进行预处理。这样做不仅可以提高其稳定性，还可以起到活化树脂，提高其工作交换容量的作用。

28. 离子交换树脂的代号 001×7、201×8、D111 有何意义？

答： 001×7 系强酸性苯乙烯系阳离子交换树脂，其交联度为 7%。

201×8 系强碱性苯乙烯系阴离子交换树脂，其交联度为 8%。

D111 系大孔型弱酸性丙烯酸系阳离子交换树脂。

29. 什么是交换容量？交换容量的大小如何表示？常用的交换容量有哪几种？

答： 交换容量表示离子交换剂交换能力的大小，即离子交剂可交换离子量的多少。

交换容量有两种表示方法：一是质量表示法，即表示单位质量离子交换剂的吸着交换能力，用毫摩（尔）/克（mmol/g）表示；二是体积表示法，即表示单位体积离子交换剂的吸着交换能力，用摩（尔）/米³（mol/m³）表示。

常用的交换容量有全交换容量、平衡交换容量和工作交换容量三种。

30. 何谓全交换容量？

答：全交换容量是指交换剂中所有活性基团的总量，即将树脂中所有活性基团全部再生成某种可交换离子，然后测其全部交换下来的量。全交换容量对于同一种离子交换剂是个常数。

31. 何谓工作交换容量？影响工作交换容量大小的因素有哪些？在运行中如何计算工作交换容量？

答：工作交换容量是指交换剂在运行条件下的有效交换容量。由于使用条件的不同，其数值也不相同。

影响工作交换容量大小的主要因素是：进水的离子浓度、交换终点的控制指标、交换剂层的高度、水流速度、水的 pH 值、交换剂的粒度、交换基团的形式，以及再生充分与否等。

工作交换容量在运行中应按下式进行计算

$$工作交换容量 = \frac{进水离子摩尔浓度 - 出水残留离子摩尔浓度}{交换剂体积}$$
$$\times 总制水量 \ (mol/m^3)$$

32. 何谓交换器的反洗？交换器反洗的目的是什么？反洗操作时应注意哪些事项？

答：交换器的反洗是指从交换器底部的排水装置进水，水流自下而上地通过树脂层，使之膨胀，此时树脂处于松动状态。

交换器反洗的目的是：①翻动被压实的树脂层；②通过水流的冲刷和树脂颗粒的摩擦，除去附着在树脂表面的悬浮杂质；③排除破碎树脂和树脂层中积存的气泡。

反洗操作时应注意的事项为：①排水是否正常；②树脂是否

缓慢地松散上升，勿使树脂块状浮起；③若树脂结块上升，则应立即关闭进水阀，打开排水阀，待树脂翻动松散后，再重新进行反洗；④反洗时间根据水的清洁程度决定，不宜过长，过长会造成深度失效，使再生效果不好且增加了水耗。

33. 影响离子交换器再生效果的主要因素有哪些？

答：影响再生效果的因素很多，其主要因素有：①树脂的类型；②再生方式；③再生剂的用量；④再生液的浓度；⑤再生液的流速；⑥再生液的温度；⑦再生剂的种类和纯度；⑧配制再生液的水质；⑨再生操作程序等。

34. 离子交换器再生时，再生操作应注意哪几个方面？

答：离子交换器再生时，再生操作应注意的方面有：①检查再生系统是否正常；②准确控制再生液浓度及温度；③再生时，离子交换器应保持一定的压力；④再生时，应严格控制再生剂的用量和流量。

35. 离子交换器正洗的目的是什么？正洗操作时应注意什么？

答：离子交换器正洗的目的是：把充满在交换剂颗粒孔隙中的再生液和再生产物冲洗掉。

正洗操作时应注意的有：①进水水压的大小；②进水是否均匀；③当离子交换器内满水后，关闭空气门，控制一定的正洗流量；④接近正洗终点时，应及时检查正洗控制项目，以免正洗时间过长。

36. 影响离子交换器交换效果的主要因素有哪些？

答：影响离子交换效果的因素很多，主要因素有：①离子交换器的运行方式；②进水含盐量；③水的流速；④树脂层的高度；⑤水的 pH 值；⑥水的温度；⑦再生程度；⑧树脂的污染与老化；⑨离子交换树脂的颗粒大小及均匀度等。

37. 何谓水垢和水渣？

答：当溶有盐类杂质的锅炉水蒸发浓缩到一定程度或由于水温升高某些物质发生转变现象（如重碳酸盐的分解），而使水中难溶盐类的离子浓度乘积大于它的溶度积时，即该盐类在水溶液中达到过饱和状态，该盐类便从水溶液中结晶析出，直接附着在金属受热面上，形成致密、坚硬的附着物，这些附着物称为水垢。

在一定的条件下，有些盐类杂质从锅炉水中结晶析出时，呈悬浮状态，并逐渐凝聚成较大的颗粒，沉积在联箱或其他水流缓慢的地方，成为沉渣，这些沉淀物称为水渣。

38. 锅炉中有哪些水垢和水渣？

答：锅炉中生成的水垢，按其化学成分主要有如下几种：

(1) 钙、镁水垢。其主要成分是钙和镁的盐类物质，其含量可达 90%。例如，石膏（$CaSO_4 \cdot H_2O$）、半石膏（$CaSO_4 \cdot \frac{1}{2}H_2O$）、硅酸钙（$CaSiO_3$）、碳酸钙（$CaCO_3$）以及磷酸镁 $[Mg_3(PO_4)_2]$ 等。

(2) 铁垢。其主要成分多为铁的化合物。其中磷酸盐铁垢主要是磷酸亚铁 $[Fe_3(PO_4)_2]$ 和磷酸亚铁钠（$NaFePO_4$）；硅酸盐铁垢有锥辉石（$Na_2O \cdot Fe_2O_3 \cdot 4SiO_2$）；氧化铁垢主要是 Fe_3O_4。

(3) 铜垢。其主要成分为金属铜，特别是在与水接触的表面，含铜量最多。

(4) 铝硅酸盐垢。铝垢与硅酸盐垢通常是混合存在。如方沸石（$Na_2O \cdot Al_2O_3 \cdot 4SiO_2 \cdot 2H_2O$）和黝方石（$4Na_2O \cdot 3Al_2O_3 \cdot 6SiO_2 \cdot SO_3$）等。

水渣在锅炉水中也分为两种：一种水渣易于黏附在受热面上，极易形成难以用机械方法除掉的二次水垢，属于这一类水渣的有 $Mg(OH)_2$、$Mg_3(PO_4)_2$ 等；另一种是不易黏附在受热面上的水渣，属于这一类水渣的有碱性磷灰石 $[Ca_{10}(OH)_2(PO_4)_6]$ 和蛇纹石（$3MgO \cdot 2SiO_2 \cdot 2H_2O$）等。

39. 水垢和水渣对热力设备运行有哪些影响？

答：热力设备内产生水垢或水渣，对热力设备的安全经济运行有很大的危害，主要表现在以下几个方面：

（1）影响热传导，降低锅炉的经济性。由于水垢的导热系数比金属的小几十至几百倍，如锅炉受热面结有 1mm 厚水垢，就可使燃料消耗量增加 1.5%~2.0%，从而浪费大量的燃料，造成经济上的巨大损失。

（2）引起或促进热力设备的腐蚀。当金属受热面结有水垢，尤其是铜垢和铁垢时，会加速金属垢下的腐蚀，导致热力设备损坏，被迫停运检修。

（3）引起受热面金属过热、变形、鼓包，甚至爆破。

（4）破坏锅炉设备的正常水循环。水冷壁管内结垢，使其流通截面减小、阻力增大，影响正常的水循环，严重时可使水循环中断。

40. 锅炉设备内形成钙镁水垢的原因是什么？如何防止？

答： 在锅炉受热面上形成钙、镁水垢的主要原因有以下几个方面：

（1）进入锅炉的给水中的残留硬度超过标准（$H > 3\mu mol/L$），这是形成钙、镁水垢的根源。

（2）随着水温的升高，多数钙、镁的难溶化合物在水中的溶解度下降。

（3）由于锅炉水不断地蒸发浓缩，锅炉水中钙、镁难溶化合物的浓度达到过饱和状态而形成沉淀析出。

（4）在水加热、蒸发的过程中，某些易溶性的钙、镁化合物转变成难溶化合物，如下列反应

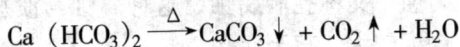

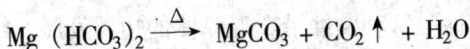

$$Ca(HCO_3)_2 \xrightarrow{\Delta} CaCO_3 \downarrow + CO_2 \uparrow + H_2O$$

$$Mg(HCO_3)_2 \xrightarrow{\Delta} MgCO_3 + CO_2 \uparrow + H_2O$$
$$\downarrow 水解$$
$$Mg(OH)_2 \downarrow + CO_2 \uparrow + H_2O$$

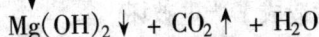

总之，锅炉受热面结有钙、镁水垢，主要是锅炉水中的钙、镁盐类的离子浓度积超过了它们的溶度积而引起的。

防止锅炉受热面产生钙、镁水垢，应采取下列措施：

（1）最大限度地降低给水中的残留硬度。

（2）严格地进行锅炉内的加药处理，调节锅炉水的组成成分，使钙、镁离子形成分散状态的水渣。

（3）正确、及时地进行锅炉排污，把锅炉水中的悬浮物、水渣等沉积物及时地排掉。

41. 金属腐蚀的形式有几类？它们各有何特点？

答： 金属腐蚀破坏的基本形式可分为两大类，即全面腐蚀和局部腐蚀。

（1）全面腐蚀：金属在腐蚀性介质作用下，金属表面全部或大部分遭到腐蚀破坏的称为全面腐蚀。全面腐蚀又可分为均匀的全面腐蚀和不均匀的全面腐蚀两种。均匀的全面腐蚀，即金属的整个表面以大体均匀的速度被腐蚀。不均匀的全面腐蚀，即金属表面各个部分，以不同的速度被腐蚀。

（2）局部腐蚀：金属表面只有部分发生腐蚀破坏的称局部腐蚀。

42. 局部腐蚀的形式有几种？各有何特点？

答： 局部腐蚀的形式有斑痕、溃疡、点状、晶间、穿晶和选择性等六种。其特点如下：

（1）斑痕腐蚀。形状不规则，分散在金属表面的个别部位，深度不大，但所占的面积较大。

（2）溃疡腐蚀。又称坑陷腐蚀，腐蚀处呈明显边缘和稍深的陷坑，腐蚀集中在较小的面积上。

（3）点状腐蚀。又称孔洞腐蚀，这种腐蚀与溃疡腐蚀相似，只是面积小，深度较大，直至穿孔。

（4）晶间腐蚀。这种腐蚀沿金属晶体的边界发展，结果形成金属晶间裂缝，使金属的机械性能降低，在金属没有发生显著地变形时，就造成了严重破坏。

（5）穿晶腐蚀。腐蚀裂缝穿过金属的晶粒，对金属的破坏性较大。

（6）选择性腐蚀。合金中的某一成分受到破坏，致使合金的强度和韧性显著降低。

第二节　中　级　工

一、填空题

1. 碱化度是聚合铝的一个重要指标。碱化度在 30% 以下时，____①____，混凝能力差；碱化度太大时，____②____，会生成氢氧化铝的沉淀物。

答：①混凝剂全部由小分子构成；②溶液不稳定。

2. 水的混凝处理的基本原理可归纳为 ____①____、____②____、____③____ 和 ____④____ 等四种作用。

答：①吸附；②中和；③表面接触；④过滤。

3. 用铁盐作混凝剂处理水时的特点是：____①____；____②____；____③____；____④____。

答：①生成凝絮的密度大；②水温对混凝效果的影响不大；③适用的 pH 范围很广；④不适用于处理含有机物较多的水。

4. 作为过滤器的滤料，应具备的几个主要条件是：____①____，____②____，____③____ 和 ____④____ 等。

答：①化学性能稳定；②机械强度大；⑧粒度适当；④价格便宜，易于购买。

5. 无阀滤池不能自动反冲洗的原因是 ____①____；____②____；____③____ 和 ____④____ 等四个方面。

答：①反冲洗机构有漏气现象发生；②出口水封无水；③滤层穿孔；④滤层太薄。

6. 取树脂样品，加入 1mol/LHCl 溶液处理后，在已酸化的树脂中加入 10% $CuSO_4$ 溶液处理，树脂呈浅绿色的为 ____①____；如树脂颜色不变则为 ____②____。

答：①阳离子交换树脂；②阴离子交换树脂。

7. 水的化学除盐处理过程中，最常用的离子交换树脂是 ____①____，____②____，____③____ 和 ____④____ 等四种。

答：①强酸阳离子交换树脂；②弱酸阳离子交换树脂；③强碱阴离子交换树脂；④弱碱阴离子交换树脂。

8. 强酸性苯乙烯系阳离子交换树脂常以___①___型出厂；强碱性苯乙烯系阴离子交换树脂常以___②___型出厂。

答：①Na；②Cl。

9. 新树脂在使用前要进行预处理，树脂经预处理后，有三大好处，即：___①___，___②___和___③___。

答：①树脂稳定性提高；②起到活化树脂的作用；③提高了树脂的工作交换容量。

10. 离子交换树脂长期使用后，颜色变深，工作交换容量降低，其原因是___①___和___②___的污染所致。一般可用___③___和___④___进行处理。

答：①铁、铝及其氧化物；②有机物；③HCl 溶液；④NaOH 溶液。

11. 在顺流再生离子交换器的反洗过程中，有树脂跑出，主要是因为___①___造成的。运行时出水中有树脂，是___②___造成的。

答：①反洗强度太大；②排水装置损坏。

12. 离子交换器再生时，若再生液的浓度过大，则由于___①___，___②___降低。

答：①压缩作用；②再生效率。

13. 长期保存离子交换树脂时，最好用___①___浸泡树脂，并经常更换___②___，这主要是为了防止___③___。

答：①蒸煮过的水；②蒸煮水；③微生物和细菌对树脂的污染。

14. 逆流再生离子交换器出力下降或再生时再生液流速变小，可能是由于___①___或___②___等造成的。这时，为了提高出力，保证再生效果，必须进行___③___操作。

答：①树脂层被压实；②树脂层中悬浮物太多；③大反洗。

15. 离子交换器产生偏流、水流不均匀现象的原因，可能是

___①___ ；___②___ ；___③___ 等。

答：①进水装置堵塞或损坏；②交换剂层被污堵或结块；③排水装置损坏。

16. 离子交换树脂的交联度越大，树脂的视密度___①___，含水率___②___，机械强度___③___，再生效率___④___。

答：①越大；②越小；③越大；④越低。

17. 001×7 型树脂的全名称是___①___，树脂交联度值为___②___。

答：①强酸性苯乙烯系阳离子交换树脂；②7%。

18. 201 型树脂的全名称是___①___；301 型树脂的全名称是___②___；D111 型树脂的全名称是___③___。

答：①强碱性苯乙烯系阴离子交换树脂；②弱碱性苯乙烯系阴离子交换树脂；③大孔弱酸性丙烯酸系阳离子交换树脂。

19. 在浮动床离子交换器的运行过程中，交换剂处于悬浮状态，但浮而___①___；交换剂层仍在___②___状态下进行交换反应。

答：①不乱；②压实。

20. 混合床离子交换器反洗分层的好坏与反洗分层时的___①___有关，同时也与___②___有关。

答：①水流速；②树脂的失效程度。

21. 双层床中强弱两种树脂的体积比例，在同时失效的前提下，与___①___成正比，与___②___成反比。

答：①各自的交换离子浓度；②它们的工作交换容量。

22. 选择混合床离子交换树脂的原则，一般应考虑___①___，___②___，___③___等三个方面。

答：①阴、阳树脂有一定的密度差；②树脂的机械强度要大；③是大孔型树脂。

23. 对离子交换器进行反洗操作时，必须注意以下两个方面：___①___，___②___。

答：①反洗水质应澄清纯净；②反洗强度应适当。

24. 设置强酸性 H 型离子交换器，是为了除去水中___①___。因此，在运行中出水出现___②___现象时，必须停止运行，进行再生。

答：①H⁺以外的所有阳离子；②漏 Na^+。

25. 设置强碱性 OH 型离子交换器，是为了除去水中 ___①___ 。因此，交换器在运行过程中出现 ___②___ 现象时，必须停止运行，进行再生。

答：①OH⁻以外的所有阴离子；②漏 $HSiO_3^-$。

26. 促使原电池（或腐蚀电池）阴、阳两极间电位差减小的现象叫 ___①___ 。它能使金属的腐蚀速度 ___②___ 。

答：①极化；②减缓或停止。

27. 金属材料本身的耐腐蚀性能，主要与金属的 ___①___ 、___②___ 、___③___ 及 ___④___ 等有关。

答：①化学成分；②金相组织；③内部的应力；④表面状态。

28. 在火力发电厂热力设备及系统内，最易发生氧腐蚀的是 ___①___ ，___②___ 。最易发生二氧化碳腐蚀的是 ___③___ 。

答：①水处理设备及系统；②给水设备及系统；③凝结水设备及系统。

29. 锅炉设备产生苛性脆化腐蚀的主要因素是 ___①___ ；___②___ ；___③___ 。

答：①设备金属内部有很大的应力（接近屈服点）；②锅炉水具有侵蚀性（含有大量的游离 $NaOH$）；③锅炉结构有不严密的地方（存在局部浓缩现象）。

30. 造成停备用锅炉腐蚀的主要原因是 ___①___ 、___②___ 和 ___③___ 等三个方面。

答：①金属表面潮湿和氧气的进入；②金属表面残留着锅炉水水滴；③由蒸汽母管漏入蒸汽。

31. 停备用锅炉防腐保护的原则是：___①___ ；___②___ ；___③___ ；___④___ 。

答：①不使空气进入设备内；②保持金属表面充分干燥；③使金属表面生成保护膜或吸附膜；④使金属表面浸泡在强还原性的水溶液中。

32. 协调 pH-磷酸盐处理要求锅炉水的 Na^+/PO_4^{3-} 摩尔比 (R) 在 $2.2 \sim 2.85$ 的范围内。若锅炉水 Na^+/PO_4^{3-} 摩尔比大于 2.85，则相应地要向锅内混加 ___①___；若锅炉水 Na^+/PO_4^{3-} 摩尔比接近或小于 2.2 时，则相应地要往锅内混加 ___②___。

答：①Na_2HPO_4；②$NaOH$。

33. 给水加氨处理时，必须注意的事项是 ___①___；___②___；___③___。

答：①保证水汽系统中的含氧量非常低；②保持给水 pH 值在 $8.5 \sim 9.2$ 范围内；③加氨过剩量在 $1 \sim 2mg/L$ 以下。

34. 防止锅炉设备产生苛性脆化，一般采用的方法是 ___①___；___②___；___③___。

答：①尽量消除造成苛性脆化的机械应力；②调节锅炉水成分，降低锅炉水的相对碱度；③接装苛性脆化指示器。

35. 局部腐蚀的形式有 ___①___、___②___、___③___、___④___、___⑤___ 和 ___⑥___ 等六种。

答：①斑痕腐蚀；②溃疡腐蚀；③点状腐蚀；④晶间腐蚀；⑤穿晶腐蚀；⑥选择性腐蚀。

36. 水温升高，水的黏度 ___①___，物质在水中的扩散速度 ___②___。同时，水的电导率 ___③___，对金属的腐蚀速度 ___④___。

答：①降低；②加快；③升高；④加快。

37. 游离 CO_2 的腐蚀属 ___①___ 腐蚀，其腐蚀电池的反应；阳极区为 ___②___；阴极区为 ___③___。

答：①酸性；②$Fe \longrightarrow Fe^{2+} + 2e$；③$2H^+ + 2e \longrightarrow H_2 \uparrow$。

38. 联氨又名 ___①___，分子式为 ___②___，在给水中除氧的基本原理是 ___③___。

答：①肼；②N_2H_4；③$N_2H_4 + O_2 \longrightarrow N_2 + 2H_2O$。

39. 协调 pH-磷酸盐处理，要求 Na^+/PO_4^{3-} 摩尔比 (R) 应在 ___①___ 范围内。R 值太低，锅炉水的 ___②___ 低，易发生 ___③___ 腐蚀。

答：①$2.2 \sim 2.85$；②pH 值；③酸性。

二、判断题（在题末括号内作出记号：√表示对，×表示错）

1. 水在火力发电厂的生产过程中，担负着传递能量和冷却介质的作用。（ ）

答：√。

2. 火力发电厂也称热电厂。（ ）

答：×。

3. 大气水（如雨、雪等），是最纯净的天然水，它不含有任何杂质。（ ）

答：×。

4. 过去人们常说的"暂时硬度"是和目前的碳酸盐硬度完全一样的。（ ）

答：×。

5. 所有不溶于水的硅化合物，统称为胶体硅。（ ）

答：×。

6. 天然水中的钙、镁离子，主要来源于钙、镁碳酸盐被含 CO_2 水溶解所致。（ ）

答：√。

7. 水的 pH 值小于 4 时，水中的碳酸化合物只有游离 CO_2，没有其它碳酸盐。（ ）

答：√。

8. 在水的混凝处理过程中，用铝盐作混凝剂时，最优 pH 值在 6.5~8 之间。（ ）

答：√。

9. 碱化度是聚合铝的一个重要指标。碱化度在 30% 以下时，混凝效果较好。（ ）

答：×。

10. 水的酸度和酸的浓度是一个概念、两个说法。（ ）

答：×。

11. 碱性水和非碱性水之分，主要是根据水中碱度的大小来

确定的。（　　）

答：×。

12. 火力发电厂锅炉设备在正常运行的情况下，锅炉水中的 HCO_3^- 含量等于零。（　　）

答：√。

13. 汽轮机循环冷却水的 pH 值为 6.9 时，循环冷却水中反映碱度的离子，主要是 HCO_3^- 离子。（　　）

答：√。

14. 混凝剂在水的混凝处理过程中，其本身也发生电离、水解、形成胶体和凝聚等过程。（　　）

答：√。

15. 接触混凝的滤速不能太快，一般应为 5～6m/h，否则滤料会被带出。（　　）

答：√。

16. 离子交换树脂的交联度愈大，树脂的视密度愈大，抗氧化性能愈强。（　　）

答：√。

17. 离子交换树脂的交联度愈小，树脂的含水率愈大，溶胀性愈大。（　　）

答：√。

18. 离子交换剂的工作交换容量是指交换剂在运行过程中的交换容量。（　　）

答：×。

19. 离子交换器再生过程中，再生液的浓度愈大，再生效果愈好。（　　）

答：×。

20. 在离子交换器再生过程中，加热再生液（不超过 45℃），可提高再生效果。（　　）

答：√。

21. 在离子交换器再生过程中，再生液的流速一般控制在 4

~ 8m/h。（   ）

答：√。

22. 水经 Na 型离子交换器处理后，水中的钙、镁盐类基本上被除去，所以水中的含盐量有所降低。（   ）

答：×。

23. 大孔型离子交换树脂的抗污染性能好，机械强度大。（   ）

答：×。

24. 阳离子交换剂的选择性，主要依据离子价和原子序数的大小不同，由小到大依次排列。（   ）

答：×。

25. 在离子交换器再生水平一定的情况下，交换器内的交换剂层愈高，交换剂的工作交换容量愈大。（   ）

答：√。

26. 对于逆流再生离子交换器，进再生液时，必须严防空气带入，否则易引起乱层，降低交换剂的再生度。（   ）

答：×。

27. 保证浮动床顺洗启动不乱层，必须具备以下三个条件：高流速，布水均匀和交换剂层有一定的高度。（   ）

答：√。

28. 一级复床除盐系统运行过程中，阴床出水 $HSiO_3^-$ 含量、电导率、pH 值均有所增高，这说明阳床已失效，而阴床还未失效。（   ）

答：√。

29. 混合床再生时，反洗分层的好坏主要与反洗分层时的阀门操作有关，与树脂的失效程度无关。（   ）

答：×。

30. 凝汽器铜管的应力腐蚀，是铜管在受到足够大的拉伸应力，并在特定的介质环境中产生的。（   ）

答：√。

31. 给水加氨处理的主要目的是：提高给水的 pH 值，防止产生游离二氧化碳的酸性腐蚀。（   ）

答：√。

32. 协调 pH-磷酸盐处理除了向汽包内添加 Na_3PO_4 外，还添加其它适当的药品，使锅炉水中既有足够高的 pH 值和维持一定的 PO_4^{3-} 浓度，又不含游离的 $NaOH$。（   ）

答：√。

33. 锅炉压力升高，可使饱和蒸汽的溶解携带量增大，对饱和蒸汽带水量影响不大。（   ）

答：×。

34. 在进行锅炉的定期排污时，为了不影响锅炉的水循环，每次排放时间不超过 1min。（   ）

答：√。

35. 若锅炉排污不及时，则易粘附的水渣沉积在受热面上转化成二次水垢。（   ）。

答：√。

36. 在剧烈沸腾的碱性锅炉水中，易形成碳酸盐水垢。（   ）

答：×。

37. 对于在锅炉受热面上取出的水垢样品，加盐酸不溶解，之后加热可缓慢溶解，溶解过程中有砂粒样物质出现，这种水垢是硅酸盐水垢。（   ）

答：√。

38. 协调 pH-磷酸盐处理的要点是：使锅炉水中的磷酸盐和 pH 值相应地控制在一个特定的范围内。（   ）

答：√。

39. 除盐水或蒸馏水作为补给水的热电厂，锅炉的排污率应小于 2%。（   ）

答：√。

40. 锅炉负荷增大时，锅炉水含盐量明显降低；锅炉负荷下

降或停炉时，锅炉水含盐量重新增大，这种现象叫盐类的"隐藏"现象。（　　）

答：√。

41. 蒸汽中含有杂质称为蒸汽污染。（　　）

答：×。

42. 过热器内的盐类沉积物，主要是钠的化合物和硅酸。（　　）

答：×。

三、选择题 ［将正确答案的序号 "（×）" 写在题内横线上］

1. 碱度测定的结果是酚酞碱度等于甲基橙碱度，该水样中反映碱度的离子有_____。

（1）OH^-、CO_3^{2-} 和 HCO_3^-；　（2）CO_3^{2-} 无 OH^- 和 HCO_3^-；

（3）OH^-，无 CO_3^{2-} 和 HCO_3^-

答：（3）。

2. 采用聚合铝作混凝剂时，聚合铝的碱化度应该在_____。

（1）30％以下；（2）50％~80％的范围内；（3）80％以上

答：（2）。

3. 过滤器（或滤池）的水头损失是指_____。

（1）水流经滤层时因阻力而产生的压力损失；（2）水流经滤层时因阻力而产生的流速减小；（3）水流经滤层时因阻力而产生的流量减少

答：（1）。

4. 下面的几种说法，_____，是正确的解释。

（1）水从压力高的地方往压力低的地方流；（2）水从高处往低处流；（3）水从总压头高处往总压头低处流

答：（3）。

5. 饱和蒸汽溶解携带硅酸的能力与_____有关。

（1）锅炉的蒸发量；（2）锅炉的压力；（3）锅炉的水位

答：（2）。

6. 钙硬水的特征为_____。

(1) $2\left[Ca^{2+}\right] + 2\left[Mg^{2+}\right] > \left[HCO_3^-\right]$；(2) $2\left[Ca^{2+}\right] > \left[HCO_3^-\right]$；(3) $2\left[Ca^{2+}\right] < \left[HCO_3^-\right]$

答：(2)。

7. 天然水经混凝处理后，水中的硬度_____。

(1) 有所降低；(2) 有所增加；(3) 基本不变

答：(3)。

8. 直流混凝处理是将混凝剂投加到_____。

(1) 滤池内；(2) 滤池的进水管内；(3) 距滤池有一定距离的进水管内

答：(3)。

9. 离子交换树脂的交联度越大，离子交换的反应速度_____。

(1) 越慢；(2) 越快；(3) 没影响

答：(1)。

10. 交联度是指聚合树脂过程中，所用架桥物质二乙烯苯的质量占苯乙烯和二乙烯苯总质量的百分率。所以交联度对树脂的性能_____。

(1) 没有影响；(2) 有很大的影响；(3) 影响很小

答：(2)。

11. 离子水合半径越大，离子电荷数越多，离子交换反应的速度_____。

(1) 越快；(2) 越慢；(3) 一直不变

答：(2)。

12. 天然水经 Na 型离子交换器处理后，水中的含盐量_____。

(1) 有所降低；(2) 略有增加；(3) 基本不变

答：(2)。

13. 对 H 型阳离子交换器，一般都采用盐酸再生，盐酸的性质是：_____。

(1) 呈酸性，没有氧化性，没有还原性；(2) 呈酸性，有氧

化性，有还原性；(3) 呈酸性，没有氧化性，有还原性

答：(3)。

14. 强碱 OH 型阴离子交换树脂再生后_____。

(1) 体积增大；(2) 体积缩小；(3) 体积不变

答：(1)。

15. 离子交换器再生时，再生液的_____。

(1) 浓度越大，再生度越大；(2) 浓度越小，再生度越大；(3) 浓度在一定范围（10%左右）内，再生度最大

答：(3)。

16. 热力除氧的基本原理是：_____。

(1) 把水加热到沸点温度；(2) 把水加热到相应压力下的沸点温度；(3) 把水加热到 100℃以上

答：(3)。

17. 用盐酸再生的离子交换器，对上部进水装置（或出水装置）的支管所采用的滤网，最好选用_____。

(1) 涤纶丝网；(2) 尼龙丝网；(3) 塑料窗纱

答：(1)。

18. H 型强酸阳离子交换树脂，对水中离子的交换具有选择性，其选择性的规律是_____。

(1) 离子价数愈高，愈易交换；(2) 离子水化程度愈大，愈易交换；(3) 离子导电率愈高，愈易交换

答：(1)。

19. 弱酸性阳离子交换树脂的离子选择性顺序是：_____。

(1) $H^+ > Na^+ > Ca^{2+} > Mg^{2+} > Al^{3+} > Fe^{3+}$；(2) $H^+ > Fe^{3+} > Al^{3+} > Ca^{2+} > Mg^{2+} > Na^+$；(3) $Fe^{3+} > Al^{3+} > Ca^{2+} > Mg^{2+} > Na^+ > H^+$

答：(2)。

20. 汽轮机凝汽器的循环冷却水稳定不结垢的判断方法之一是_____。

(1) 冷却水的 pH 值等于 $CaCO_3$ 饱和溶液的 pH 值；(2) 冷

却水的 pH 值小于 $CaCO_3$ 饱和溶液的 pH 值；（3）冷却水的 pH 值大于 $CaCO_3$ 饱和溶液的 pH 值。

答：（2）。

21. 锅炉连续排污取水管一般安装在汽包正常水位下 _____。

（1）100～200mm 处；（2）200～300mm 处；（3）300mm 处以下

答：（2）。

22. 中、低压锅炉蒸汽质量标准是_____。

（1）Na^+ 含量≤10μg/kg；SiO_2 含量≤20μg/kg；（2）Na^+ 含量≤15μg/kg；SiO_2 含量≤20μg/kg；（3）Na^+ 含量≤20μg/kg；SiO_2 含量≤25μg/kg

答：（2）。

四、计算题

1. 水分析结果为：钙离子含量为 42.4mg/L；镁离子含量为 25.5mg/L。试求该水质的硬度是多少？

解：$c\left(\dfrac{1}{2}Ca^{2+}\right) = \dfrac{42.4}{20}mmol/L = 2.12mmol/L$

$c\left(\dfrac{1}{2}Mg^{2+}\right) = \dfrac{25.5}{12}mmol/L = 2.13mmol/L$

$H = c\left(\dfrac{1}{2}Ca^{2+}\right) + c\left(\dfrac{1}{2}Mg^{2+}\right)$

$\quad = 2.12 + 2.13$

$\quad = 4.25$（mmol/L）

答：该水质的硬度为 4.25mmol/L。

2. 某电厂原水分析结果为：HCO_3^- 离子含量为 305mg/L，CO_3^{2-} 离子含量为 30mg/L。试求该水质的甲基橙碱度和酚酞碱度各为多少？

解：$c(HCO_3^-) = \dfrac{305}{61}mmol/L = 5mmol/L$

$c\left(\dfrac{1}{2}CO_3^{2-}\right) = \dfrac{30}{30}mmol/L = 1mmol/L$

$$M = c\left(\text{HCO}_3^-\right) + c\left(\frac{1}{2}\text{CO}_3^{2-}\right) = 5 + 1 = 6 \text{ (mmol/L)}$$

$$P = \frac{1}{2}c\left(\frac{1}{2}\text{CO}_3^{2-}\right) = \frac{1}{2} \times 1 = 0.5 \text{ (mmol/L)}$$

答： 该水质的甲基橙碱度为 6mmol/L，酚酞碱度为 0.5mmol/L。

3. 某厂锅炉水分析结果为：甲基橙碱度为 3mmol/L，酚酞碱度为 2.4mmol/L。试问锅炉水中都含有哪些能产生碱度的离子？它们的含量各为多少 mg/L？

解： $M < 2P$ 时，水中能产生碱度的离子是 OH^- 和 CO_3^{2-}。

OH^- 的含量 $2P - M = 2 \times 2.4 - 3 = 1.8$ （mmol/L）

$$1.8 \times 17 = 30.6 \text{ (mg/L)}$$

CO_3^{2-} 的含量 $2(M - P) = 2 \times (3 - 2.4) = 2 \times 0.6$
$$= 1.2 \text{ (mmol/L)}$$

$$1.2 \times 30 = 36 \text{ (mg/L)}$$

答： 锅炉水中含有 OH^- 和 CO_3^{2-} 离子。OH^- 离子的含量为 30.6mg/L，CO_3^{2-} 离子的含量为 36mg/L。

4. 某电厂锅炉水分析结果为：CO_3^{2-} 离子含量为 30mg/L，OH^- 离子含量为 68mg/L。试求锅炉水中的全碱度和酚酞碱度各为多少 mmol/L？

解： $c\left(\frac{1}{2}\text{CO}_3^{2-}\right) = \dfrac{30}{30} = 1$ （mmol/L）

$c\left(\text{OH}^-\right) = \dfrac{68}{17} = 4$ （mmol/L）

$A = c\left(\frac{1}{2}\text{CO}_3^{2-}\right) + c\left(\text{OH}^-\right) = 4 + 1 = 5$ （mmol/L）

$P = c\left(\text{OH}^-\right) + \dfrac{1}{2}c\left(\frac{1}{2}\text{CO}_3^{2-}\right)$

$$= 4 + \frac{1}{2} \times 1$$

$$= 4.5 \text{ (mmol/L)}$$

答： 锅炉水中的全碱度（A）为 5mmol/L，酚酞碱度（P）

为 4.5mmol/L。

5. 某电厂原水分析结果为：Ca^{2+} 离子含量为 80mg/L；Mg^{2+} 离子含量为 12mg/L；Na^+ 离子含量为 46mg/L；K^+ 离子含量为 39mg/L；HCO_3^- 离子含量为 305mg/L；CO_3^{2-} 离子含量为 30mg/L；Cl^- 离子含量为 35.5mg/L；SO_4^{2-} 离子含量为 48mg/L。试计算该水质的含盐量，以及各种硬度值和各种碱度值各为多少毫摩（尔）每升？

解：$c\left(\dfrac{1}{2}Ca^{2+}\right) = \dfrac{80}{20}mmol/L = 4mmol/L$

$c\left(\dfrac{1}{2}Mg^{2+}\right) = \dfrac{12}{12}mmol/L = 1mmol/L$

$c\left(Na^+\right) = \dfrac{46}{23}mmol/L = 2mmol/L$

$c\left(K^+\right) = \dfrac{39}{39}mmol/L = 1mmol/L$

$c\left(HCO_3^-\right) = \dfrac{305}{61}mmol/L = 5mmol/L$

$c\left(\dfrac{1}{2}CO_3^{2-}\right) = \dfrac{30}{30}mmol/L = 1mmol/L$

$c\left(Cl^-\right) = \dfrac{35.5}{35.5}mmol/L = 1mmol/L$

$c\left(\dfrac{1}{2}SO_4^{2-}\right) = \dfrac{48}{48}mmol/L = 1mmol/L$

含盐量 $= c\left(\dfrac{1}{2}Ca^{2+}\right) + c\left(\dfrac{1}{2}Mg^{2+}\right) + c\left(Na^+\right) + c\left(K^+\right)$

$\qquad = 4 + 1 + 2 + 1 = 8$（mmol/L）

总硬度 $= c\left(\dfrac{1}{2}Ca^{2+}\right) + c\left(\dfrac{1}{2}Mg^{2+}\right)$

$\qquad = 4 + 1 = 5$（mmol/L）

碳酸盐硬度 = 总硬度 = 5mmol/L（因为水中的 Ca^{2+}、Mg^{2+} 离子含量小于水中的碱度）。

非碳酸盐硬度 = 0（硬度等于或小于碱度时，水中的非碳酸盐硬度等于 0)。

$$全碱度（或甲基橙碱度） = c（HCO_3^-） + c\left(\frac{1}{2}CO_3^{2-}\right)$$
$$= 5 + 1$$
$$= 6（mmol/L）$$

$$酚酞碱度 = \frac{1}{2}c\left(\frac{1}{2}CO_3^{2-}\right) = \frac{1}{2} \times 1 = 0.5（mmol/L）$$

答：该水质的含盐量为 8mmol/L；全碱度为 6mmol/L；酚酞碱度为 0.5mmol/L；总硬度为 5mmol/L；碳酸盐硬度为 5mmol/L；非碳酸盐硬度为 0。

6. 水分析结果为：pH = 7.3；HCO_3^- 离子含量为 3.6mmol/L。试求水中的 CO_3^{2-} 和 CO_2 的含量是多少？（根据图 4 - 3 查找）

解：根据图 4-3 可知，水的 pH = 7.3 时；

[HCO_3^-] 占水中碳酸化合物的 90%；

[CO_2] 占水中碳酸化合物的 10%；

[CO_3^{2-}] 在水中的含量等于 0。

故 $c（CO_2） = 3.6 \div 90\% \times 10\% = 0.4（mmol/L）$

答：水中 CO_3^{2-} 的含量等于 0，CO_2 的含量为 0.4mmol/L。

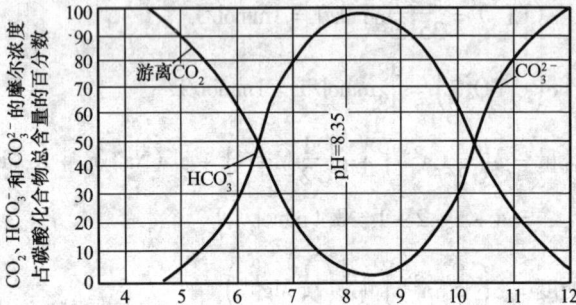

图 4 - 3　碳酸的电离度与 pH 值的关系（25℃）

7. 某电厂原水分析结果为：pH = 7，[$HSiO_3^-$] = 0.2mg/L。试求水中 SiO_3^{2-} 和 H_2SiO_3 的含量是多少（根据表 4-2 查找）？

硅酸形式	pH 值						
	5	6	7	8	9	10	11
H_2SiO_3	100	99.9	99.0	90.9	50.0	8.9	0.8
$HSiO_3^-$	—	0.1	1.0	9.1	50.0	91.0	98.2
SiO_3^{2-}	—	—	—	—	—	0.1	1.0

表 4-2 不同 pH 值时水中各种硅化合物的百分数

解： 根据书中表 4-2 可知，当水的 pH = 7 时：

$[H_2SiO_3]$ 占水中硅酸化合物的 99%；

$[HSiO_3^-]$ 占水中硅酸化合物的 1%；

$[SiO_3^{2-}]$ 在水中的含量等于 0。

$$故\ c\,(H_2SiO_3) = 0.2 \div 1\% \times 99\% = 19.8\ (mg/L)$$

答： 水中的 SiO_3^{2-} 含量为 0；水中的 H_2SiO_3 含量为 19.8mg/L。

8. 某电厂原水中总阳离子含量为 3mmol/L，氢型交换器直径为 2m，内装树脂层高度为 3m，树脂工作交换容量为 800mol/m³，求周期制水量为多少立方米？

解： 周期制水量 $= \dfrac{树脂体积 \times 树脂工作交换容量}{水中总阳离子含量}$

$$树脂体积 = 截面积 \times 高度 = \pi r^2 \times h$$

$$= 3.14 \times 1^2 \times 3 = 9.42\ (m^3)$$

$$周期制水量 = \frac{9.42 \times 800}{3} = 2512\ (m^3)$$

答： 周期制水量为 2512m³。

9. 某电厂有一台直径为 1.5m 的钠型交换器，内装交换树脂 3m³，若原水硬度为 4.02mmol/L，出水残留硬度为 0.02mmol/L，交换剂的工作交换容量为 1000mol/m³，求周期制水量为多少吨？

解： 周期制水量 $= \dfrac{树脂体积 \times 树脂工作交换容量}{被除去的水中总离子数}$

$$= \frac{3 \times 1000}{4.02 - 0.02}$$

$$= \frac{3000}{4}$$
$$= 750\text{m}^3 \ (\text{t})$$
$$= 750 \ (\text{t})$$

答：周期制水量为 750t。

10. 离子交换器的直径为 2m，树脂装填高度为 1.5m，试计算一台交换器需装填 001 × 7 型树脂（湿视密度为 $\rho = 0.8\text{g/mL}$）多少吨？

解：由直径 d 和树脂层高度 h 计算体积的公式为

$$V = \left(\frac{d}{2} \right)^2 \pi h = \frac{\pi}{4} d^2 h = 0.785 d^2 h$$

计算装填树脂质量 m 的公式为

$$m_1 = \rho V = 0.785 d^2 h \rho$$

将题中数据代入上式即可计算出一台交换器所需 001 × 7 型树脂的质量计算如下

$$m = 0.785 \times 2^2 \times 1.5 \times 0.8 = 3.768 \ (\text{t})$$

答：一台交换器需装填 001 × 7 型树脂 3.768t。

五、问答题

1. 原水预处理的目的是什么？并说出混凝的步骤。

答：原水预处理的目的是在原水未进入离子交换器前，预先对其进行混凝、澄清、沉淀和过滤处理，以除去水中的胶体和悬浮物。

混凝步骤一般认为包括两个阶段，首先是脱稳，它是指胶体颗粒的双电层被压缩而失去稳定性的过程，即在瞬时内将混凝剂与水快速混合而完成此阶段。然后是絮凝，它是指脱稳后的胶体颗粒聚合成大颗粒絮凝物的过程，它需要一定的聚合时间。

2. 何谓混凝处理？它的基本原理是什么？

答：向水中投加一种化学药剂（即混凝剂），这种药剂在水中会和杂质（胶体和悬浮物）产生混合凝聚，使小颗粒变成大颗粒而下沉，整个过程称为混凝处理。

混凝处理的基本原理可从两个方面来认识，一个是混凝剂本身发生电离、水解和凝聚，形成胶体的过程，另一个是水中杂质以中和、吸附、表面接触和网捕作用参与上述过程，其结果是共同形成大颗粒而沉降下来。

3. 什么叫混凝剂？目前常用的有哪些？

答：混凝剂是在混凝处理中加入的一种化学药剂，它在水中能发生电离、水解而形成与天然水中胶体带不同电荷的胶体；这样和天然水中的胶体便发生吸附、电中和作用，最后凝聚成较大的絮状物，从水中沉淀下来。在水处理过程中，常用的是能生成带正电荷胶体的混凝剂。

常用的混凝剂有铝盐和铁盐两大类。

用作混凝剂的铝盐有硫酸铝 $[Al_2 (SO_4)_3 \cdot 18H_2O]$、明矾 $[KAl (SO_4)_2 \cdot 24H_2O]$、铝酸钠 $(NaAlO_2)$ 和聚合铝 $[Al_n (OH)_m Cl_{3n-m}]$ 等。

用作混凝剂的铁盐有：硫酸亚铁 $(FeSO_4 \cdot 7H_2O)$、氯化铁 $(FeCl_3 \cdot 6H_2O)$ 和硫酸铁 $[Fe_2 (SO_4)_3]$ 等。

4. 什么叫助凝剂？常用的助凝剂有哪些？

答：助凝剂是为了提高混凝效果，加速凝聚过程，改进凝絮物的性能等而添加的一种混凝辅助剂，其本身不起混凝作用。

助凝剂的种类很多，根据其作用机理，可分以下三大类：

（1）酸、碱类：用以调整原水 pH 值及碱度。

（2）氧化剂类：用以破坏干扰混凝的有机物，氧化亚铁 (Fe^{2+}) 等。

（3）改善凝絮结构类：如丙烯酸酰胺和聚丙烯酰胺，这类高分子化合物，可降低水中胶体的 ζ 电位，对水中微小的悬浮物产生特殊的缠结作用，形成大颗粒凝絮，改善混凝效果。属于此类助凝剂的还有骨胶、海藻酸钠和粘土等。

5. 对天然水进行混凝处理时，怎样确定混凝剂的加药量？

答：进行混凝处理时，混凝剂的加药量要保证混凝剂电离、水解生成的带正电荷胶体的正电荷量能完全中和原水中胶体的负电荷量；同时生成的胶体能足够吸附原水中的悬浮物和胶体，达到除去原水中悬浮物和胶体物的目的。

混凝剂加药量偏少，不足以中和原水中带负电荷的胶体。此时水中的胶体仍有较高的负电性，阻碍它们进一步凝聚，混凝处理效果不好。

混凝剂加药量过多，能使絮状聚合体带正电荷，妨碍凝聚过程的进行，混凝效果同样不好，同时增加了处理后的水中含盐量，和水处理成本。

混凝处理是一种复杂的物理化学过程，混凝剂的加药量不能根据计算来确定，只能采用模拟生产过程进行小型试验，来求得最佳加药量（有效剂量）。

根据多年来的生产实践，对原水进行混凝处理时的有效剂量，一般在 $0.1 \sim 0.5 \text{mmol/L}$ 的范围内。

6. 什么是直流混凝？采用此法时有什么要求？

答：直流混凝也称直流混凝过滤，它是将混凝剂投加到一般滤池的进水管内。为了保证混凝剂在进入滤池前能很好地和水混合，并完成水解过程，加药地点应设在水进入滤池前的一定距离处（一般应加在离滤池有 $50d$（进水管直径）距离的管道中），使混凝剂的电离、水解在管道中进行。当水进入滤池时，流速大减，于是在水层中开始形成凝絮。然后，凝絮与滤料颗粒接触，大大地加速了混凝过程。其作用和澄清池中以泥渣作为接触介质相同。

直流混凝的截污能力比较小，为改善运行条件，提高直流混凝效果，可采用双层滤料的过滤器。

7. 天然水经混凝处理后的水质有何变化？

答：水的混凝处理，包括许多物理化学变化。所以，水经混凝处理后，其水质情况不能完全按理论推算，有些只能按经验来判断，下面简单介绍一下水质变化情况。

（1）除掉部分有以下几种：

1）基本上除掉了水中的悬浮物。

2）能除去水中有机物的 60% ~ 80%。

3）降低了一部分重碳酸盐硬度，即降低了一部分重碳酸盐碱度，提高了一部分非碳酸盐硬度，其量均等于有效计量。

4）除去水中胶体硅酸，约占全部硅酸的 25% ~ 50%。

（2）增加部分有以下几种：

1）增加了水中 SO_4^{2-} 含量（等于加药量）。

2）增加了水中 CO_2 含量。

3）增加了水中的非碳酸盐硬度（等于加药量）。

4）增加了水中的溶解固形物。

8. 概述单流式机械过滤器的运行?

答：单流式机械过滤器的运行是水由上部进水装置进入过滤器，沿过滤器截面均匀地流经过滤层，然后由下部排水系统汇集送出。当过滤器出水水质超过给定的水质要求或水流通过过滤层的压力降低到允许极限值时，应停止运行，进行反洗。将过滤器内的水排放到滤层的上缘为止（由过滤器上的监视孔观看），然后送入强度为 18 ~ 25L/（s·m²）的压缩空气。吹洗 3 ~ 5min 后，在继续供给空气的情况下向过滤器内送入反洗水，其强度应使滤层膨胀 10% ~ 15%。反洗水送入 2 ~ 3min 后，停止送空气，继续用水再反洗 1 ~ 1.5min，此时反洗水的强度应使滤料膨胀率达 25%。最后用水正洗至出水合格，方可开始下一周期的运行。

此外，也可按一定的运行时间来进行清洗，其容许的运行周期应通过调整试验来求得。

9. 离子交换树脂是怎样命名的?

答：离子交换树脂的命名如下：

（1）离子交换树脂的全名称由分类名称、骨架（或基团）名称和基本名称排列组成。

（2）基本名称为离子交换树脂。凡分类属酸性的，应在基本名称前加一"阳"字；分类属碱性的，在基本名称前加一"阴"字。

（3）为了区别离子交换产品同一类中的不同品种，在全名称前必须有型号。

（4）离子交换树脂产品的型号主要以三位阿拉伯数字组成。第一位数字代表产品的分类，第二位数字代表骨架的差异，第三位数字为顺序号，用以区别活性基团、交联剂等差异。分类及骨架的代号见表4-3。

表4-3　　　　　　　　分类代号与骨架代号

代　号	分　类	代　号	骨架名称
0	强酸性	0	苯乙烯系
1	弱酸性	1	丙烯酸系
2	强碱性	2	酚醛系
3	弱碱性	3	环氧系
4	螯合性	4	乙烯吡啶系
5	两性	5	脲醛系
6	氧化还原	6	氯乙烯系

（5）对于大孔型离子交换树脂，在型号前加"大"或"D"表示。

（6）凝胶型离子交换树脂的交联度值可在型号后用"×"号联接阿拉伯数字表示。

（7）型号图解如下：

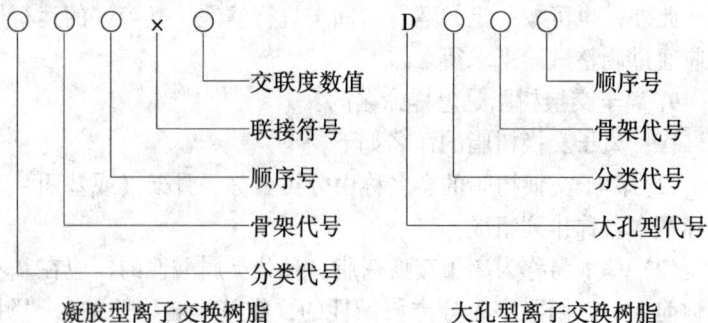

298

强碱性苯乙烯系阴离子交换树脂则以氯型出厂？

答：强酸性阳离子交换树脂的制造工艺是将聚苯乙烯白球磺化后，用纯碱中和过量的浓硫酸而成钠型树脂，并用清水洗涤。因此以钠型出厂。

强碱性阴离子交换树脂的制造工艺是将聚苯乙烯白球氯甲基化（即以无水氯化铝或氯化锌为催化剂，用氯甲基醚处理），然后用叔胺（R≡N）胺化，即得季胺型强碱性阴离子交换树脂。因此以氯型出厂。

11. 离子交换树脂为什么都制成球形？

答：离子交换树脂制成球形有以下优点：

（1）球形树脂的制造较为简单（悬浮聚合时，可直接制成球形）。

（2）球形树脂单位体积的表面积最大，有利于交换。

（3）球形树脂填充状态好，水流分配均匀。

（4）球形树脂水流阻力小，水通过树脂层的压力降小，树脂磨损的可能性亦小。

12. 什么是离子交换树脂的交联度？它的大小对树脂性能有何影响？

答：离子交换树脂的交联度就是指聚合树脂过程中，所用的架桥物质二乙烯苯的质量占树脂原料苯乙烯和二乙烯苯总质量的百分率。

树脂的交联度的大小直接影响着树脂的结构和性能，如表4-4所示。

表4-4　　　　　　树脂交联度对结构和性能的影响

交 联 度	小→大	全交换容量	低→高
含水率	大→小	抗氧化性能	小→大
视密度	小→大	溶胀及收缩性能	大→小
反应速度	快→慢	机械强度	差→好
再生效率	高→低	耐有机物污染性能	良→劣

13. 离子交换树脂的粒度大小及均匀性对水处理有何影响？一般粒度多大为好？

答：离子交换树脂颗粒的大小，对树脂交换能力，树脂层中水流分布的均匀程度，水通过树脂层的压力降以及交换和反洗时树脂的流失等都有很大影响。

树脂的颗粒大小应均匀，否则由于小颗粒堵塞了大颗粒间的孔隙，会使水流不均和阻力增加。

树脂颗粒越大，交换速度越慢；树脂的颗粒越小，其交换速度越快，但水头损失也大。另外，在交换器反洗时，树脂的细小颗粒与交换剂层上部截留的悬浮物的分离，也比较困难。

用于水处理工艺的树脂颗粒以 20～40 目为宜。

14. 何谓离子交换树脂的溶胀性？它的大小与哪些因素有关？

答：将凝胶型干树脂浸入水中时，其体积变大，这种现象称为树脂的溶胀性。

树脂溶胀性的大小，用溶胀率来表示。其大小受下列因素影响：

(1) 交联度愈小，溶胀率越大。

(2) 树脂中活性基团愈易电离，其溶胀率越大。

(3) 溶液中电解质浓度愈大，双电层被压缩，溶胀率就愈小。

(4) 可交换离子的水合度愈大，即当其水合离子半径愈大时，其溶胀率愈大。对强酸性和强碱性离子交换剂，其溶胀率大小的次序为

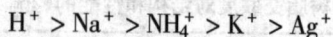

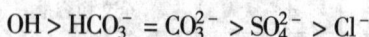

$$H^+ > Na^+ > NH_4^+ > K^+ > Ag^+$$

$$OH > HCO_3^- = CO_3^{2-} > SO_4^{2-} > Cl^-$$

一般强酸性阳离子交换树脂由 Na 型变成 H 型，强碱性阴离子交换树脂由 Cl 型变成 OH 型，其体积均增加 5%。

15. 什么是离子交换树脂的选择性？它和哪些因素有关？

答：同一种离子交换树脂，对于水中各种离子的吸着交换能

力不一样，这种性质叫离子交换树脂的选择性。

离子交换树脂的选择性，与溶液浓度、组成及离子交换树脂的结构等因素有关。在这里，只介绍常温低浓度下离子交换树脂的选择性。

阳离子交换树脂对于水中常见金属阳离子的交换能力可归纳为两种规律，即：①离子价越大，被交换的能力越强；②在碱金属和碱土金属中，原子序数越大，即离子水合半径越小，其被交换的能力越强。根据上述规律，其选择性次序如下

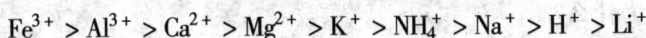

$$Fe^{3+} > Al^{3+} > Ca^{2+} > Mg^{2+} > K^+ > NH_4^+ > Na^+ > H^+ > Li^+$$

在弱酸性阳离子交换树脂中，由于 R—COOH 酸性很弱，离解能力很小，因此 H^+ 成为最容易交换的离子。弱酸性阳离子交换树脂对水中的阳离子交换顺序如下

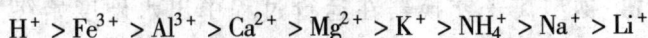

$$H^+ > Fe^{3+} > Al^{3+} > Ca^{2+} > Mg^{2+} > K^+ > NH_4^+ > Na^+ > Li^+$$

阴离子交换树脂对于水中常见酸性阴离子交换能力的大小，与它的价数、水合离子半径以及它所形成相应酸的酸度有关，一般规律如下

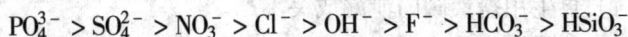

$$PO_4^{3-} > SO_4^{2-} > NO_3^- > Cl^- > OH^- > F^- > HCO_3^- > HSiO_3^-$$

在弱碱性阴离子交换树脂中，由于在碱性介质中 $R \equiv NHOH$ 几乎不离解，因此 OH^- 是最容易被吸着的离子。弱碱性阴离子交换树脂对水中阴离子的交换顺序如下

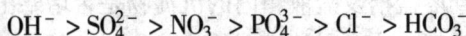

$$OH^- > SO_4^{2-} > NO_3^- > PO_4^{3-} > Cl^- > HCO_3^-$$

16. 对新的离子交换树脂如何进行处理？

答： 对新的离子交换树脂进行预处理的方法如下：

(1) 阳离子交换树脂的预处理：

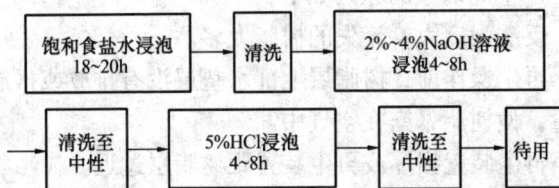

(2) 阴离子交换树脂的预处理：

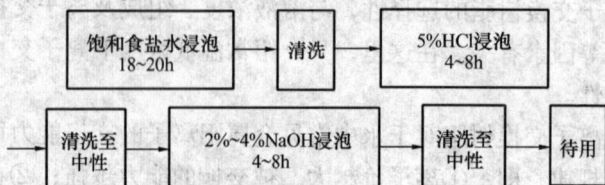

```
┌──────────────┐   ┌──────┐   ┌──────────────┐
│ 饱和食盐水浸泡  │→ │ 清洗  │→ │ 5%HCl浸泡     │
│ 18~20h       │   │      │   │ 4~8h         │
└──────────────┘   └──────┘   └──────────────┘

┌──────┐   ┌──────────────┐   ┌──────┐   ┌──────┐
│ 清洗至 │→ │ 2%~4%NaOH浸泡 │→ │ 清洗至 │→ │ 待用  │
│ 中性  │   │ 4~8h         │   │ 中性  │   │      │
└──────┘   └──────────────┘   └──────┘   └──────┘
```

17. 离子交换器内树脂层中有空气会对再生效果有什么影响？为什么？

答： 离子交换器内树脂层中进入空气后，部分树脂被气泡包围，再生液便不能通过被空气所占领的部分树脂，因而使这部分树脂不能进行再生，导致交换器出力降低，出水水质不好。

18. 钠型离子交换器在运行过程中出水硬度始终大于 0.04mmol/L，原因是什么？如何处理？

答： 钠型离子交换器的出水硬度始终大于 0.04mmol/L 的原因如下：

(1) 再生用盐液阀门泄漏或关不严。

(2) 再生用的盐液浓度过低，再生用盐量不足。

相应的处理方法如下：

(1) 及时检修阀门或再生液管路，设置两个阀门。

(2) 检查溶盐槽及盐液箱内的沉淀物是否堵塞出口管，或各部分是否有损坏，应及时冲洗或检修。

19. 顺流再生离子交换器的工作交换能力降低，可能原因是什么？如何处理？

答： 产生此现象的原因如下：

(1) 反洗强度大，流失的树脂太多。

(2) 再生操作前，树脂层上部水垫层没有排放或排放不足或排放过量，使树脂暴露在空气中。

(3) 再生装置损坏或再生装置距树脂层过近。

相应的处理方法如下：

（1）补充树脂，调整反洗强度。

（2）谨慎操作，使排放水量恰到好处。

（3）检修或调整再生装置。

20. 钠离子交换器出水母管内水质硬度突然增大的原因是什么？怎样处理？

答：钠离子交换器出口母管内水质硬度突然增大的原因可能有以下几个方面：

（1）反洗水门不严。

（2）还原中的钠离子交换器出口门不严，还原压力超过正在运行中的交换器的压力，原水漏入软化水出口母管内。

（3）由于原水突然变得浑浊，使大量泥沙进入交换器内，影响交换效率。

处理方法如下：

（1）检查反洗水门和反洗系统。

（2）关严还原中钠离子交换器出口门；降低还原压力。

（3）根据水质超过硬度标准的情况，采取排水或不影响给水质量的有效措施。

21. 强酸性阳离子交换器为什么先漏 Na^+？怎样正确判断失效终点？

答：强酸性阳离子树脂，对水中各阳离子吸附交换是有选择性的，选择顺序如下：

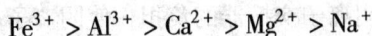

$$Fe^{3+} > Al^{3+} > Ca^{2+} > Mg^{2+} > Na^+$$

在离子交换过程中，各阳离子吸附层下移，Na^+ 被其他阳离子置换下来，当保护层被穿透时，首先漏泄的是最下层的钠离子。因此，监督阳离子交换器失效，是以漏 Na^+ 为标准的。

阳离子交换器漏 Na^+，直接影响到阴离子交换器的除硅效果。为达到理想的除硅效果，提高除盐水质量，应控制阳离子交换器出口水酸度降低不大于 $0.1mmol/L$。

阳离子交换器漏钠后失效较快，用分析方法监督失效很不及时，一般都采用仪表终点计来控制交换器失效，要求漏钠量小于

$500\mu g/L$。单元式一级除盐系统也可以用阴离子交换器出水导电度上升来控制阳离子交换器失效。

22. 阴离子交换器出口水硅酸根突然增大或出现酚酞碱度的原因是什么？怎样处理？

答： 阴离子交换器出口水硅酸根突然增大或出现酚酞碱度的原因可能有以下几个方面：

(1) 反洗水门不严。

(2) 碱还原门不严，漏入还原碱液。

(3) 除碳器发生故障，除碳效率骤然降低。

(4) 阳离子交换器失效漏钠。

处理方法如下：

(1) 检查反洗水门和反洗系统。

(2) 检查碱还原门和碱系统。

(3) 检查除碳器除碳效率。

(4) 检查阳离子交换器出口酸度。

(5) 查明原因，立即消除。

23. 为什么除盐系统中要装设除碳器？除碳器除碳效果的好坏对除盐水质量有何影响？

答： 原水中一般都含有大量的碳酸盐，经阳离子交换器后，水的 pH 值一般都小于 4.5，碳酸可全部分解为 H_2O 和 CO_2，CO_2 经除碳器可基本除尽，这就减少了进入阴离子交换器的阴离子总量，从而减轻了阴离子交换器的负担，使阴离子交换树脂的交换容量得以充分利用，延长了阴离子交换器的运行周期，降低了碱耗；同时，由于 CO_2 被除尽，阴离子交换树脂能较彻底地除去硅酸。因为 CO_2 及 $HSiO_3^-$ 同时存在水中，在离子交换过程中，CO_2 与 H_2O 反应，能生成 HCO_3^-，HCO_3^- 影响了树脂对 $HSiO_3^-$ 的吸附交换，妨碍了硅酸的彻底去除。

除碳效果不好，水中残留的 CO_2 量大，生成的 HCO_3^- 量就多，不但影响阴离子交换器除硅效果，也可使除盐水含硅量和含盐量增加。

24. 影响除碳器除碳效率的因素有哪些?

答: 影响除碳器除碳效率的主要因素有:①除碳器的内部结构是否合理;②水的 pH 值大小;⑧水在除碳器内部的分散度大小及分散是否均匀;④风量大小;⑤水温的高低等。

25. 强碱性阴离子交换器为什么以漏硅酸根为失效标准?

答: 强碱性阴离子交换树脂对水中阴离子的吸附交换顺序如下

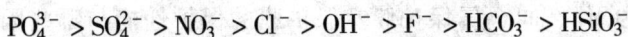

$$PO_4^{3-} > SO_4^{2-} > NO_3^- > Cl^- > OH^- > F^- > HCO_3^- > HSiO_3^-$$

离子交换开始时,水中所有的阴离子都可以与强碱性阴离子交换树脂进行交换。随着交换过程的进行,各吸附层下移。$HSiO_3$ 吸附交换能力最弱,很容易被其他阴离子置换下来进入保护层。当保护层被穿透时,首先泄漏出来的是最下层的 $HSiO_3^-$。因此,监督强碱性阴离子交换器的失效,是以漏 $HSiO_3^-$ 离子为标准的。

26. 为什么强酸性阳离子交换器失效后会促使强碱性阴离子交换器出水碱度上升? 硅酸根增加?

答: 强酸性阳离子交换器失效漏 Na^+ 后,在强碱性阴离子交换器的交换过程中即产生 NaOH。因此,促使强碱阴离子交换器出水碱度上升。反应如下

$$NaCl + ROH \rightleftharpoons RCl + NaOH$$

氢氧化钠在水溶液中离解出 OH^- 离子,OH^- 为运行中的强碱阴离子交换器的反离子,它能阻碍阴离子交换树脂对 $HSiO_3^-$ 的交换吸附,OH^- 反离子的浓度越高,强碱性阴离子交换器出水漏硅量越多。反应如下

$$R{-}HSiO_3 + NaOH \rightleftharpoons R{-}OH + NaHSiO_3$$

27. 何谓浮动床? 它有哪些特点?

答: 交换剂在交换器中呈悬浮状态,但浮而不乱,仍以压实状态进行交换,这种交换器叫浮动床交换器,简称浮床。

浮动床综合了逆流再生和移动床的特点,因此它具有单耗

低，出水质量好，周期出水量大，排废再生液（如废盐、废酸或废碱等）浓度低，操作简单，以及利于实现自动化等特点。它仍是当前我国水处理工艺之一。

28. 什么叫水的一级复床除盐？

答：所谓水的一级复床除盐，就是原水只一次相继地通过强酸性 H 型交换器、除碳器和强碱性 OH 型交换器，将水中溶解的各种盐类全部除尽。

29. 什么叫金属保护膜？保护膜的保护性能与哪些因素有关？

答：金属与空气中的氧或其他氧化剂作用时，在金属表面会生成一层金属氧化物，这层氧化物在一定程度上阻碍了腐蚀的继续进行，故称为金属保护膜。

保护膜的保护性能与膜的性质及膜的完整性有关，并且也和其是否与主体金属结合得牢固，膨胀系数是否相似等有关。如果氧化物多孔、疏松，并且与主体金属结合得不好，这种膜的保护性能就很差。坚固而薄的膜对金属的保护性较好，因为这种薄膜一般产生在光滑的金属表面上，与金属有良好的附着力，它们的热膨胀系数也较接近。

30. 怎样表示金属的腐蚀速度？

答：金属的腐蚀速度有两种表示方法：一种是以因金属腐蚀而损失的质量来表示 [g/ (m·h)] 的；另一种是以单位时间内金属腐蚀的深度来表示 (mm/a) 的。

对于均匀腐蚀，两者的关系如下

$$v_r = \frac{v_w}{\rho} \times 8.76$$

式中　　v_r——以毫米每年表示的腐蚀速度；

　　　　v_w——以克每平方米时表示的腐蚀速度；

　　　　ρ——金属的密度，g/cm^3。

对于黑色金属，取 $\rho = 7.8 g/cm^3$，则 $v_r = 1.12 v_w$。

31. 何谓原电池？何谓腐蚀电池？

答：由化学能转变为电能的装置称为原电池。

如将锌片与铜片浸入同一电解质溶液中，锌片与铜片分别和溶液界面间建立起双电层。但由于这两种金属离子转入溶液中的能力不一样，在锌片上聚集的电子数量比铜片上的多，当用导线将两者连接起来时，锌片上的电子通过导线流向铜片，原有的双电层被破坏，锌片上的锌离子将继续转入溶液，直至锌片全部溶解为止。这就是原电池的工作过程。

当金属与水溶液相接触时，由于金属的内部组织及表面相接触的介质不可能完全均匀、一样，因此金属的某两个部分便会形成不同的电极电位，也会组成原电池。这种原电池很小，但数量很多，它是促使金属发生电化学腐蚀的根源，故称为腐蚀电池。

32. 腐蚀电池中的阳极和阴极是怎样确定的？

答：腐蚀电池中的一个电极的电极电位数值低，易失去电子（发生氧化反应），这个电极上的金属会遭到腐蚀，这个电极称为阳级。在另一个电极上，电极电位数值高，易得到电子（发生还原反应），此电极上的金属不被腐蚀，而是某种物质得到电子的过程，该电极称为阴极。

33. 什么叫极化？什么叫去极化？它们对金属腐蚀过程有何影响？

答：在原电池（或腐蚀电池）的工作过程中，阴极电位变低（称为阴极极化），阳极电位变高（称为阳极极化），阴极和阳极电位差变小的现象称为极化。

腐蚀电池的极化，可使金属腐蚀减缓或停止。

阻止或消除原电池（或腐蚀电池）产生极化的作用称为去极化。

去极化作用能加速金属的腐蚀过程。

34. 热力除氧的基本原理是什么？

答：热力除氧是根据气体在水中的溶解度与其分压力成正比的气体溶解定律（亨利定律）进行的。水在加热过程中，随着温度的升高，在汽－水界面上，蒸汽的分压力越来越高，氧（及其他气体）的分压力越来越低。当水加热到沸点时，则水蒸气的分压力上升至和外界压力相等，氧（及其他气体）的分压力降至零，于是水中的溶解氧就会完全逸出。

35. 怎样保证除氧器的正常运行？

答： 为保证除氧器的正常运行，除氧器的结构和运行调整应满足以下要求：

（1）水应加热到相应压力下的沸点温度。因为只有把水加热到该压力下的沸点温度，水中气体的溶解度才能降低到接近于零。

（2）增加汽、水接触面积。汽、水接触面积是决定除氧效果的重要因素，应使水在除氧头内分散或雾化至足够细度，并在整个截面上均匀分布。这样可使气体扩散加快，有利于水中气体的解析，保证除氧彻底。

（3）保证除氧器内解析出来的气体能通畅地排出，防止除氧器头部蒸汽中的氧分压力增加，而导致水中残留含氧量增加。因此，要对除氧器上部排气门开度进行合理地调整。

（4）进入除氧器的补给水、凝结水和各种疏水，应连续均匀地补入。

（5）当几台除氧器并列运行时，应使各台的负荷均匀分配，并使用水位和压力自动调节装置，保证除氧器稳定运行。

（6）正确取样，精确分析。取样管的材质应采用不锈钢，最好使用溶解氧连续监督仪表及信号报警装置，及时地发现和处理水质的异常现象。

（7）使用再沸腾加热装置，以保证深度除氧。

36. 除氧器出水溶解氧不合格的原因有哪些？

答： 除氧器出水溶解氧不合格的主要原因如下：

（1）设备存在缺陷。如除氧头振动引起淋水盘、填料支架托盘、滤网等损坏或水中的腐蚀产物堵塞淋水孔板、喷嘴，以及雾化喷嘴脱落，都能使出水溶解氧长期不合格。

（2）运行调整不当。如除氧器进汽汽压低、水温低、水位过高或进水量过大（喷雾式除氧器进水量过低）等，都会引起出水溶解氧短期不合格。

（3）运行方式不合理。如高温疏水量过多，加热蒸汽压力高、除氧器内蒸汽量过大发生汽阻，都会使出水溶解氧不合格。

（4）排气门开度不够。排气门开度小，解析出来的气体排不出去，或冬季排气管（有弯管的）内的疏水冻结，引起管道堵塞、气体排不出去等，都能使出水溶解氧不合格。

37. 造成凝结水含氧量过高的原因有哪些？

答： 凝汽器运行工况存在下列情况时，就会使凝结水含氧量增高：①凝结水过冷；②空气抽出器工作效率低；③真空系统不严密；④凝汽器水位过高；⑤凝结水泵的盘根漏气；⑥凝汽器内漏入冷却水；⑦向凝汽器补入化学除盐水时，没有充分喷散，水中的溶解氧未能解析出来。

38. 给水联氨除氧的基本原理是什么？

答： 联氨是一种还原剂。特别是在碱性溶液中，它是一种很强的还原剂，它可将水中的溶解氧彻底还原，反应如下

$$N_2H_4 + O_2 \longrightarrow N_2 + 2H_2O$$

反应产物是 N_2 和 N_2O，对火力发电厂热力设备及系统的运行没有任何害处。所以，目前各电厂去除给水系统中的残留溶解氧，都采用加联氨处理。

联氨在高温下还能将 CuO 和 Fe_2O_3 等氧化物还原成 Cu 或 Fe，从而防止了锅炉设备内结铁垢和铜垢。

39. 补给水加氨处理的基本原理是什么？加氨处理有何优点？

答： 加氨处理的基本原理就是利用氨溶于水呈碱性，可中和二氧化碳溶于水的酸性。氨也是一种挥发性物质，能随水、汽一起循环。当 CO_2 溶于水生成 H_2CO_3 时，NH_3 也同时溶于水生成 NH_4OH，与其发生中和反应

$$NH_4OH + H_2CO_3 \Longrightarrow NH_4HCO_3 + H_2O$$

$$NH_4HCO_3 + NH_4OH \Longrightarrow (NH_4)_2CO_3 + H_2O$$

反应结果是消除了 CO_2 所造成的酸性，提高了水的 pH 值，使金属表面的保护膜稳定，从而保护金属设备不受腐蚀。

氨处理能碱化给水，提高给水的 pH 值，而且不会增加锅炉水中的含盐量和碱度，不会影响蒸汽品质。另外，由于氨的挥发性，它能到达整个水汽系统，而使给水、凝结水、疏水等系统的设备和管路都得到保护。

40. 什么叫苛性脆化？产生的原因有哪些？

答： 苛性脆化是锅炉金属的一种特殊局部腐蚀，它是因锅炉水中游离碱被浓缩和金属内部有较高应力而引起的。这种腐蚀沿着金属结晶颗粒的界面进行，并向着金属内部纵深方向发展而形成细小裂纹，并在应力的作用下，逐渐扩展成穿透性的裂缝。

造成苛性脆化的主要原因有以下几个方面：

（1）金属内部存在着大于其屈服极限的应力。

（2）锅炉水中含有较高浓度的氢氧化钠，具有很大的侵蚀性。

（3）锅炉结构的某处有锅炉水浓缩的可能，使局部地区锅炉水高度浓缩。

41. 给水系统的腐蚀对热力设备运行有何影响？

答： 给水系统的腐蚀会使给水中含有大量的铜、铁腐蚀产物，直接影响到锅炉设备的安全运行。因为这些金属腐蚀产物进入锅内后，会在锅炉水冷壁管的局部热负荷高的地方，形成氧化铁垢和铜垢。氧化铁垢和铜垢的导热性能很差，对锅炉的运行有很大的影响。另外，垢下水冷壁管常有腐蚀发生。

此外，给水系统的设备（如给水泵、加热器等）和管道被腐蚀后，能缩短其使用期，严重时造成设备损坏，影响电厂的安全经济运行。

42. 原水中的活性氯对强酸性阳离子交换树脂有何危害？如何处理？

答： 原水中的活性氯是一种很强的氧化剂，对树脂起氧化作用，使树脂产生不可逆的膨胀，树脂内孔隙减小，树脂长链交联结构断裂，造成树脂破碎，活性基团减少，导致树脂交换容量下降。

处理方法是：向原水中加亚硫酸钠，消除原水中的活性氯，反应如下

$$Cl_2 + H_2O \Longrightarrow HClO + HCl$$

$$Na_2SO_3 + HClO \Longrightarrow Na_2SO_4 + HCl$$

43. 用酸除垢的基本原理是什么？一般都采用哪些酸？

答： 用酸除垢是化学除垢中最常见的一种方法。它的基本原理是酸直接与水垢作用，并将水垢溶解。例如，盐酸和钙、镁水垢的反应如下

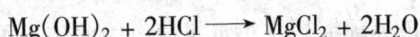

$$CaCO_3 + 2HCl \longrightarrow CaCl_2 + H_2O + CO_2\uparrow$$

$$Mg(OH)_2 + 2HCl \longrightarrow MgCl_2 + 2H_2O$$

反应所生成的氯化物很容易溶于水，可随酸洗液一起排出。

用酸除垢时，不必将水垢或氧化铁皮全部溶解，靠酸溶解垢下的一层氧化亚铁，则水垢由容器壁上自然地、一片一片地剥落下来。

除垢采用的无机酸有盐酸、硫酸、氢氟酸等；有机酸有柠檬酸、羟基乙酸、醋酸等。目前我国各电厂常采用盐酸，也有用氢氟酸或柠檬酸清洗的，但数量较少。

44. 锅炉化学清洗的目的是什么？

答： 锅炉化学清洗是保证锅炉安全运行的重要措施之一。

对新建锅炉，在启动前进行化学清洗，可除掉设备在制造过程中形成的氧化皮（也称轧皮）和在储运、安装过程中生成的腐蚀产物、焊渣，以及设备出厂时涂覆的防护剂（如油脂类物质）等各种附着物，同时还可除去锅炉在制造、安装过程中进入或残留在设备内部的砂子、泥土、水泥和保温材料等杂质。这样不仅有利于锅炉的安全运行，还能改善锅炉启动时期的水、汽质量，使之较快地达到正常标准，从而大大缩短了新机组启动到正常运行的时间。

运行锅炉化学清洗的目的在于：除掉锅炉运行过程中生成的水垢、金属腐蚀产物等沉积物，以免锅内沉积物过多而影响锅炉的安全经济运行。

45. 锅炉炉水磷酸盐防垢处理的基本原理是什么？

答： 磷酸盐防垢处理的基本原理是：向锅炉水中投加 Na_3PO_4，使 PO_4^{3-} 在高碱度沸腾的锅炉水中与 Ca^{2+} 反应，生成易于排除的碱式磷酸盐水渣，反应如下

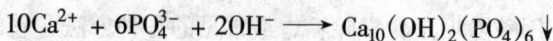

$$10Ca^{2+} + 6PO_4^{3-} + 2OH^- \longrightarrow Ca_{10}(OH)_2(PO_4)_6 \downarrow$$

随给水进入锅炉的少量 Mg^{2+}，在高温的碱性锅炉水中与 SiO_3^{2-} 反应生成蛇纹石水渣，反应如下

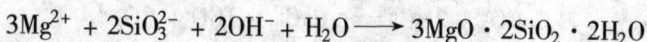

$$3Mg^{2+} + 2SiO_3^{2-} + 2OH^- + H_2O \longrightarrow 3MgO \cdot 2SiO_2 \cdot 2H_2O$$

上述水渣极易随锅炉排污水排掉，因此防止了在锅炉内产生水垢。

46. 进行锅内处理时，磷酸盐加入量过多或过少会产生哪些不良影响？

答： 进行锅内处理时，磷酸盐加入量过多会产生如下危害：

(1) 药品消耗量增加，使生产成本提高，造成浪费。

(2) 增加锅炉水的含盐量、碱度等，影响蒸汽品质。

(3) 有生成易粘附水渣 $Mg_3(PO_4)_2$ 的可能，这种水渣会转化成导热性很差的松软水垢。

(4) 若锅炉水中含铁量较大时，有生成磷酸盐铁垢的可能。

(5) 容易发生"盐类暂时消失"现象。

磷酸盐加入量过少，也会产生下列危害：

(1) 不能防止锅炉内产生钙、镁水垢。

(2) 锅炉水 pH 值低，易使蒸汽含硅量增加。

47. 采用磷酸盐处理锅炉水时，应注意哪些事项？

答： 采用磷酸盐处理锅炉水时，应注意以下几点：

(1) 给水硬度应符合质量标准（低压锅炉给水硬度不大于 $35\mu mol/L$；中压锅炉给水硬度不大于 $5\mu mol/L$；高压锅炉给水硬

度不大于 $3\mu mol/L$），以免硬度过大使锅炉水中产生大量水渣，而影响蒸汽品质。

（2）为保持锅炉水中的过剩磷酸根量稳定，加药应连续进行。

（3）正确、及时地进行锅炉连续排污和泥包定期排污，降低锅炉水含盐量和排除生成的水渣。

（4）对已结垢的锅炉，在磷酸盐处理前，应将水垢清除干净，防止水垢与过剩的磷酸根作用造成水垢大量脱落，轻者使锅炉水浑浊，重者堵塞管道。

（5）采用的工业磷酸三钠应符合：$Na_3PO_4 \cdot 12H_2O$ 的纯度不小于92%；不溶性残渣不大于0.5%。

48. 锅炉在运行中，锅炉水的磷酸根含量突然降低，原因有哪些？

答：锅炉水的磷酸根含量降低的原因主要有以下几个方面：

（1）给水硬度超过标准，如补给水、凝结水、疏水或生产返回水硬度突然升高而引起的给水硬度超过标准。

（2）锅炉排污量大或水循环系统中的阀门泄漏。

（3）锅炉负荷增大或负荷增大时产生"盐类暂时消失"现象。

（4）加药量不够，如加药泵被污物堵塞，泵内进空气打不上药，磷酸钠溶液浓度低或加药不及时等。

（5）加药系统的阀门不严，药液加到其他锅炉内或漏至系统外。

49. 锅炉在运行过程中，为什么要进行排污？

答：进入锅炉内的给水或多或少的含有一些杂质，这些杂质随着锅炉水的不断蒸发浓缩，少部分杂质被饱和蒸汽带走，但大部分杂质留在锅炉水中。随着锅炉运行时间的增加，锅炉水中的杂质含量逐渐增加，当杂质浓度达到一定限度时，就会给锅炉设备带来很多的不良影响，如锅炉受热面生成水垢，蒸汽质量劣化，锅炉金属腐蚀等。为了锅炉设备的安全经济运行，就必须保持锅炉水所含杂质的浓度在允许的范围内，这就需要不断地从锅炉中排除含盐量较大的锅炉水和细微的悬浮的水渣。

锅炉排污是锅内水处理工作的重要组成部分，是保证锅炉设备不产生水垢，蒸汽品质达到允许值的主要手段。

50. 锅炉排污的方式有几种？它们的目的是什么？

答：锅炉排污的方式有连续排污和定期排污两种。

连续排污也叫表面排污，是连续不断地从锅炉汽包内接近水面的地方排放锅炉水。它的目的是降低锅炉水的含盐量和排除锅炉水中的泡沫、有机物以及细微悬浮物等。

定期排污也叫间断排污或底部排污，它是定期地从锅炉水循环系统的最低点（如水冷壁的下联箱）排放部分锅炉水。它的目的是排除锅炉水中的水渣以及其他沉淀物等。

51. 何谓蒸汽污染？造成蒸汽污染的原因有哪些？

答：从锅炉产生的蒸汽或多或少总含有一些杂质，如果蒸汽中的杂质含量超过一定的标准，则称为蒸汽污染。汽包锅炉蒸汽质量标准如表4-5所示。

表4-5 汽包锅炉蒸汽质量标准

锅炉工作压力（MPa）	钠（$\mu g/kg$）		二氧化硅（$\mu g/kg$）
	凝汽式电厂	热电厂	
3.8~5.8	≤15	≤20	≤25
5.9~18.3	≤10	≤10	≤20

饱和蒸汽污染是由于锅炉的运行工况不良或者锅炉水水质恶化，造成饱和蒸汽携带大量锅炉水水滴或大量溶解于锅炉水中的某些杂质而引起的。

过热蒸汽污染的原因是饱和蒸汽质量劣化，或者是减温器运行工况不良、减温水水质恶化等造成的。

52. 什么叫分段蒸发？为什么要采用分段蒸发？

答：分段蒸发就是用隔板将汽包的水室分隔成几段，每段与同它相连的上升管和下降管组成独立的水循环回路。给水全部送入汽包的某一段，该段称为净段，水经净段的循环回路蒸发浓缩后，通过装在隔板上的连通管，送到下一段，该段称为盐段。所以盐段的给水就是净段的排污水，而在盐段中的锅炉水同样进行蒸发和浓缩。由于盐段的锅炉水是经过两级蒸发浓缩时，所以它的含盐量要比净段高得多。

锅炉的定期排污管装在盐段，由于盐段锅炉水含盐量高，所以在排出的杂质量相同的条件下，能减少排污水量。与不分段蒸发锅炉相比，在给水品质相同时，采用分段蒸发，可降低锅炉排污率。

在分段蒸发锅炉中，大部分蒸汽由净段锅炉水产生，盐段所产生的蒸汽仅占 20% ~ 30%，净段锅炉水水质较好，蒸汽品质也就较好。另外，在汽包盐段内也同样装有旋风分离器等汽水分离装置，并将盐段产生的蒸汽经过净段汽空间引出去，使之再一次进行汽水分离。因此，锅炉采用分段蒸发能改善蒸汽品质的减少锅炉排污率，从而提高了发电厂运行的经济性。

53. 对热力设备及其系统为什么要进行化学监督？怎样监督？

答：化学监督是保证热力设备及其系统安全经济运行的重要措施。因为水汽质量不好，会引起热力设备及系统的结垢、腐蚀和积盐。所以，在热力设备运行过程中，必须经常分析、判断水处理效果，掌握各种水、汽质量的变化情况，及时地采取有效措施，保证水、汽质量符合规定的要求。

化学监督是通过化学分析和仪表连续监测等，及时地测定火力发电厂热力设备及系统中各部分的水、汽质量情况，分析、判断水处理效果，发现问题，及时处理，以保证热力设备及系统安全经济运行。

54. 化学监督的范围有哪些？监督内容是什么？

答：化学监督的范围主要有：①化学水处理设备及系统；②热力设备及系统；③冷却水系统等。

化学监督的内容是：①制定水、汽质量标准；②制定水处理及水汽控制运行规程；③采取具有代表性的水、汽样品；④及时准确地分析、测定水汽质量；⑤加强技术管理，做好水处理和水、汽质量状况的定期统计和情况分析工作；⑥做好热力设备安装、大修期间的检查。

55. 蒸汽的监督项目有哪些？为什么要监督这些项目？

答：蒸汽监督项目主要有含钠量和含硅量两项。

监督含钠量是因为蒸汽中的盐类主要是钠盐，所以蒸汽中的含钠量可以表征蒸汽含盐量的多少。

监督含硅量是因为蒸汽中的硅酸会沉积在汽轮机内，形成难溶于水的二氧化硅附着物，它对汽轮机的安全经济运行有着较大的影响。

56. 锅炉水的监督项目有哪些？为什么要监督这些项目？

答：对锅炉水主要监督磷酸根、pH 值和含盐量（或含硅量）等项目。

（1）磷酸根。为了防止锅炉内产生钙垢，锅炉水中应维持一定量的磷酸根，磷酸根量不能太少或过多。

（2）pH 值。锅炉水的 pH 值应维持在 9~11 之间，主要原因是避免锅炉钢材的腐蚀；保证磷酸根与钙离子反应生成碱式磷酸钙水渣；抑制锅炉水中硅酸盐水解生成硅酸，减少硅酸在蒸汽中的溶解携带。

（3）含盐量（或含硅量）。控制锅炉水中含盐量（或含硅量）是为了防止锅炉结垢，保证蒸汽质量良好。

57. 锅炉给水监督项目有哪些？为什么监督这些项目？

答：对锅炉给水主要监督硬度、溶解氧、pH 值、铁和铜等项目。

（1）硬度。为了防止热力设备及系统产生钙、镁水垢。

（2）溶解氧。为了防止给水系统及锅炉设备发生氧腐蚀。

（3）pH 值。为了防止给水系统的二氧化碳腐蚀和氧腐蚀。

（4）铁和铜。为了防止锅炉炉管中产生铁垢和铜垢。

58. 蒸汽中含钠量或含硅量不合格的原因是什么？如何处理？

答：蒸汽中含钠量或含硅量不合格由以下几方面造成的：

（1）锅炉水的含钠量或含硅量超过极限值。

（2）锅炉的负荷太大，水位太高，蒸汽压力变化过快。

（3）喷水式蒸汽减温器的减温水水质不良或表面式减温器发生泄漏。

（4）锅炉加药浓度太大或加药速度太快。

（5）汽水分离器效率低或各分离元件的接合处不严密。

（6）洗汽装置不水平或有短路现象等。

处理方法如下：

（1）查明造成锅炉水不合格的水源，并采取措施使此水源水质合格或减少其使用量。

（2）根据热化学试验结果，严格地控制锅炉的运行方式。

（3）表面式减温器泄漏时，应停用减温器或停炉检修；因给水系统运行方式不当而造成减温水质量劣化时，应调整给水系统的运行方式。

（4）降低向锅炉加药的药液浓度或速度。

（5）消除汽水分离器的缺陷。

（6）消除洗汽装置的缺陷。

59. 锅炉水外状浑浊的原因有哪些？如何处理？

答：锅炉水外状浑浊的原因是：①给水浑浊或硬度太大；②锅炉长期没有排污或排污量不够；③新炉或检修后锅炉在启动的初期。

处理方法是：①查明硬度高和浑浊的水源，并将此水源进行处理或减少其使用量；②严格地执行锅炉的排污制度；③增加锅炉排污量直至水质合格为止。

60. 给水含钠量（或电导率）、含硅量、碱度不合格的原因有哪些？如何处理？

答：给水含钠量（或电导率）、含硅量、碱度不合格的原因如下：

（1）组成给水的凝结水、补给水、疏水或生产返回水的含钠量（或电导率）、含硅量、碱度不合格。

（2）锅炉连续排污扩容器送出的蒸汽严重带水（此蒸汽通向除氧器时）。

处理方法如下：

（1）查明不合格的水源，并采取措施使此水源水质合格或减少其使用量。

（2）调整连续排污扩容器的运行。

61. 凝汽器铜管内壁产生附着物的主要原因是什么？怎样处理？

答： 凝汽器铜管内的附着物有两种，一是有机附着物；二是无机附着物。

产生有机附着物是由于冷却水中含有水藻和微生物等，它们常常附着在不洁净的铜管管壁上，并在适当的温度（10～30℃）下，从冷却水中吸取营养，不断的生长和繁殖。

有机附着物往往和一些黏泥、动植物残骸，以及一些泥煤颗粒等混杂在一起。另外，它们还混有大量微生物和细菌的分解产物。所以，凝汽器中的有机物大都呈灰绿色或褐红色的粘膜状物质，一般都带有特殊的臭味。

无机附着物一般指冷却水中的污泥、砂粒和工业生产的废渣等。它们是由于冷却水在铜管内流速较低时引起的沉积附着物。

凝汽器铜管内产生附着物后，一般进行清扫的方法为：①用高压水冲洗凝汽器铜管；②用压缩空气吹扫凝汽器铜管；③在汽轮机小修时，待铜管内水分蒸干后，用风机或压缩空气吹扫。

目前有些电厂已采用了运行中胶球循环清洗和毛刷清洗凝汽器铜管的措施。

62. 凝汽器铜管结垢的原因是什么？如何防止？

答： 凝汽器铜管结垢的原因很多，但归纳起来，不外乎以下两方面。

（1）由于冷却水在循环过程中不断受热蒸发和浓缩，水中总含盐量逐渐增加，重碳酸盐不断分解，导致碳酸钙的浓度超过饱和极限浓度（大于碳酸钙的溶度积）而沉淀析出，在凝汽器铜管内壁结垢。

（2）冷却水中游离 CO_2 在冷水塔或喷水池中不断损耗，使下面的化学平衡遭到破坏

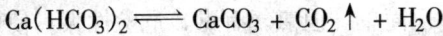

$$Ca(HCO_3)_2 \rightleftharpoons CaCO_3 + CO_2\uparrow + H_2O$$

促使反应向右进行，结果生成碳酸钙沉淀，就会造成凝汽器铜管内壁结垢。

防止凝汽器铜管结垢，一般采用以下三种措施：

（1）加酸处理。改变冷却水中的盐类组成（减少碳酸化合物含量），将碳酸盐硬度转变为非碳酸盐硬度。

（2）加炉烟处理。增加水中的二氧化碳，抑制水中的重碳酸钙分解。

（3）水质稳定处理。有冷却水中投加阻垢剂（如三聚磷酸钠、正磷酸盐等），抑制碳酸钙的形成与析出，或使碳酸钙晶体畸变，从而阻止了碳酸钙水垢的形成。

63. 对汽轮机凝汽器的冷却水（或称循环水）为什么要进行处理？

答：汽轮机凝汽器的循环冷却水水质不良，能引起凝汽器铜管内壁结垢及产生有机附着物等。由于这些物质的导热性很差，会导致凝汽器的端差升高，真空度下降，使汽轮机的出力和运行经济性下降。同时，水质不良也能引起凝汽器铜管腐蚀而穿孔，循环冷却水漏入凝结水中，恶化了凝结水和给水水质，导致锅炉受热面管内结垢和腐蚀，影响发电厂的安全运行。所以，对凝汽器的循环冷却水，必须进行适当的处理。

64. 冷却水氯化处理的基本原理是什么？常采用什么药品？

答：冷却水氯化处理就是向水中加氯，用氯的氧化性杀死细菌、微生物和水藻等，具体反应如下

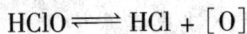

$$Cl_2 + H_2O \rightleftharpoons HClO + HCl$$

$$HClO \rightleftharpoons HCl + [O]$$

反应所生成的新生态氧，有很强的氧化能力，它能与细胞中的蛋

白质作用。因此，可以使细菌、微生物、水藻等因氧化而破坏、死亡。

常用于氯化处理的药品有两种：一种是液态氯；另一种是漂白粉。这两种药品的效果是相同的，但用液态氯比用漂白粉价廉，加药设备也简单。但氯气有毒，危险性大，使用时要有严格的安全措施。

第三节 高 级 工

一、判断题（在题末括号内作出记号：√表示对，×表示错）

1. Ca^{2+}、Mg^{2+} 和 HCO_3^- 所形成的硬度叫永久硬度。（   ）

答：×。

2. 影响溶液溶解度的因素有溶质、溶剂的性质和溶液的温度。（   ）

答：√。

3. 当强酸、碱溅到皮肤上时，应先用大量清水冲洗，再分别用 5mg/L 的碳酸氢钠或 10～20mg/L 的稀醋酸清洗，然后送医院急救。（   ）

答：√。

4. 溶液呈中性时，溶液里没有 H^+ 和 OH^-。（   ）

答：×。

5. 从空气中分离氧气是化学变化。（   ）

答：×。

6. 金属原子形成的离子都是阳离子，所以阳离子都是金属原子形成的。（   ）

答：×。

7. 只要是优级试剂，就可作基准试剂。（   ）

答：×。

8. 水中硬度的大小就是指水中 Ca^{2+}、Mg^{2+} 含量的多少。（   ）

答：√。

9. 一级复床加混床的出水电导率应≤0.5μS/cm。（　　）

答：×。

10. 甲基橙指示剂在碱性溶液中显黄色。（　　）

答：√。

11. 因为阳床出水显酸性，有腐蚀性，所以对容器、管道要进行防腐处理。（　　）

答：√。

12. 电厂化学试验中所用硫酸溶液的基本单元一般用 $1/2H_2SO_4$ 表示。（　　）

答：√。

13. 天然水的碱度主要是由含有 HCO_3^- 的盐组成的。（　　）

答：√。

14. 型号为 001×7 的树脂属强酸性苯乙烯系阳离子交换树脂。（　　）

答：√。

15. 流量是指单位时间内流体流过某一截面的量。（　　）

答：√。

16. pH 值为 11.13，这个数字有四个有效数字。（　　）

答：×。

17. 盐酸是强酸，能强烈地腐蚀金属、衣物，应密封保存。（　　）

答：√。

18. 试验中的偶然误差是不可避免的。（　　）

答：√。

19. 循环水加酸处理的目的是将水中碳酸盐硬度转化为非碳酸盐硬度。（　　）

答：√。

20. 混床反洗后，树脂分为两层，上层为阳树脂，下层为阴树脂。（　　）

答：×。

21. 阴阳床再生时，再生剂加得越多越好。（　　）

答：×。

22. 鼓风式除碳器一般可将水中的 CO_2 含量降至 5mg/L 以下。（　　）

答：√。

23. 工业盐酸显淡黄色主要因为其中含有铁离子杂质。（　　）

答：√。

24. 定性分析的任务是测定物质中有关组分的含量。（　　）

答：×。

25. 阴离子交换树脂易在强碱性介质中进行交换。（　　）

答：×。

26. 原水的含盐量和树脂的再生程度对混床的出水水质和运行周期都有很大影响。（　　）

答：×。

27. 强酸性树脂比弱酸性树脂不容易再生。（　　）

答：√。

28. "三废"是指废水、废气和废渣。（　　）

答：√。

29. 一氧化碳是无色有毒的气体。（　　）

答：√。

30. 在工作场所可以存储汽油、酒精等易燃物品。（　　）

答：×。

31. 金属在水溶液中，或在潮湿空气中发生的腐蚀，属于化学腐蚀。（　　）

答：×。

32. 酸碱滴定的实质是沉淀反应。（　　）

答：×。

33. 寒冷季节，化学用原水是经过原水泵加压、再经原水加

热器加热至 30℃±5℃ 后送到化学制水系统的。（　　）

答：√。

34. 平行试验是为了消除系统误差。（　　）

答：×。

35. 阴阳床石英砂垫层，粒度从下到上依次增大。（　　）

答：×。

36. 再生剂的纯度对交换剂的再生程度和出水水质影响不大。（　　）

答：×。

37. 提高原水温度，可提高除碳器的除碳效果。（　　）

答：√。

38. 活性炭吸附处理可除去水中的过剩游离氯、有机物和阴离子。（　　）

答：×。

39. 阴床出口电导率值应 $\leqslant 20\mu S/cm$。（　　）

答：×。

40. 在相同直径下，逆流再生床比顺流再生床消耗再生剂要多。（　　）

答：×。

41. 一级除盐系统中，除碳器应设置在阴床之前。（　　）

答：√。

42. 当中和池水满时，应先进行循环中和，达到排放标准时，再排放。（　　）

答：√。

43. 玻璃过滤器不适合过滤碱性溶液。（　　）

答：√。

44. 除硅必须用阴离子交换树脂。（　　）

答：×。

45. 在离子交换器运行过程中，进水流速愈大，交换器的工作交换容量愈大，周期制水量也愈大。（　　）

答：×。

46. 离子交换器内的交换剂层愈厚，交换器运行过程中的水头损失愈大，周期制水量愈少。（　　）

答：×。

47. 逆流再生式阳床每次再生前都需要进行大反洗。（　　）

答：×。

48. 固定床逆流再生比顺流再生出水水质更好。（　　）

答：√。

49. 固定床再生液的温度越高，再生效果越好。（　　）

答：×。

50. 能有效去除水中强酸阴离子的是强碱阴离子交换树脂。
（　　）

答：×。

51. 再生溶液的浓度高低对再生效果没有影响。（　　）

答：×。

52. 阴床正常运行时，出口电导率值 $> 10\mu S/cm$，说明阳床已经失效。（　　）

答：√。

53. 普通混合床中，阴阳离子交换树脂体积比例一般为2:1。
（　　）

答：√。

54. 相同直径的混合床一般比阴阳床出力要大。（　　）

答：√。

55. 用镁盐作混凝剂时，可以直接利用天然水中的 Mg^{2+}。
（　　）

答：√。

56. 在混凝沉淀处理中添加混凝辅助剂可提高其混凝效果。
（　　）

答：√。

57. 滤池的反洗强度越大，则过滤运行的周期越短，出水浑

浊度越大。（　　）

答：×。

58. 澄清池运行中要控制的主要环节是排泥量和泥渣循环量。（　　）

答：√。

59. 逆流再生交换器运行的关键问题是使交换器内的交换剂不乱层。（　　）

答：√。

60. 用铝盐作混凝剂时，最优 pH 值在 8 以上。（　　）

答：×。

61. 离子交换树脂受铁、铝及其氧化物污染后，颜色变深。（　　）

答：√。

62. 在离子交换器再生过程中，适当加热再生液，可提高再生效果。（　　）

答：√。

63. 在离子交换器再生过程中，再生液的流速一般控制在 $4 \sim 8m/h$。（　　）

答：√。

64. 为了防止阳离子交换树脂的损坏，要求进水中游离氯小于 $0.1mg/L$。（　　）

答：√。

65. 离子交换器反洗的目的是松动树脂。（　　）

答：×。

66. 逆流再生固定床再生时，当再生液进完后，应立即大流量冲洗。（　　）

答：×。

67. 离子交换器再生过程中，再生液浓度越高，再生越彻底。（　　）

答：×。

68. 阴床失效时，最先穿透树脂层的阴离子是 Cl^-。（   ）

答：×。

69. 工作票应用铅笔填写，一式两份，经工作票签发人审核签字后，由工作负责人一并交给工作许可人办理许可手续。（   ）

答：×。

70. 任何情况下，都不允许无工作票进行工作。（   ）

答：×。

71. 没有减压器的氧气瓶不可以使用。（   ）

答：√。

72. 遇有电气设备着火，应马上用灭火器灭火。（   ）

答：×。

73. 无水硫酸不能导电，硫酸水溶液能够导电，所以无水硫酸是非电解质。（   ）

答：×。

74. 氯化铜水溶液之所以能够导电是因为在电流通过时，氯化铜发生电离的缘故。（   ）

答：×。

75. 分子和原子的主要区别是：分子可以构成物质，原子不行。（   ）

答：×。

76. 铁钉放入稀硫酸中能置换出氢气。（   ）

答：√。

77. 石灰石和盐酸溶液作用可产生二氧化碳气体。（   ）

答：√。

78. 空白试验可以消除试剂和器皿带来杂质的偶然误差。（   ）

答：×。

79. 非金属氧化物都是酸性氧化物。（   ）

答：×。

80. 若 c（H_2SO_4）= 2mol/L，则 c（$1/2H_2SO_4$）= 1mol/L。（　　）

答：×。

81. 弱碱性阴离子交换树脂可除去水中的硅化合物。（　　）

答：×。

82. 弱酸树脂交换容量大，但再生酸耗高。（　　）

答：×。

83. 树脂的工作交换容量不受运行流速的影响。（　　）

答：×。

84. 进入逆流再生离子交换器的水的浊度，应比进入顺流再生离子交换器的低。（　　）

答：×。

85. 一般来讲阳床漏钠，而阴床易漏 SiO_2。（　　）

答：√。

86. 离子交换器内，树脂层越高，出水水质越好。（　　）

答：√。

87. 对阴离子交换器来讲，进水酸度越大越好。（　　）

答：√。

88. 影响过滤器过滤效果的因素主要有滤速、反洗和水流的均匀性。（　　）

答：√。

89. 某物质的真实质量为 1.000g，其测量值为 1.001g，则相对误差为 0.1%。（　　）

答：√。

90. 某物质的真实质量为 1.4302g，其测定值为 1.4300g，则绝对误差为 0.0002g。（　　）

答：×。

91. 在分析中，将滴定管中的 20.03mL 误读为 20.30mL，所产生的误差是仪器误差。（　　）

答：×。

92. 除盐系统中，水流速过慢，交换效果反而不好，所以运行时，流量不应太小。（　　）

答：√。

93. 离子交换树脂的全交换容量在数值上应等于其对应的工作交换容量。（　　）

答：×。

94. 水的浊度越低，越易于混凝处理。（　　）

答：×。

95. 离子交换器运行时，离子交换速度是指离子间反应的速度。（　　）

答：×。

96. 离子交换器再生时，再生液的流速越高，再生反应越快，故应选较高的流速。（　　）

答：×。

97. 胶体物质是许多分子和离子的集合体。（　　）

答：√。

98. 离子交换树脂能导电是因为它能在水中电离出离子。（　　）

答：√。

99. 鼓风式除碳器不仅可以除去水中的 CO_2，而且可以除去水中的 O_2。（　　）

答：×。

100. 氧气瓶应涂黑色，用蓝色标明"氧气"字样。（　　）

答：×。

101. 当强碱溅入眼睛时，应立即送医院急救。（　　）

答：×。

102. 当浓酸倾洒在室内时，应先用碱中和再用水冲洗。（　　）

答：√。

103. 氢氧化钠溶液应储存在塑料瓶中。（　　）

答：√。

104. 天然水中加入 $Al_2(SO_4)_3$ 后，其 pH 值会稍有降低，因为 $Al_2(SO_4)_3$ 是属于强酸强碱的盐类。（　　）

答：×。

105. 系统误差是分析过程中的固定因素引起的。（　　）

答：√。

106. 真空式除碳器可除去水中的 CO_2、O_2 及其他气体。（　　）

答：√。

107. 再生剂比耗增加，可提高交换剂的再生程度，故比耗越高越好。（　　）

答：×。

108. 爆炸下限越低的可燃物，越有爆炸的危险。（　　）

答：√。

109. 配制硫酸溶液时，应先将适量浓硫酸倒入，然后缓慢地加入定量的水，并不断搅拌。（　　）

答：×。

110. 允许直接用火加热的方法，蒸馏易挥发的液体物质。（　　）

答：×。

111. EDTA 与金属离子的络合比一般是 1∶1。（　　）

答：√。

112. 1g 氢气与 1g 氧气所含的分子数相同。（　　）

答：×。

113. 单独用 $FeCl_3 \cdot 6H_2O$ 作混凝剂，会加重滤池负担。（　　）

答：√。

114. 离子交换器再生过程中，再生液的浓度愈大，再生效果愈好。（　　）

答：×。

115. 一般来说，树脂的颗粒越小，交换反应速度越快，但压力损失相应增大。（　　）

答：√。

116. 在逆流再生固定床中，中间配水装置以上的树脂也起离子交换作用。（　　）

答：×。

117. 强酸阳离子交换树脂的工作交换容量比弱酸阳离子交换树脂的高。（　　）

答：×。

118. 电导率的大小通常用来比较各物质的导电能力，因为我们通常测定的电导率是电阻的倒数。（　　）

答：×。

119. 接触混凝的滤速不能太快，一般应为 $5 \sim 6m/h$，否则滤料会被带出（　　）

答：√。

120. 盐酸的纯度对离子交换树脂的再生程度和出水水质影响不大。（　　）

答：×。

121. 化学水处理的再生废水经中和后，允许排放的 pH 值为 $6 \sim 9$。（　　）

答：√。

122. 离子交换器的工作交换容量是指交换剂在运行过程中的交换容量。（　　）

答：×。

123. 对于逆流再生离子交换器，进再生液时，必须严防空气带入，否则易引起乱层，降低交换剂的再生度。（　　）

答：×。

124. 在水流经过滤池的过程中，对水流均匀性影响最大的是排水系统。（　　）

答：√。

125. 弱酸阳离子交换树脂由钠型转化为氢型时，其体积约增大60%。（　　）

答：√。

126. 阳床入口水碱度增大，其出口水酸度也增大。（　　）

答：×。

127. 混床的中间配水装置位于混床罐体的中间。（　　）

答：×。

128. H型强酸阳离子交换树脂对水中离子的交换具有选择性，其选择性的规律是离子电导率愈高，愈易交换。（　　）

答：×。

129. 采用聚合铝作混凝剂时，聚合铝的碱化度应该在30%以下。（　　）

答：×。

130. 水通过离子交换树脂层的速度愈大，交换器出口树脂保护层愈薄。（　　）

答：×。

131. 为防止有机物对凝胶型强碱性阴树脂的污染，要求进水耗氧量小于1.0mg/L。（　　）

答：√。

132. 混合床再生时，反洗分层的好坏主要与反洗分层时的阀门操作有关，与树脂的失效程度无关。（　　）

答：×。

133. 一级复床除盐系统运行过程中，阴床出水 $HSiO_3^-$ 含量、电导率、pH值均有所增高，这说明阳床已失效，而阴床还未失效。（　　）

答：√。

134. 强酸阳离子交换树脂漏入阴床，会引起阴床出水水质变差。（　　）

答：√。

135. 工作票注销后应送交所在单位的领导处保存三个月。( )

答：√。

136. 锅炉水冷壁管结垢后，可造成传热减弱，管壁温度升高。( )

答：√。

137. 触电人心脏停止跳动时，应采用胸外心脏挤压法进行抢救。( )

答：√。

二、选择题 [将正确答案的序号"（×）"写在题内横线上]

1. 原水经石灰处理后，非碳酸盐硬度不变，碳酸盐硬度（在没有过剩碱度的情况下）降至_____残留碱度。

（1）大于；（2）小于；（3）等于

答：（3）。

2. 氨—氯化铵缓冲溶液缓冲 pH 值范围是_____。

（1）8~11；（2）4~6；（3）5~7

答：（1）。

3. 在下列溶液中属于弱电解质的是_____。

（1）HI；（2）HBr；（3）HF

答：（3）。

4. 当循环水的碳酸盐硬度_____极限碳酸盐硬度时，碳酸钙析出。

（1）大于；（2）小于；（3）等于

答：（1）。

5. 某水溶液中氯化钠的物质的量是_____。

（1）0.5mol；（2）0.5g；（3）0.5%

答：（1）。

6. 如一个样品分析结果的准确度不好，但精密度好，则可能存在着_____的问题。

（1）操作失误；（2）记录有差错；（3）使用试剂不纯

答：(3)。

7. 离子交换反应的_____是离子交换树脂可以反复使用的重要性质。

(1) 选择性；(2) 可逆性；(3) 酸碱性

答：(2)。

8. 阴离子交换器失效时，出水最先增大的阴离子是_____。

(1) SO_4^{2-}；(2) Cl^-；(3) $HSiO_3^-$

答：(3)。

9. 甲基橙指示剂变色的 pH 值范围是_____。

(1) $3.1 \sim 4.4$；(2) $8.0 \sim 10.0$；(3) $4.2 \sim 6.2$

答：(1)。

10. _____的分子是由同一种元素的原子组成的。

(1) 单质；(2) 化合物；(3) 纯净物

答：(1)。

11. 绝对压力_____时为绝对真空。

(1) 小于零；(2) 等于零；(3) 大于零

答：(2)。

12. 因强碱阴离子交换树脂对 Cl^- 有较大的_____，使 Cl^- 不仅易被树脂吸附，且不易洗脱。

(1) 附着力；(2) 交换力；(3) 亲合力

答：(1)。

13. 澄清是利用凝聚沉淀分离的原理使水中_____杂质与水分离的过程。

(1) 溶解性；(2) 非溶解性；(3) 腐蚀性

答：(2)。

14. 用盐酸作逆流再生的强酸性阳离子交换树脂的再生剂，其再生比耗大约为_____。

(1) $1.05 \sim 1.20$；(2) $1.2 \sim 1.5$；(3) $2 \sim 3$

答：(2)。

15. 循环式冷却水主要靠_____的方法来散热。

(1) 排污；(2) 蒸发；(3) 大量补水

答：(2)。

16. 碱度测定的结果是酚酞碱度等于甲基橙碱度，该水样中反映碱度的离子有_____。

(1) OH^-、CO_3^{2-} 和 HCO_3^-；(2) CO_3^{2-}、无 OH^- 和 HCO_3^-；

(3) OH^-、无 CO_3^{2-} 和 HCO_3^-

答：(3)。

17. 采用聚合铝作混凝剂时，聚合铝的碱化度应该在_____。

(1) 30%以下；(2) 50% ~ 80%；(3) 30%

答：(2)。

18. 当氨气在空气中含量达到_____，明火或剧烈震动时，容易发生爆炸。

(1) 10% ~ 20%；(2) 15% ~ 27%；(3) 4% ~ 75%

答：(2)。

19. 强碱性阴离子交换树脂氧化变质的表现之一是强碱性交换基团的数量_____。

(1) 减少；(2) 变化；(3) 增多

答：(1)。

20. 阳床未失效，阴床先失效，阴床出水水质_____。

(1) pH、电导率、硅含量都升高；(2) pH下降，电导率、硅含量升高；(3) pH下降，电导率先下降而后升高，硅含量升高

答：(3)。

21. 对于强酸性阳离子交换树脂，在正常的运行过程中，对下列阳离子选择性顺序为_____。

(1) $Na^+ > K^+ > Mg^{2+} > Ca^{2+}$；(2) $Mg^{2+} > Ca^{2+} > K^+ > Na^+$；

(3) $Ca^{2+} > Mg^{2+} > K^+ > Na^+$

答：(3)。

22. 通过反洗，滤料的粒径总是自上而下地逐渐增大，这是_____的作用。

(1) 水力冲刷；(2) 水力筛分；(3) 滤料相互摩擦

答：(2)。

23. 柱塞泵正常运行时，应_____换油一次

(1) 每天；(2) 10 天；(3) 每 3 个月

答：(3)。

24. 能指示被测离子浓度变化的电极称为_____。

(1) 指示电极；(2) 参比电极；(3) 膜电极

答：(1)。

25. 在露天装卸凝聚剂、漂白粉等药品时，装卸人员应站在_____的位置上。

(1) 下风；(2) 上风；(3) 不靠近药品

答：(2)。

26. 树脂在运行中流失的主要原因是_____。

(1) 小反洗流量不大；(2) 反洗操作不当；(3) 中排网套破裂

答：(3)。

27. 天然水中杂质按_____可分为悬浮物、胶体物和溶解物三大类。

(1) 颗粒大小；(2) 存在状态；(3) 水质标准

答：(2)。

28. 负硬水的特征是水中_____。

(1) 硬度大于碱度；(2) 硬度等于碱度；(3) 硬度小于碱度

答：(3)。

29. 当 pH 大于 8.3 时，天然水中不存在_____。

(1) CO_2；(2) HCO_3^-；(3) CO_3^{2-}

答：(1)。

30. 以下树脂中，_____树脂最容易发生化学降解而产生胶溶现象。

(1) 强酸性；(2) 弱酸性；(3) 强碱性

答：(3)。

31. pH = 1.00 的 HCl 溶液和 pH = 2.00 的 HCl 溶液等体积混

合后，溶液的 pH 值为_____。

(1) 1.5；(2) 3.00；(3) 1.26

答：(3)。

32. 在酸碱滴定分析中，可以作为基准物质的有_____。

(1) 碳酸钠；(2) 氨水；(3) 盐酸

答：(1)。

33. 火力发电厂中的_____是将化学能转变为热能的设备。

(1) 锅炉；(2) 汽轮机；(3) 发电机

答：(1)。

34. 热力学第一定律是_____定律。

(1) 能量守恒；(2) 传热；(3) 导热

答：(1)。

35. 水体富营养化是由于水中氮、磷浓度增加，使水中_____大量增加。

(1) 盐类物质；(2) 酸类物质；(3) 有机物

答：(3)。

36. 下列设备中，树脂需移至体外进行反洗的设备是_____。

(1) 顺流再生固定床；(2) 逆流再生固定床；(3) 浮动床

答：(3)。

37. 混床的中间配水装置位于_____。

(1) 混床罐体的中间；(2) 分层后的阳离子交换树脂侧；(3) 分层后的阴阳离子交换树脂交界处

答：(3)。

38. 当双层床处于运行或再生的情况下时，下列说法正确的是_____。

(1) 水和再生液都先通过强型树脂；(2) 水和再生液都先通过弱型树脂；(3) 运行时，水先通过弱型树脂，再生时，再生液先通过强型树脂

答：(3)。

39. 浮动床倒 U 型排水管顶端高度与床内树脂层表面高度相

比，应该_____。

(1) 稍高一点；(2) 保持同一水平；(3) 稍低一点

答：(1)。

40. 通常，检查性称量至两次称量差不超过_____ mg，表示沉淀已被灼烧至恒重。

(1) 0.1；(2) 0.2；(3) 0.3

答：(3)。

41. 直接滴定法滴定完毕后，滴定管下端嘴外有液滴悬挂，则滴定结果_____。

(1) 偏高；(2) 偏低；(3) 无影响

答：(1)。

42. 滤池运行一段时间，当水压头损失达到一定值时就应进行_____操作。

(1) 正洗；(2) 反洗；(3) 排污

答：(2)。

43. 用 NaOH 滴定 H_3PO_4 时，确定第一等当点可选用的指示剂为_____。

(1) 中性红；(2) 百里酚酞；(3) 甲基红

答：(3)。

44. 001×7 型树脂是_____。

(1) 强酸性阳离子交换树脂；(2) 弱酸性阳离子交换树脂；(3) 强碱性阴离子交换树脂

答：(1)。

45. 计算循环冷却水的浓缩倍率，一般以水中的_____来计算。

(1) 氯离子；(2) 碱度；(3) 硬度

答：(1)。

46. 测定水中硬度时，若冬季水温较低，络合反应速度较慢，可将水样预热到_____后再进行测定。

(1) 15～20℃；(2) 30～40℃；(3) 40～50℃

答：(2)。

47. 一级除盐系统出水指标为_____。

(1) 硬度≈0，二氧化硅≤100 μmol/L，电导率≤5μS/cm；
(2) 硬度≈0，二氧化硅≤50 μmol/L，电导率≤5μS/cm；(3) 硬度≈0，二氧化硅≤100 μmol/L，电导率≤0.2μS/cm

答：(1)。

48. 化学加药计量泵的行程可调节范围一般应在_____。

(1) 50%左右；(2) 50%～80%；(3) 20%～80%

答：(3)。

49. 水泵在运行过程中，出现不上水情况，一般应先检查_____。

(1) 泵是否缺油；(2) 入口流量是否不足；(3) 叶轮是否损坏

答：(2)。

50. 阴离子交换树脂受有机物污染后，常用_____进行复苏，效果较好。

(1) 盐酸；(2) 食盐溶液；(3) 食盐溶液和氢氧化钠溶液

答：(3)。

51. 混床再生好坏的关键是_____。

(1) 树脂分层彻底；(2) 阴阳树脂再生彻底；(3) 树脂清洗彻底

答：(1)。

52. 在机械搅拌加速澄清池停用4h内_____不应停止，以免造成设备损坏。

(1) 搅拌机；(2) 刮泥机；(3) 加药

答：(2)。

53. 一级除盐设备再生时，操作顺序为_____。

(1) 开喷射器进水门，开进酸门，再开计量箱出口门；(2) 开进酸门，计量箱出口门，再开喷射器进水门；(3) 开喷射器进水门，开计量箱出口门，再开进酸门答：(1)。

54. 从一阳床取出一些变黑的树脂，放在试管中，加几毫升水，摆动 1min 发现水面有"虹"出现，说明树脂被_____。

(1) 铁污染；(2) 硫酸钙污染；(3) 油污染

答：(3)。

55. 浮动床在运行中需要停止时，利用重力落床，操作顺序为_____。

(1) 关入口门，开出口门；(2) 关入口门，开排水门；(3) 关出入口门

答：(3)。

56. 锅炉给水测定溶解氧的水样必须_____。

(1) 现场现取现测；(2) 外地取回的水样亦可测；(3) 现场取样且必须溢流 3min 后立即测定

答：(3)。

57. 机组正常运行时，为了防上汽包内有水渣积聚，锅炉排污率应不小于_____。

(1) 1%；(2) 2%；(3) 0.3%

答：(3)。

58. 使用滴定管时，刻度准确到 0.1mL，读数应读至_____。

(1) 0.01；(2) 0.1；(3) 0.001

答：(1)。

59. 在发生故障的情况下，经_____许可后，可以没有工作票即进行抢修，但须由运行班长或值长将采取的安全措施和没有工作票而必须进行工作的原因记在运行日志内。

(1) 主管厂长；(2) 值长；(3) 班长

答：(2)。

60. 电动机着火时，应首先切断电源，然后用_____灭火。

(1) 水；(2) 砂土；(3) 干粉灭火器

答：(3)。

61. 化学制水系统中，涂刷红色的管道一般是_____。

(1) 盐溶液管；(2) 碱溶液管；(3) 酸溶液管

答：(3)。

62. 阳离子交换器的出水穹形孔板材质一般是_____。

(1) 不锈钢；(2) 碳钢衬胶；(3) 硬聚氯乙烯

答：(2)。

63. 离子交换器中排装置采用的一般材质为_____。

(1) 碳钢；(2) 不锈钢；(3) 硬聚氯乙烯

答：(2)。

64. _____不适于低流速和间断运行。

(1) 逆流再生固定床；(2) 顺流再生固定床；(3) 浮动床

答：(3)。

65. 过滤器检修完后，应进行水压试验，即在 0.6MPa 压力下，_____无泄漏，可以进行通水。

(1) 一个月；(2) 10min；(3) 一星期

答：(2)。

66. 氧化还原反应是指在反应过程中，反应物质之间发生_____转移的反应。

(1) 质子；(2) 原子；(3) 电子

答：(3)。

67. 元素是具有相同_____的同一类原子的总称。

(1) 核电荷数；(2) 质子数；(3) 中子数

答：(1)。

68. 酸碱指示剂的颜色随溶液_____的变化而变化。

(1) 浓度；(2) 电导率；(3) pH 值

答：(3)。

69. 下列物质属于电解质的是_____。

(1) Mg；(2) $MgCl_2$；(3) 酒精

答：(2)。

70. 能使甲基橙指示剂变红，酚酞指示剂不显色的溶液是_____溶液。

（1）盐酸；（2）氢氧化钠；（3）氯化钠

答：（1）。

71. 测定水的碱度，应选用_____标准液滴定。

（1）盐酸；（2）硫酸；（3）EDTA

答：（2）。

72. 一级复床＋混床出水电导率值标准应为_____。

（1）$\leqslant 0.3\mu S/cm$；（2）$\leqslant 0.1\mu S/cm$；（3）$\leqslant 0.2\mu S/cm$

答：（3）。

73. 阳床失效后，最先穿透树脂层的阳离子是_____。

（1）Fe^{3+}；（2）Ca^{2+}；（3）Na^+

答：（3）。

74. 水中氯离子必须在_____溶液中测定。

（1）酸性；（2）中性；（3）碱性

答：（2）。

75. 氯气瓶应涂有暗_____色，并写有"液氯"字样的明显标记。

（1）绿；（2）红；（3）黄

答：（1）。

76. 离子交换树脂的_____是离子交换树脂可以反复使用的基础。

（1）可逆性；（2）再生性；（3）酸碱性

答：（1）。

77. 循环式冷却水中，二氧化碳含量的减少将使_____析出。

（1）$CaCO_3$；（2）$CaSO_4$；（3）$CaCl_2$

答：（1）。

78. 活性炭过滤器用于水处理时，对脱_____和除去有机物有很重要的实际意义。

（1）碳；（2）氯；（3）氧

答：（2）。

79. 在线电导率表测定水样电导率时，常要通过_____以后再测定。

(1) 钠离子交换柱；(2) 氢离子交换柱；(3) 阴离子交换柱

答：(2)。

80. 混凝处理的目的主要是除去水中的胶体和_____。

(1) 悬浮物；(2) 有机物；(3) 沉淀物

答：(1)。

81. 当强酸性阳离子交换树脂由 Na^+ 型变成 H^+ 型时，或当强碱阴离子交换树脂由 Cl^- 型变成 OH^- 型时，其体积会_____。

(1) 增大；(2) 不变；(3) 缩小

答：(1)。

82. 工业盐酸带黄色的原因是含有_____杂质。

(1) Ca^{2+}；(2) Cl^-；(3) Fe^{3+}

答：(3)。

83. 能有效去除水中硅化合物的是_____。

(1) 强酸性阳树脂；(2) 强碱性阴树脂；(3) 弱碱性阴树脂

答：(2)。

84. 强碱性阴离子交换树脂可耐受的最高温度是_____。

(1) 100℃；(2) 60℃；(3) 150℃；(D) 30℃

答：(2)。

85. 溶解固形物含量高，则说明水中_____高。

(1) 总含盐量；(2) 硬度；(3) 悬浮物含量

答：(1)。

86. 现在国内的离子交换树脂都进行了统一编号，例如强酸性阳离子交换树脂型号为 001×7。这里"7"表示_____。

(1) 树脂密度；(2) 树脂含水量；(3) 树脂交联度

答：(3)。

87. 在水中不能共存的离子是_____。

(1) OH^- 和 HCO_3^-；(2) CO_3^{2-} 和 HCO_3^-；(3) Ca^{2+} 和 OH^-；
(4) OH^- 和 CO_3^{2-}

答：(1)。

88. 给水加氨的目的是_____。

(1) 防止铜腐蚀；(2) 防止给水系统结垢；(3) 调节给水 pH 值，防止钢铁腐蚀

答：(3)

89. 阴离子交换树脂受污染后，出现一些特征，下面叙述错误的是_____。

(1) 树脂的交换容量下降；(2) 树脂的颜色变深；(3) 出水显酸性

答：(3)。

90. 热力发电是利用_____转变为机械能进行发电的。

(1) 化学能；(2) 电能；(3) 热能

答：(3)。

91. 各种蒸汽管道和用汽设备中的_____，称为疏水。

(1) 除盐水；(2) 凝结水；(3) 软化水

答：(2)。

92. 火力发电厂的主要生产系统为水、汽系统，电气系统和_____。

(1) 锅炉系统；(2) 燃烧系统；(3) 输煤系统

答：(3)。

93. 自然通风冷却塔一般多设计为_____。

(1) 圆柱形；(2) 双曲线形；(3) 圆形

答：(2)。

94. 火电厂内，通常使用的安全电压等级有 36V、24V 和_____ V。

(1) 6；(2) 12；(3) 14

答：(2)。

95. 过热蒸汽是指_____的蒸汽。

(1) 高温高压；(2) 温度高于同压力下饱和温度；(3) 压力大于 1atm（101.3kPa）

答：(2)。

96. 火电厂排出的烟气会对大气造成严重污染，其主要污染物是烟尘和_____。

(1) 氮氧化物；(2) 二氧化碳；(3) 二氧化硫

答：(3)。

97. 固定床正常运行流速一般控制在_____。

(1) 5～20m/h；(2) 30～50m/h；(3) 15～20m/h

答：(3)。

98. 计算离子交换器中装载树脂所需湿树脂的质量时，要使用_____密度。

(1) 干真；(2) 湿真；(3) 湿视

答：(3)。

99. 用络合滴定法测定水中的硬度时，pH 值应控制在_____左右。

(1) 6；(2) 8；(3) 10

答：(3)。

100. 以甲基橙作指示剂，测定碱度，终点色为_____。

(1) 橙黄色；(2) 砖红色；(3) 无色

答：(1)。

101. 逆流再生过程中，压实层树脂在压实情况下，厚度一般维持在中间排水管上_____mm 范围内。

(1) 0～50；(2) 150～200；(3) 250～350

答：(2)。

102. 相同条件下，消耗再生剂最多的是_____。

(1) 顺流再生固定床；(2) 浮动床；(3) 移动床

答：(1)。

103. 鼓风式除碳器一般可将水中的游离 CO_2 含量降至_____以下。

(1) 50mg/L；(2) 5mg/L；(3) 10mg/L

答：(2)。

104. 离子交换器失效后再生，再生液流速一般为_____。

(1) 1~3m/h；(2) 8~10m/h；(3) 4~8m/h

答：(3)。

105. 玻璃器皿洗净的标准是＿＿＿＿。

(1) 无污点；(2) 无油渍；(3) 均匀润湿，无水珠

答：(3)。

106. 除盐设备使用的石英砂、瓷环在投产前常需要＿＿＿＿。

(1) 大量水冲洗；(2) 用5%碱浸泡；(3) 用除盐水浸泡24h

答：(3)。

107. 除盐设备经过大修后，进水试压，应从＿＿＿＿。

(1) 底部缓慢进水，中排排出，然后关闭所有阀门；(2) 底部缓慢进水，开空气门，至反洗排水排出，然后关闭所有阀门；(3) 正冲洗，然后关闭所有阀门

答：(2)。

108. 影响混凝处理效果的因素有水温，水的 pH 值，水中的杂质，接触介质和＿＿＿＿。

(1) 杂质颗粒大小；(2) 加药量；(3) 水量大小

答：(2)。

109. 用烧杯加热液体时，液体的高度不准超过烧杯高度的＿＿＿＿。

(1) 1/3；(2) 3/4；(3) 2/3

答：(3)。

110. 活性炭是由含＿＿＿＿为主的物质作为原料，经高温炭化和活化制成的疏水性吸附剂。

(1) 铁；(2) 铝；(3) 碳

答：(3)。

111. 浮动床水垫层过高可导致床层在成床或落床时发生＿＿＿＿现象。

(1) 压实；(2) 乱层；(3) 过快；(4) 过慢

答：(2)。

112. 用硫酸作再生剂时，采用先低浓度后高浓度的目的是为了_____。

(1) 提高再生效率；(2) 防止硫酸钙沉淀；(3) 降低酸耗

答：(2)。

113. 逆流再生固定床再生时加水顶压的目的是_____。

(1) 防止乱层；(2) 稀释再生液；(3) 防止中排承压太高

答：(1)。

114. 天然水经混凝处理后，水中的硬度_____。

(1) 有所降低；(2) 有所增加；(3) 基本不变

答：(1)。

115. 遇到不同类型的树脂混在一起，可利用它们_____的不同进行简单分离。

(1) 酸碱性；(2) 粒度；(3) 密度

答：(3)。

116. 测定水的硬度，常选用_____作指示剂。

(1) 铬黑 T；(2) 甲基橙；(3) 酚酞

答：(1)。

117. 石英砂滤池反洗操作时，滤层膨胀高度约为滤层高度的_____。

(1) 25% ~ 50%；(2) 5% ~ 10%；(3) 5%

答：(1)。

118. 浮动床正常运行流速一般控制在_____。

(1) 5 ~ 20m/h；(2) 30 ~ 50m/h；(3) 50 ~ 100m/h

答：(2)。

119. 逆流再生离子交换器压实层树脂的作用是_____。

(1) 使制水均匀；(2) 备用树脂；(3) 防止再生时乱床

答：(3)。

120. 用硫酸铝作混凝剂时，水温对混凝剂效果有很大影响，其最佳水温为_____℃。

(1) 20 ~ 25；(2) 25 ~ 30；(3) 30 ~ 40

答：(2)。

121. 直流混凝处理是将混凝剂投加到_____。

(1) 滤池内；(2) 滤池的进水管内；(3) 距滤池有一定距离的进水管内

答：(3)。

122. 制水设备的气动门，操作用气的压力不应小于_____MPa。

(1) 0.2；(2) 0.6；(3) 0.4

答：(3)。

123. 逆流再生除盐设备大反洗后，再生时，再生剂用量要比通常再生多_____倍。

(1) 1；(2) 2；(3) 0

答：(1)。

124. 循环水加稳定剂处理时，加药方式应_____。

(1) 必须连续加入；(2) 可以间断加入；(3) 加到要求的药量后可以停止加药

答：(1)。

125. 开式循环冷却水系统在运行过程中，应密切监督循环水的_____。

(1) 碱度；(2) 电导率；(3) 浓缩倍率是否超标

答：(3)。

126. 混床再生时，为了获得较好的混脂效果，混脂前，应把混床内的水面降至_____。

(1) 上部窥视孔中间位置；(2) 阴、阳树脂分界面；(3) 树层表面上 100～150mm

答：(3)。

127. 浓酸、浓碱一旦溅到眼睛或皮肤上，首先应采取_____的方法进行救护。

(1) 稀 HCl 中和；(2) 醋酸清洗；(3) 清水清洗

答：(3)。

128. 除盐系统排放的再生废液允许排放的 pH 值为＿＿＿＿。

(1) ＜6；(2) 6～9；(3) 9～10

答：(2)。

129. 触电人心脏停止跳动时，应采用＿＿＿＿法进行抢救。

(1) 口对口呼吸；(2) 胸外心脏挤压；(3) 打强心针

答：(2)。

130. 需要按照工作票施工的具体项目由＿＿＿＿规定。

(1) 各电厂自行；(2) 网局统一；(3) 上级主管局

答：(1)。

131. 运行班长必须得到＿＿＿＿许可，并作好安全措施后，才可允许检修人员进行工作。

(1) 厂长；(2) 值长；(3) 车间主任

答：(2)。

132. 氧气瓶每＿＿＿＿年应进行一次 22.5atm（2.28MPa）的水压试验，过期未经水压试验或试验不合格者，不能使用。

(1) 三；(2) 一；(3) 二

答：(1)。

133. 工作票必须由＿＿＿＿签发，否则无效。

(1) 班长；(2) 厂长；(3) 工作票签发人

答：(3)。

三、计算题

1. 某自备电厂有一台直径为 1.2m 的钠型离子交换器，内装磺化煤的高度为 2.0m，当原水硬度为 2.54mmol/L 时，出水残留硬度为 0.04mmol/L，交换器出力为 20m³/h，运行 15h 后失效，求磺化煤的工作交换容量是多少？

解：

$$工作交换容量 = \frac{（进水硬度－出水残留硬度）}{交换剂的体积} \times 周期制水量$$

$$= \frac{(2.54 - 0.04)}{1.2^2 \times \frac{3.14}{4} \times 2} \times 20 \times 15$$

$$\approx 332 \; (\text{mol}/\text{m}^3)$$

答： 磺化煤的工作交换容量为 332mol/m³。

2. 离子交换器再生液的流速要求大于 4m/h（空罐流速），今有再生用喷射器，设计流量为 20m³/h，是否能满足 $\phi2000$、$\phi2500$、$\phi3000$ 三种交换器的要求？

解：

$$流速\,(v) = \frac{流量\,(q_v)}{截面积\,(A)}$$

$\phi2000$ 交换器的截面积 $A_1 = 2^2 \times \dfrac{3.14}{4} = 3.14\text{m}^2$

$\phi2500$ 交换器的截面积 $A_2 = 2.5^2 \times \dfrac{3.14}{4} = 4.9\text{m}^2$

$\phi3000$ 交换器的截面积 $A_3 = 3^2 \times \dfrac{3.14}{4} = 7.1\text{m}^2$

当喷射器流量（q_v）为 20m³/h 时：

$\phi2000$ 交换器的流速为 $V_1 = \dfrac{20}{3.14} = 6.36 > 4$

$\phi2500$ 交换器的流速为 $V_2 = \dfrac{20}{4.9} = 4.08 > 4$

$\phi3000$ 交换器的流速为 $V_3 = \dfrac{20}{7.1} = 2.81 < 4$

答： 可以满足 $\phi2000$、$\phi2500$ 交换器的使用要求，而 $\phi3000$ 交换器不能采用该喷射器。

3. 某电厂原水采用一级复床化学除盐，当原水总阳离子为 3mmol/L，氢型交换器直径为 2m，树脂层高度为 3m，树脂工作交换容量为 800mol/m³ 时，求周期出水量？

解：

$$周期出水量 = \frac{树脂体积 \times 树脂工作交换容量}{除去的水中总阳离子数}$$

$$树脂体积 = 交换器截面积 \times 高度$$

$$= \frac{3.14}{4} \times 2^2 \times 3$$

$$= 9.42 \;(\text{m}^3)$$

$$周期出水量 = \frac{9.42 \times 800}{3}$$
$$= 2512 m^3 （t）$$

答：周期出水量为 2512t。

4. 某电厂有直径 2m 的氢型交换器 3 台，设计填装树脂层高度为 3m，阳树脂的视密度为 0.85g/mL 应计划购买多少 t 阳树脂？阳树脂磨损率按年损失 5% 计算，应购买多少 t？

解：每台氢型交换器的树脂体积 $= \frac{\pi d^2 h}{4}$

3 台氢型交换器的树脂体积 $= \frac{3\pi d^2 h}{4}$

3 台氢型交换器的树脂质量 $= \frac{3\pi d^2 h}{4} \times 0.85$

$$= \frac{3 \times 3.14 \times 2^2 \times 3}{4} \times 0.85$$
$$= 24.02 （t）$$

3 台氢型离子交换器共需阳树脂 24.02t，计划应购买 25t。

按年损失 5% 计算，应购买 $25 + ` （25 \times 5\%） = 26.25 （t）$

答：3 台氢型交换器共需阳树脂 24.02t，计划购买应为 25t。若考虑磨损，按年损失 5% 计算，应购买 26 ~ 27t。

5. 某电厂有一台氢型强酸性阳离子交换器（交换器直径为 2.5m），采用硫酸再生，再生液浓度为 1%，再生剂量 400kg（96% H_2SO_4 量），每次再生时间为 1h，求此交换器再生流速为多少？

解：再生液体积 $V = 400kg \times 100/1 = 40 m^3$

设再生液的密度 $\approx 1g/mL$，则

交换器截面积 $A = \frac{\pi}{4} \times d^2 = 0.785 \times 2.5^2$

再生流速 $V = \frac{V}{At}$

$$= \frac{40}{0.785 \times 2.5^2 \times 1}$$
$$= 8 （m/h）$$

答：此交换器再生流速为 8m/h。

6. 某电厂对一台强碱性阴离子交换器进行调整试验时，测定入口水 SiO_2 含量为 6.6mg/L，酸度为 0.6mmol/L，CO_2 为 0.25mmol/L，总送水量为 2625t，还原用 40% 的液碱 500kg，求该交换器的碱耗为多少？

解：

$$[SiO_2] = \frac{6.6}{60} = 0.11 （mmol/L）$$

水中被交换离子的总浓度 = 酸度 + $[CO_2]$ + $[SiO_2]$

$$= 0.6 + 0.25 + 0.11$$
$$= 0.96 （mmol/L）$$

$$碱耗 = \frac{碱量}{水量 \times 离子总浓度}$$
$$= \frac{500 \times 40\% \times 1000}{2625 \times 0.96}$$
$$= 79.36 （g/mol）$$

答： 该离子交换器的碱耗为 79.36g/mol。

7. 某电厂原水分析结果如下：

$[Ca^{2+}] = 30mg/L$，$[Mg^{2+}] = 6mg/L$，$[Na^+] = 23mg/L$，$[Fe^{2+}] = 27.9mg/L$，$[HCO_3^-] = 122mg/L$，$[Cl^-] = 35.5mg/L$，$[SO_4^{2-}] = 24mg/L$，$[HSiO_3^-] = 38.5mg/L$。

（1）求该水质的含盐量（c）、硬度（H）、碱度（A）各为多少毫摩尔每升？

（2）若对上述水质进行一级复床除盐处理，H 型阳离子交换器的直径为 2m，内装强酸阳离子交换树脂层高度为 2m，交换器出水平均酸度为 1.5mmol/L，交换器出力为 50t/h，交换器运行 20h 后失效，求该交换器中交换剂的工作交换容量是多少？

（3）该交换器再生一次需多少千克 5% 的 HCl 溶液（比耗按 1.5 计）？

解：（1）该水质的 c、H、A 计算如下：

$$c = [Ca^{2+}] + [Mg^{2+}] + [Na^+] + [Fe^{2+}]$$
$$= \frac{30}{20} + \frac{6}{12} + \frac{23}{23} + \frac{27.9}{27.9}$$

$$= 1.5 + 0.5 + 1 + 1$$

$$= 4(\text{mmol/L})$$

$$H = [\text{Ca}^{2+}] + [\text{Mg}^{2+}]$$

$$= \frac{30}{20} + \frac{6}{12}$$

$$= 1.5 + 0.5 = 2(\text{mmol/L})$$

$$A = [\text{HCO}_3^-] + [\text{HSiO}_3^-]$$

$$= \frac{122}{61} + \frac{38.5}{77}$$

$$= 2 + 0.5 = 2.5(\text{mmol/L})$$

（2）

$$\text{工作交换容量} = \frac{A_{\text{in}} + 出口酸度}{交换剂体积} \times 周期制水量$$

$$= \frac{2.5 + 1.5}{1^2 \times 3.14 \times 2} \times 50 \times 20$$

$$\approx 637(\text{mol/m}^3)$$

（3）

$$酸耗 = \frac{用酸量(\text{kg}) \times 浓度(\%) \times 1000}{(A + 出口酸度) \times 周期制水量(\text{t})}(\text{g/mol})$$

$$36.5 \times 1.5 = \frac{用酸量(\text{kg}) \times 浓度(\%) \times 1000}{(2.5 + 1.5) \times 50 \times 20}$$

$$5\% 的 \text{HCl} 质量 = \frac{36.5 \times 1.5 \times 4 \times 50 \times 20}{5\% \times 1000} = 4380(\text{kg})$$

答： （1）该水质的 c 为 4mmol/L，H 为 2mmol/L，A 为 2.5mmol/L。

（2）该交换器中交换剂的工作交换容量为 637mol/m³。

（3）再生一次需 5% 的 HCl 溶液 4380kg。

8. 某电厂一台蒸发量为 120t/h 的中压锅炉，用软化水作为补给水，给水平均含盐量为 200mg/LCl⁻ 含量为 25mg/L，锅炉在运行过程中，实测锅炉水含盐量为 5000mg/L，Cl⁻ 含量为 625mg/L，问锅炉的排污率（P）是多少？每小时的排污量（D'）

是多少？是否符合规定标准？

解：

$$P = \frac{\rho}{\rho' - \rho} \times 100\%$$

$$= \frac{200}{5000 - 200} \times 100\%$$

$$\approx 4.16\%$$

$$D' = DP$$

$$= 120 \times 4.16\%$$

$$\approx 5(\text{t/h})$$

$\because P = 4.16\% \leqslant 5\%$，

$\therefore$ 符合规定标准。

答：锅炉的排污率为 4.16%；每小时排污量为5t，符合排污规定标准。

9. 离子交换器的直径为 1m，树脂层高度为 2m，内装填 001 ×7 型树脂，其工作交换容量为 900mol/L。如果所处理的原水硬度为 1.5mmol/L，试计算可制取多少 t 软化水？离子交换器出力为 40m^3/h 时，试计算每个周期的运行时间有多长？

解：

$$\text{制水量} = \frac{\text{树脂体积} \times \text{树脂工作交换容量}}{\text{除去的水中总离子数}}$$

$$= \frac{\frac{3.14}{4} \times 1^2 \times 2 \times 900}{1.5}$$

$$= 942(\text{t})$$

$$\text{周期运行时间} = \frac{942}{40} \approx 23.5(\text{h})$$

答：每周期可制取 942t 软化水，可运行 23.5h。

10. 交换器的直径为 1m，树脂层高 2m 出力为 10m^3/h，原水硬度为 3mmol/L，运行时间为 22h，再生水平选用 50kg/m^3。试计算再生一次所需食盐的用量？盐耗是多少？

解：

$$再生一次食盐用量 = 树脂体积 \times 再生水平$$

$$= \frac{\pi}{4} d^2 h a$$

$$= \frac{3.14}{4} \times 1^2 \times 2 \times 50$$

$$= 78.5(\text{kg})$$

$$盐耗 = \frac{食盐用量 \times 1000}{除去硬度的总摩尔数}$$

$$= \frac{食盐用量 \times 1000}{出力 \times 运行时间 \times 原水硬度}$$

$$= \frac{78.5 \times 1000}{10 \times 22 \times 3}$$

$$\approx 119(\text{g/mol})$$

答： 再生一次需食盐 78.5kg，盐耗是 119g/mol。

四、问答题

1. 碳酸化合物在水中的存在形式与水的 pH 值有何关系？

答： 碳酸化合物在水中有几种不同的存在形态：溶于水中的气体（即所谓游离 CO_2）；分子态碳酸 H_2CO_3；碳酸氢根 HCO_3^- 和碳酸根 CO_3^{2-}。在这四者之间存在着以下平衡关系

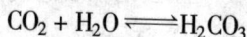
$$CO_2 + H_2O \rightleftharpoons H_2CO_3$$

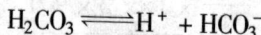
$$H_2CO_3 \rightleftharpoons H^+ + HCO_3^-$$

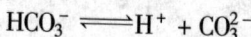
$$HCO_3^- \rightleftharpoons H^+ + CO_3^{2-}$$

如将这些平衡式联系起来，则可写成下式

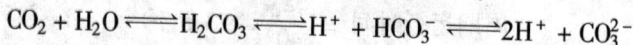
$$CO_2 + H_2O \rightleftharpoons H_2CO_3 \rightleftharpoons H^+ + HCO_3^- \rightleftharpoons 2H^+ + CO_3^{2-}$$

在上述一系列的平衡中，CO_2 与 H_2CO_3 的平衡实际上是强烈地趋向于生成 CO_2，水中呈 H_2CO_3 状态的量非常小（通常小于 1%），所以可把生成 H_2CO_3 的过程略去，其平衡式可改为下式

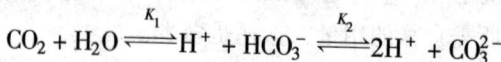
$$CO_2 + H_2O \underset{}{\overset{K_1}{\rightleftharpoons}} H^+ + HCO_3^- \underset{}{\overset{K_2}{\rightleftharpoons}} 2H^+ + CO_3^{2-}$$

其中

$$K_1 = \frac{[H^+][HCO_3^-]}{[CO_2]} \qquad (25℃时，K_1 = 4.45 \times 10^{-7})$$

$$K_2 = \frac{[H^+][CO_3^{2-}]}{[HCO_3^-]} \qquad (25℃时，K_2 = 4.69 \times 10^{-11})$$

根据以上情况可知，$[H^+]$对平衡的移动起着决定性的作用，水中CO_2、HCO_3^-和CO_3^{2-}的相对值和$[H^+]$浓度的关系如图 4-3 所示。从图 4-3 可以看出：

(1) 当 pH ≤ 4 时，水中只有游离 CO_2。

(2) 当 pH 值升高时，平衡向右移动，$[CO_2]$降低，$[HCO_3^-]$增大，当 pH = 8.3 ~ 8.4 时，98%以上的碳酸化合物以HCO_3^-形态存在。

(3) pH 值再升高（大于 8.3 时），CO_2消失，$[HCO_3^-]$降低，$[CO_3^{2-}]$增大，当 pH = 12 时，水中碳酸化合物几乎完全以CO_3^{2-}的形态存在。

2. 硅酸化合物在水中的存在形式与水的 pH 值有何关系？

答：硅酸化合物是天然水中的主要杂质之一，它在水中有多种形态，是一种比较复杂的化合物。硅酸化合物在水中的不同形态与水的 pH 值有着密切的关系。当 pH < 7 时，水中实际上只有硅酸的分子，没有硅酸根离子存在。所以，当 pH 值较低时（酸性溶液中），水中的胶态硅酸明显增多；当 pH 值 > 7 时，水中同时有 H_2SiO_3 和 $HSiO_3^-$ 存在；当 pH = 11 时，水中是以 $HSiO_3^-$ 为主；只有在碱性较强的水中（pH > 11 时）才出现 SiO_3^{2-} 离子。

3. 混凝处理对水的 pH 值有什么要求？

答：水的 pH 值对混凝过程的影响很大，不同的混凝剂，对水的 pH 值的要求也不一样，因此在混凝处理时，必须严格控制加入混凝剂后的水的 pH 值。

不同混凝剂对 pH 值的要求如下：

(1) 铝盐。铝盐在水中经电离、水解后生成氢氧化铝胶体，

pH 值对该胶体有两方面的影响。

一是氢氧化铝是两性氢氧化物，当水的 pH 值低于 5.5 时，氢氧化铝呈碱性而被溶解，反应如下

$$Al(OH)_3 + 3H^+ \longrightarrow Al^{3+} + 3H_2O$$

反应结果，使水中残留铝含量增加。

当水的 pH 值高于 7.5 时，氢氧化铝呈酸性，水中有偏铝酸根（AlO_2^-）出现，反应如下

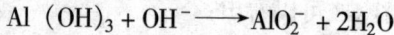

$$Al(OH)_3 + OH^- \longrightarrow AlO_2^- + 2H_2O$$

反应结果是水中残留铝量也增加。因此起不到产生 $Al(OH)_3$ 絮团的作用。

二是水的 pH 值在 5.5 ~ 8.8 时，氢氧化铝胶体微粒带正电荷。当水的 pH < 5 时，胶体微粒带负电荷；水的 pH > 8 时，氢氧化铝溶解。

因此，当水的 pH 值高于 8.0 或低于 5.0 时，都影响着带正电荷的氢氧化铝胶体的生成，所以用铝盐作混凝剂时，水的 pH 值应为 6.5 ~ 7.5。

（2）铁盐。铁盐在水中电离、水解生成带正电荷的氢氧化铁胶体，反应如下

$$4FeSO_4 + 10H_2O + O_2 \longrightarrow 4Fe(OH)_3 + 4H_2SO_4$$

该反应过程中，Fe^{2+} 在 pH > 8.5 时，极易被氧化成 Fe^{3+} 而形成 $Fe(OH)_3$ 胶体；而 pH 值较低时，完成上述反应速度缓慢。所以，用铁盐作混凝剂进行混凝处理时，一般与石灰处理一起进行，维持水的 pH 值在 8.5 ~ 10 之间。

由于原水水质的差异和采用的混凝剂不同，最切合实际的 pH 值应通过小型试验来确定。

4. 采用聚合铝作混凝剂有哪些优点？

答：聚合铝混凝剂有以下优点：

（1）适用范围广。对低浊度水、高浊度水、有色度水和某些工业废水等，都有优良的混凝效果。

（2）用量少（按 Al_2O_3 计）。对于低浊度水，其用量相当于硫酸铝的 1/2；对于高浊度水，其用量可减少到硫酸铝用量的 1/3 ~ 1/4。

（3）操作简单。加药后，水的碱度降低较少，因而水的 pH 值下降也小，混凝的最优 pH 值范围广，一般 pH 值自 7 ~ 8 都可取得良好的效果，低温时效果仍稳定。

（4）形成凝絮速度快。由于这种药剂形成凝絮快，可以减小澄清设备的体积。

（5）加药过多也没有害处，不会使水质恶化。

5. 什么是滤料的不均匀系数？它的大小对过滤器运行有何影响？

答： 滤料的不均匀系数常以 K_B 表示。它是指 80%（按质量计）滤料能通过的筛孔孔径 d_{80} 与 10% 滤料能通过的筛孔孔径 d_{10} 之比，即

$$K_B = \frac{d_{80}}{d_{10}}$$

滤料颗粒的大小不均匀，有两种不良后果：一是反洗操作困难，因为如反洗强度太大，会带出上部微小滤料颗粒；而反洗强度太小，又不能松动下部滤层。二是过滤情况恶化，因细小的滤料颗粒集中在滤层表面，使水中悬浮物被截留堆积在表面，形成坚实的厚膜，结果使过滤器的水头损失增加过快，过滤周期缩短。

6. 绘图说明无阀滤池的结构及其运行方式。

答： 无阀滤池是因其没有阀门而得名，其结构形式很多，有压力式的，也有重力式的。火力发电厂中常用的是重力式的，它是应用水力学原理设计的一种等流速快滤池，反冲洗操作可自动进行，其结构如图 4 - 4 所示。

重力无阀滤池的运行过程大致是：水由进水管 2 进入过滤室 4，通过滤层汇集到下部集水室 5，再由连通管流至上部冲洗水箱 6，当水箱充满水后，便向外送水。运行初期，由于滤层较清

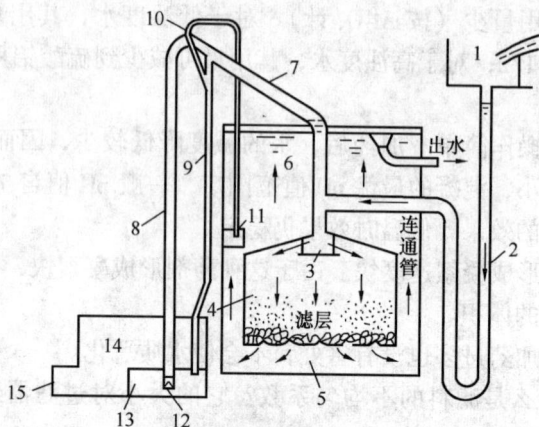

图 4 - 4　重力式无阀滤池

1—进水槽；2—进水管；3—挡板；4—过滤室；
5—集水室；6—冲洗水箱；7—虹吸上升管；8—虹吸下降管；
9—虹吸辅助管；10—抽气管；11—虹吸破坏管；12—锥形挡板；
13—水封槽；14—排水井；15—排水管

洁，虹吸上升管 7 的内、外水面差较小。随着运行时间的延长，
滤层中截污量增多，阻力增大，但进水流量不变，虹吸上升管内
的水位渐渐升高，使过滤等速进行。当阻力逐渐增加，使虹吸管
内的水面上升到虹吸辅助管 9 的管口时，水即由此管中急剧下
落，这时主虹吸管（虹吸上升管和虹吸下降管的总称）中空气由
抽气管 10 不断抽出（随水排入水井，逸入大气），在主虹吸管内
产生负压，虹吸上升管 7 和虹吸下降管 8 中的水面均很快的上
升，当这两股水汇合后，便形成虹吸。过滤室中的水立即被虹吸
管抽走，冲洗水箱中的水便迅速倒流至滤池中，形成自动反冲
洗。当冲洗水箱中的水位降至虹吸破坏管 11 的管口以下时，空
气进入主虹吸管内，虹吸作用被破坏，冲洗结束，进入下一个运
行周期。在整个冲洗过程中，进水是不间断的。无阀滤池运行终
期的水头损失（进、出口水的压力差）一般为 0.14 ~ 0.19MPa。

7. 逆流再生离子交换器再生时进酸、进碱困难是由哪些原因造成的？如何处理？

答： 逆流再生离子交换器再生时进酸、进碱困难的原因可能是：

(1) 离子交换器内背压太高。

(2) 排酸、排碱装置有堵塞现象。

(3) 离子交换器再生时本体阀门失灵，再生液串到另外一台交换器中去。

(4) 加酸、加碱的喷射器损坏，或是入口水水压太低，出口水水压小。

处理方法如下：

(1) 离子交换器保持一定的背压（>0.05MPa）。

(2) 排酸、排碱装置及加酸、加碱喷射器损坏时，及时地检修更换。

(3) 再生过程中，认真检查各台离子交换器的阀门的开关情况，防止失灵和未关紧。

(4) 定期清扫排酸、排碱装置的尼龙网套。

8. 离子交换器在运行过程中，工作交换能力降低的主要原因有哪些？

答： 离子交换器在运行过程中的工作交换能力降低，可能原因有以下几个方面：

(1) 新树脂开始投入运行时，工作交换容量较高，随着运行时间的增加，工作交换容量逐渐降低，经过一段时间后，可趋于稳定。

(2) 交换剂颗粒表面被悬浮物污染，甚至发生粘结。

(3) 原水中含有 Fe^{2+}、Fe^{3+}、Mn^{2+} 等离子，使交换剂中毒，颜色变深。

(4) 再生剂剂量小，再生不够充分。

(5) 运行流速过大。

(6) 枯水季节原水中的含盐量、硬度过大。

（7）树脂层太低或树脂逐渐减少。

（8）再生剂质量低劣，含杂质太多。

（9）配水装置、排水装置、再生液分配装置堵塞或损坏，引起偏流。

（10）离子交换器反洗时，反洗强度不够，树脂层中积留较多的悬浮物，与树脂粘结在一起，形成泥球或泥饼，使水偏流。

9. 逆流再生离子交换器再生后刚投入运行就失效，原因是什么？如何处理？

答： 发生此现象的原因可能是：

（1）再生操作有问题，如顶压不足造成树脂乱层。

（2）再生液流速过大，造成树脂乱层。

（3）压脂层变薄，造成再生液及顶压流体偏流。

处理方法如下：

（1）加强再生操作训练，正确、熟练地掌握再生操作技术。

（2）调整再生液流速。

（3）补充压脂层的树脂（或白球）。

（4）进行大反洗。

10. 逆流再生离子交换器出水水质恶化或运行周期明显缩短，原因是什么？如何处理？

答： 发生此现象的原因可能是：

（1）再生操作时置换或反洗用水，没有用除盐水（或软化水），使下部树脂层处于失效状态，运行开始时不断有 Na^+（或硬度或 $HSiO_3^-$）漏出。

（2）顶压流体压力过大，影响再生液的进入量。

处理方法如下：

（1）一定要用除盐水（或软化水）进行置换或反洗。

（2）调整顶压装置，检查顶压表。

11. 浮床离子交换器交换能力下降的原因有哪些？如何处理？

答： 浮床发生此现象的原因可能是：

（1）再生时交换器顶部部分树脂暴露在空气中，影响再生效果。

（2）出水装置与进再生液装置共用时，表面包扎的尼龙网局部被破碎树脂堵塞，造成再生液分配不均。

处理方法如下：

（1）改装再生废液排液管为倒 U 形管。

（2）将体内树脂移出，进行体外反洗，检查、检修出水装置。

12. 浮床离子交换器的出水阻力增加，甚至不出水，原因是什么？如何处理？

答：浮床发生此现象的原因可能是：

（1）树脂层中碎树脂和悬浮物增多。

（2）出水装置的尼龙网破损，大量树脂堆积在树脂捕捉器中，使出水受阻。

处理方法如下：

（1）将体内树脂移出，进行体外反洗。

（2）检修出水装置。

（3）将捕捉器内的树脂排出。

13. 浮床离子交换器再生后刚投入运行就失效，原因有哪些？如何处理？

答：浮床发生此现象的原因可能是：

（1）起床时，进水压力小，树脂未能成床而发生乱层。

（2）交换器内树脂未能自然装实，水垫层过高，树脂乱层。

处理方法如下：

（1）启动时，增大起床流速。

（2）将树脂装满，降低水垫层的高度。

14. 采用盐酸与硫酸作为 H 型离子交换器的再生剂，各有何利弊？

答：再生剂的选择在水处理工艺中是很主要的环节，它直接影响到交换树脂的交换容量和出水水质。

盐酸作为 H 型离子交换器的再生剂，具有操作简便、出水质量好、交换树脂的交换容量高和再生时不会有沉淀物产生等优点。这是由于盐酸是一元酸，易电离，又可采用较高浓度的再生液，再生效果好。故用盐酸再生树脂的交换容量比用硫酸再生时可提高近一倍，从而延长了交换器的运行周期，减少了再生次数，节省了自耗水。但是，盐酸价格较高，制水成本比用硫酸再生要高些，储酸设备及其系统需要防腐，投资较多，还需要采取防止酸雾污染环境的措施。

　　用硫酸再生 H 型交换器的制水成本较低，浓硫酸不腐蚀钢铁，故可采用普通钢铁容器储存，节省了投资。但是，硫酸是二元酸，活度小，电离不完全，因而再生树脂的效果差。再生树脂的交换容量仅为盐酸再生的一半，自耗水量大，出水质量差。此外，硫酸再生树脂时易产生硫酸钙沉淀等，故再生操作麻烦（需分步再生）。为保证设备和人身安全，设有防止水倒回至浓硫酸设备的安全措施，酸喷射器的喷嘴和混合管要采用耐高温、耐腐蚀的材料制作，如聚四氟乙烯和铝锑合金等。

　　目前，电厂大多采用盐酸再生 H 型离子交换器，是根据技术经济比较，用盐酸较硫酸有利。

　　15. 在水的化学除盐系统中，阴离子交换器为什么都安置在阳离子交换器之后？

　　答：在化学除盐系统中，阴离子交换器安置在阳离子交换器之后有以下原因：

　　（1）原水经阳离子交换器交换后，出水呈酸性，有利于阴离子交换器的交换反应，除硅效率高。

　　（2）原水直接进入阴离子交换器交换，能产生难溶解的化合物 [如 Ca (OH)$_2$、Mg (OH)$_2$ 等]，堵塞交换树脂内部的交联孔眼，使阴离子交换树脂的交换容量降低。

　　（3）原水中均有大量的碳酸盐，先经阳离子交换器，可分解为 H$_2$O 和 CO$_2$。CO$_2$ 经除碳器除去后，就减少了进入阴离子交换器的阴离子总量，从而延长了阴离子交换器的运行周期，降低了再生剂耗量。

(4) 阴离子交换树脂, 抗有机物和其他因素污染的能力比阳离子交换树脂差, 故不宜直接通入原水。

16. 水的 pH 值对阴离子交换器除硅有何影响?

答: 水的 pH 值大小对除硅效果有直接影响。水的 pH 值低易于除硅, 因为此时水中硅以硅酸形式存在, 离子交换反应式如下

$$R—OH + H_2SiO_3 \longrightarrow R—HSiO_3 + H_2O$$

水的 pH 值高不易于除硅, 因为 pH 值高, 水中硅以硅酸盐形式存在, 易生成反离子 OH^-, 反离子 OH^- 浓度越高, 它所起的阻碍除硅作用也越大, 反应如下

$$R—OH + NaHSiO_3 \Longleftrightarrow R—HSiO_3 + NaOH$$

此反应的逆反应速度远远大于正反应速度, 所以, 水中 $HSiO_3^-$ 含量就大。

17. 固定床逆流再生离子交换器的特点是什么?

答: 固定床逆流再生离子交换器的最大特点是运行时水流方向和再生时再生液的流向相反, 一般是顺流运行, 逆流再生, 逆流再生时, 新鲜的再生液先接触失效较少的树脂, 从交换器底部向上部流动, 而质量差的再生液接触上层失效较多的树脂。根据溶液中离子平衡的关系, 再生液在下部或上部都能得到很好的利用, 从而大大地提高了树脂的再生率和再生的经济性。顺流运行时被处理水从交换器上部进入, 首先接触再生度较差的树脂, 随着水向下流动, 水中要交换的离子量逐渐减少, 而接触的树脂再生度越来越高。根据离子交换的平衡关系, 保护层中树脂的再生度越高, 出水纯度越大。所以, 固定床逆流再生离子交换器内的交换树脂的再生度高、再生剂耗量低, 其出水水质也好。

18. 离子交换器逆流再生时, 对再生液浓度及流速有哪些要求?

答: 对浓度的选择以再生效果为重要条件, 最佳浓度根据水质等条件通过进行调整试验求得。一般阳离子交换器以盐酸为再

生剂时，再生浓度大多在 2% ~ 5% 的范围内，但也有采用低一些浓度的；阴离子再生时，大部分采用 0.5% ~ 2.5% 之间的 NaOH 溶液，效果较好。

再生时的再生液流速，一般在 4 ~ 6m/h 的范围内。流速太大会引起乱层，破坏再生工况；流速太小，再生时间太长，效果也不一定好。

19. 逆流再生离子交换器对反洗用水有哪些要求？为什么？

答： 逆流再生离子交换器的底层交换树脂一般都得到了充分再生，树脂再生度接近 100%。如果采用含盐量较高的水进行反洗，则逆洗水中的阳（或阴）离子被底层树脂交换吸附，运行时这些离子又被置换出来，影响出水水质。所以反洗用水采用除盐水（或软化水）最佳。

20. 离子交换树脂在储存、保管的过程中应注意哪些问题？

答： 离子交换树脂在储存、保管的过程中应注意以下几方面的问题：

（1）树脂在长期储存时，应使其转换成中性盐型，并用纯水洗净，然后封存。

（2）为防止树脂干燥时破裂，最好浸泡在蒸煮过的水中，对浸泡树脂的水需经常更换，以免繁殖细菌污染树脂。

（3）树脂一旦脱水，切勿使用清水浸泡，可用饱和食盐水浸泡，然后逐渐稀释食盐溶液，使树脂慢慢膨胀，恢复后的树脂再浸泡在蒸煮过的水中。

（4）树脂储存温度不要过高，一般在 5 ~ 20℃ 最高不能超过 40℃。

（5）树脂在储存过程中，要防止接触容易使树脂污染的物质，如铁锈、强氧化剂、有机物及油脂等。

21. 怎样鉴别不同的离子交换树脂？

答： 取树脂 2mL，置于 30mL 试管中，加入 1mol/L HCl 溶液 5mL，摇动 1 ~ 2min，用吸管将上部的清液吸去，重复操作 2 ~ 次，用蒸馏水清洗 2 ~ 3 次，再加入 10% CuSO$_4$ 溶液 4 ~ 5mL，摇动 1min，弃去上部残液，再用蒸馏水冲洗 2 ~ 3 次。

如树脂变为浅绿色，则再加入 5mol/L $NH_3 \cdot H_2O$ 2mL，摇动 1min。若树脂变为深蓝色，则为强酸性树脂；若仍保持浅绿色，则为弱酸性树脂。

如果树脂经上述处理不变色，再加入 1mol/L 的 NaOH 溶液 5mL，摇动 1min，用蒸馏水清洗 2～3 次，再加入酚酞溶液 5 滴，摇动 1min。若树脂呈红色，则为强碱性树脂。如树脂仍不变色，则加入 1mol/L HCl 溶液 5mL，摇动 1min，用蒸馏水清洗 2～3 次，再加入 5 滴甲基红溶液，摇动 1min，若树脂呈桃红色，则为弱碱性树脂。

经上述处理后，若树脂仍不变色，则说明该树脂无离子交换能力。

22. 影响离子交换速度的因素有哪些？

答：影响离子交换速度的主要因素有：①树脂的交换基团；②树脂的交联度；③树脂颗粒的大小；④溶液的浓度；⑤水温；⑥水流速度；⑦被交换离子的本身性质等。

23. 什么叫混合床？它的除盐原理是什么？

答：混合床是混合离子交换器的简称。它是将阴、阳两种离子交换树脂按一定的比例混合，放在同一个交换器内。根据交换器内阴、阳离子交换树脂的性能不同，混合床可分强酸、强碱混合床，强酸、弱碱混合床，强碱、弱酸混合床和弱酸、弱碱混合床四种。目前各电厂均采用强酸、强碱混合床。

混合床中，由于阴、阳树脂均匀混合、紧密接触，因此每一对阴、阳树脂就相当于一级复床，这样可以把混合床看作是由无数级复床的组合。水通过此交换器时，水中阴、阳离子同时与阴、阳树脂发生反应，即

从上面反应可看出，反应后的生成物是水。

而一级复床的情况就与它不同，反应如下

阳床：$NaCl + R - H = R - Na + HCl + NaCl$（微量）

阴床：$HCl + NaCl + 2ROH = 2R - Cl + NaOH + H_2O$

阳床交换结果是酸，它强烈地电离出 H^+，影响着 $R - H$ 树

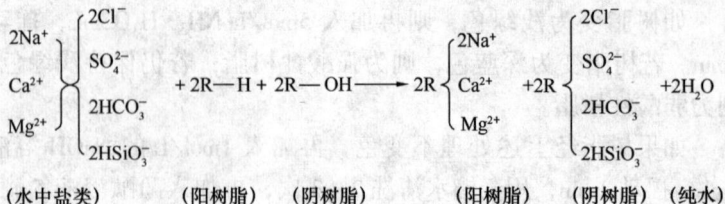

$$2Na^+ \left\{ \begin{array}{l} 2Cl^- \\ SO_4^{2-} \\ 2HCO_3^- \\ 2HSiO_3^- \end{array} \right. + 2R{-}H + 2R{-}OH \longrightarrow 2R \left\{ \begin{array}{l} 2Na^+ \\ Ca^{2+} \\ Mg^{2+} \end{array} \right. + 2R \left\{ \begin{array}{l} 2Cl^- \\ SO_4^{2-} \\ 2HCO_3^- \\ 2HSiO_3^- \end{array} \right. + 2H_2O$$

（水中盐类） 　　（阳树脂）　（阴树脂）　　　　（阳树脂）　　（阴树脂）　（纯水）

脂对 Na^+ 的交换作用，所以阳床出水总有一定量的 Na^+ 漏过，漏过的 Na^+ 又使阴床出水含 $NaOH$，$NaOH$ 不仅影响出水质量，而且它强烈地电离出 OH^-，妨碍着 $R{-}OH$ 对阴离子，特别是对 $HSiO_3^-$ 的交换吸收，所以一级复床除盐水中残留一定量的 $HSiO_3^-$。

通过上述比较可知，混床除盐的效果比一级复床除盐效果好的多，出水的纯度相当高。

24. 什么叫双层床？它有哪些优、缺点？

答： 双层床是一种固定式离子交换器，它将强酸性与弱酸性（或强碱性与弱碱性）树脂放置在同一个交换器中，利用弱酸（或弱碱）性树脂和强酸（或强碱）性树脂的湿真密度不同，在水溶液中自然分层，中间不需要任何机械设备隔离。弱性树脂密度小在上部，强性树脂密度大在下部。

由弱酸性树脂和强酸性树脂组成的双层床，叫阳双层床。由弱碱性树脂和强碱性树脂组成的双层床叫阴双层床。

双层床的优点如下：

（1）工作交换容量高，单耗低，具有较高的技术经济水平，如表4-6所示。

表4-6　　双层床与单层床在交换容量和单耗上的比较

离子交换器型号	工作交换容量（mol/m³）		单耗（g/mol）	
	单层床	双层床	单层床	双层床
阳离子交换器	800~1200	1500~1900	40~45	36.5~40
阴离子交换器	300~400	650~750	50~60	40~45

（2）在阴双层床中，弱碱性树脂对强碱性树脂有保护作用。

（3）减少设备及占地面积。

双层床的缺点是操作复杂。

25. 什么叫再生剂的单耗？什么叫再生剂的比耗？

答： 恢复交换剂 1mol 的交换能力所消耗再生剂的克数，称为再生剂的单耗。用食盐再生时，称为盐耗。用酸再生时，称为酸耗。用碱再生时，称为碱耗。单耗的计算公式如下

$$单耗 = \frac{再生一次所用再生剂的量（g）}{交换器一个周期除去的离子量（mol）}（g/mol）$$

比耗是再生剂的实际耗量与再生剂的理论耗量之比，即

$$比耗 = \frac{再生剂实际耗量}{再生剂理论耗量}$$

26. 在离子交换器运行过程中，如何计算盐耗、酸耗和碱耗？

答： 在离子交换器的运行过程中，计算盐耗、酸耗和碱耗的公式如下

$$盐耗 = \frac{用盐量（L）×密度×浓度（\%）×1000}{\left\{\left[\frac{进水硬度}{（mmol/L）} - \frac{出水残留硬度}{（mmol/L）}\right] × \frac{周期制水量}{（t）}\right\}}（g/mol）$$

$$酸耗 = \frac{用酸量（L）×密度×浓度（\%）×1000}{\left\{\left[\frac{入口碱度}{（mmol/L）} + \frac{出口酸度}{（mmol/L）}\right] × \frac{周期制水量}{（t）}\right\}}（g/mol）$$

$$碱耗 = \frac{用碱量（L）×密度×浓度（\%）×1000}{\left\{\left[\frac{入口酸度}{（mmol/L）} + \frac{残留 CO_2 量}{（mmol/L）} + \frac{入口 SiO_2 量}{（mmol/L）}\right] × \frac{周期制水量}{（t）}\right\}}（g/mol）$$

27. 在离子交换器运行过程中，如何计算离子交换剂的工作交换容量？

答： 在离子交换器运行过程中，计算离子交换剂的工作交换容量公式如下。

（1）用 Na 型离子交换剂进行软化处理时，工作交换容量的计算公式如下

$$\text{工作交换容量} = \frac{H_{进} - H_{残}}{\text{交换剂体积}} \times \text{周期制水量（mol/m}^3\text{）}$$

（2）一级复床除盐时，工作交换容量的计算公式如下

$$\text{阳离子交换剂的工作交换容量} = \frac{A_{进} + \text{酸度（出）}}{\text{交换剂体积}}$$
$$\times \text{周期制水量（mol/m}^3\text{）}$$

$$\text{阴离子交换剂的工作交换容量} = \frac{\text{酸度}_{(进)} + (CO_2)_{残} + (SiO_2)_{进}}{\text{交换剂体积}}$$
$$\times \text{周期制水量（mol/m}^3\text{）}$$

上三式中　$H_{进}$、$H_{残}$——分别为进水硬度和出水残留硬度，

mmol/L；

$A_{进}$——阳床进水碱度，m mol/L；

酸度$_{(出)}$——阳床出水酸度，m mol/L；

酸度$_{(进)}$——阴床进水酸度，m mol/L；

$(CO_2)_{残}$、$(SiO_2)_{进}$——分别为阴床出水残留 CO_2 量和进水中

SiO_2 量，mmol/L。

28. 什么是离子交换剂的工作交换容量？影响工作交换容量大小的因素有哪些？

答：离子交换器在运行过程中，离子交换剂的有效交换容量叫工作交换容量。

影响工作交换容量大小的因素有：①进水的离子浓度；②交换终点的控制指标；③交换剂层的高度；④水的流速；⑤水的pH 值；⑥交换剂的颗粒大小；⑦交换基团的形式；⑧再生是否充分等。

29. 强碱性阴离子交换器与强酸性阳离子交换器的再生条件有什么不同？为什么？

答：不同的地方主要表现在以下几个方面：

（1）再生剂用量。阳离子交换器再生比耗小，阴离子交换器再生比耗大。

（2）再生液浓度。阳离子交换器的再生液浓度一般为3%～

5%，而阴离子交换器的再生液浓度一般为 1.5% ~ 4%。

（3）再生液的温度和再生时间。对阳离子交换器的再生液温度没有要求，再生时间较短，一般在 30 ~ 45min 内完成再生；阴离子交换器的再生液温度一般控制在 40 ± 5℃，再生时间需要 45 ~ 60min 才能完成。

两者再生条件不同的主要原因是强碱性阴离子交换树脂内的可交换基团活动性不大，其双电层易受压缩，其次 $HSiO_3^-$ 较难被置换下来，其速度也比较缓慢。

30. 怎样防止给水泵腐蚀？

答： 防止给水泵腐蚀主要应从给水除氧、调整给水的 pH 值以及改善给水泵材质等几个方面着手。其具体措施如下：

（1）保证热力除氧器正常运行，提高除氧效率，并结合给水加联氨处理，彻底消除给水中的残留溶解氧。

（2）合理地选择给水泵材质。给水泵导叶和叶轮采用耐蚀材料，如铬钢（2Cr13）、不锈钢（1Cr18Ni9Ti）等。

（3）稳定补给水水质，并进行氨化处理，提高给水 pH 值在 8.5 ~ 9.2 的范围内。

（4）防止泵内漏入空气或避免给水汽化等现象发生，以免产生气蚀。

31. 怎样防止给水系统的腐蚀？

答： 给水系统腐蚀的主要因素是水中的氧和二氧化碳。因此防止给水系统的腐蚀应从消除水中氧和二氧化碳着手，目前各电厂主要采取以下措施：

（1）给水除氧。主要采用热力除氧，即用蒸汽加热的方法，把水加热到相应压力下的沸点，使水中的溶解氧解析出来。同时辅之以化学除氧，即向水中加入联氨，以彻底消除水中的残留氧。

（2）给水加氨处理。利用氨溶于水产生的碱性，提高、调整给水的 pH 值，并控制其在 8.5 ~ 9.2 之间，使金属表面生成稳定的保护膜，从而阻止了腐蚀性介质对给水系统金属的腐蚀。另外，利用氨的挥发性，可使凝结水的 pH 值大于 8，防止了凝结水系统的二氧化碳腐蚀。

（3）降低补给水的碳酸盐碱度。一般可采用水的 H – Na 软化，软化水加酸和化学除盐等，使水中碳酸盐碱度降至 0.01m mol/L 以下。

32. 为什么要对停备用的锅炉做防腐工作？

答： 停备用锅炉的金属表面存在盐分、水垢、积渣等，如果接触空气中的 O_2 和 CO_2 就会发生腐蚀。这种腐蚀比运行中的腐蚀要严重得多。省煤器运行时，一般在入口部分易遭到腐蚀，若对停备用锅炉不做防腐工作，则整个管路都会遭到腐蚀。过热器一般在运行中不发生腐蚀，但停备用时则有可能发生腐蚀，尤其在弯头部分。锅炉水冷壁管及汽包在运行中很少遭到氧腐蚀，而在停备用时则极易发生氧腐蚀。停备用时发生腐蚀，一方面增加了水中的腐蚀产物，同时这些腐蚀产物如 Fe_2O_3、CuO 等都是腐蚀促进剂。这是造成运行中腐蚀结垢的一个重要原因。

因此，对停备用锅炉一定要注意防腐。

33. 停备用锅炉防腐的基本原则是什么？

答： 停备用锅炉防腐的方法很多，但基本原则不外乎以下几点：

（1）不让空气进入停备用锅炉的水汽系统内。如锅炉内保持一定的蒸汽压力或给水压力等。

（2）保持停备用锅炉设备的金属表面充分干燥。如采用热态带压放水的方式，利用炉膛余热烘干或利用相邻运行锅炉的热风烘干等。实践证明，当停备用锅炉设备内部的相对湿度小于 20% 时，就能防止腐蚀。

（3）在金属表面形成具有防腐作用的保护膜或吸附膜。如停炉放水后采用气相缓蚀剂（如碳酸环己胺）等防腐。

（4）使金属表面浸泡在含有除氧剂或其他保护剂的水溶液中。如浸泡在联氨或氨溶液中。

（5）在停备用锅炉设备内充入惰性气体。如充入高纯度的氮气或氨气。

实际上，上述原则归纳起来就是从除掉阴极去极化剂着手而使阴极极化，或形成稳定的保护膜或吸附膜而使阳极极化，或使金属表面不存在电解质溶液等三个方面来防止产生电化学腐蚀。

34. 怎样选择停备用锅炉的保护方法？

答：选择停备用锅炉的保护方法，应根据具体条件并考虑的主要问题有：①锅炉本体的结构形式；②停备用时间的长短；③周围环境的温度；④现场的设备条件；⑤水的来源和质量等。

35. 氧化铁垢的形成原因是什么？其特点是什么？

答：氧化铁垢是目前火力发电厂锅炉水冷壁管中最常见的一种水垢。它的形成原因主要是：锅炉受热面局部热负荷过高；锅炉水中含铁量较大；锅炉水循环不良；金属表面腐蚀产物较多等。

氧化铁垢一般呈贝壳状，有的呈鳞片状凸起物，垢层表面为褐色，内部和底部是黑色或灰色。垢层剥落后，金属表面有少量的白色物质，这些白色物质主要是硅、钙、镁和磷酸盐的化合物，有的垢中还含有少量的氢氧化钠。氧化铁垢的最大特点是垢层下的金属表面受到不同程度的腐蚀损坏，从产生麻点、溃疡直到穿孔。

36. 怎样预防锅炉产生氧化铁垢？

答：预防锅炉产生氧化铁垢应从以下几个方面着手：

（1）对新安装的锅炉必须进行化学清洗。清除锅炉设备内的轧皮，焊渣及腐蚀产物等杂质。

（2）尽量减少给水的含氧量和含铁量。

（3）改进锅炉内的加药处理，加强锅炉排污。

（4）在机组启动时，严格监督锅炉水循环系统中的水质，如加强排水、换水等工作。

（5）做好设备停用或检修期间的防腐工作。

此外，在锅炉结构和运行方面，应避免受热面金属局部热负荷过高，以保持锅炉在运行中正常的燃烧和良好的水循环工况。

37. 锅炉受热面上的铜垢是怎样形成的？如何防止？

答： 锅炉受热面上的铜垢，主要是由于随给水进入锅炉的氧化铜还原成金属铜的电化学过程造成的。这个过程与锅炉的压力无关，主要是在受热面热负荷过高的区域，金属表面的氧化膜遭到破坏的同时形成了局部电位差，使锅炉金属转入锅炉水成为二价铁离子，放出的电子被铜离子吸收而形成金属铜沉淀在管壁上。

铜的沉淀量随锅炉热负荷的增加而增加，其电化学过程如下

$$Fe \longrightarrow Fe^{2+} + 2e$$

$$Cu^{2+} + 2e \longrightarrow Cu$$

防止铜垢的生成应从两方面着手：一是尽量防止热力设备铜制件的腐蚀，减少给水中的含铜量；二是在锅炉运行方面，尽量避免局部热负荷过高的现象发生。

38. 什么叫锅炉水的"盐类暂时消失"现象？它有哪些危害？

答： 当汽包锅炉负荷增高时，锅炉水中的某些易溶性钠盐，从锅炉水中析出，沉积在炉管管壁上，使它们在锅炉水中的浓度明显降低，而当锅炉负荷减小或停炉时，沉积在管壁上的钠盐又被溶解下来，使它们在锅炉水中的浓度重新增高，这种现象称为"盐类暂时消失"现象，也称为"盐类隐藏"现象。

"盐类隐藏"现象的危害性和水垢的相似，有以下几点：

（1）能与炉管上的其他沉积物如金属腐蚀产物和硅化合物等作用，变成难溶的水垢。

（2）传热性能差，可导致炉管金属过热，变形以至爆破。

（3）能引起沉积物下的金属腐蚀。

39. 怎样防止锅炉水产生"盐类暂时消失"现象？

答： 防止锅炉水产生"盐类暂时消失"现象，一般应采取如下措施：

（1）改善锅炉燃烧工况，使各部分炉管上的热负荷均匀；防止炉膛内结焦、结渣，避免炉管上局部热负荷过高。

（2）改善锅炉炉管内锅炉水流动工况，以保证水循环的正常运行。例如，取消水平蒸发管并把炉管的倾斜度增加到15°～30°以上。

（3）改善锅炉内的加药处理，限制锅炉水中的磷酸根含量。如采用低磷酸盐处理或纯磷酸盐处理等。

（4）减少锅炉炉管内的沉积物，提高其清洁程度等。

40. 何谓缓蚀剂？它有哪些特点？

答：锅炉酸洗过程中，在酸洗液中加入某种少量化学药品，能抑制或减缓酸洗液对金属的腐蚀，这种药品称为缓蚀剂。

缓蚀剂的特点如下：

（1）加入量极少（千分之几或万分之几），就能大大地降低酸洗液对金属的腐蚀速度；

（2）不会降低酸洗液去除沉积物的能力；

（3）不会随着清洗时间的推移而降低其抑制腐蚀的能力；

（4）对金属的机械性能和金相组织没有任何影响；

（5）无毒性，使用时安全、方便；

（6）清洗后排放的废液，不会造成环境污染和公害。

41. 缓蚀剂为什么能起到减缓腐蚀作用？酸洗时如何选择缓蚀剂？

答：缓蚀剂之所以能起到减缓腐蚀作用，其原因有以下两个方面：

（1）缓蚀剂分子吸附在金属表面，形成一种很薄的保护膜，从而抑制了腐蚀。

（2）缓蚀剂与金属表面或溶液中的其他离子反应，其反应生成物覆盖在金属表面上从而抑制了腐蚀。

酸洗时确定缓蚀剂的种类及其添加量的多少，与清洗剂的种类和浓度有关，此外还与清洗温度和流速有关，因为每种缓蚀剂都有它所适宜的温度和流速范围。缓蚀剂降低腐蚀速度的效果，一般是随清洗液温度的上升和流速的增大而降低。由于多种因素的影响，缓蚀剂的选用应通过小型试验来确定。

42. 运行锅炉酸洗时，为什么会产生"镀铜"现象？其危害是什么？如何消除？

答：运行锅炉酸洗时，如果运行锅炉内沉积物的含铜量较高，酸洗液与含铜量较多的沉积物，按下式发生反应

$$Fe - 2e \longrightarrow Fe^{2+}$$
$$Cu^{2+} + 2e \longrightarrow Cu$$

反应结果是钢铁遭到腐蚀，Cu 在钢铁表面上析出，使钢铁表面不均匀地镀上了金属铜。

由于铜、铁的电极电位不同，所以铜和铁接触后，就形成了腐蚀电池，会造成被清洗金属的严重点蚀。

消除酸洗过程的"镀铜"现象，可采取以下措施：

（1）当锅炉内沉积物中 CuO 的含量低于 5% 时，可在清洗液中加掩蔽剂除铜；

（2）当锅炉内沉积物中 CuO 的含量大于 5% 时，酸洗过程中，必须考虑增加氨洗步骤，使铜离子在氨水中生成稳定的铜氨络离子，防止"镀铜"现象的发生。

43. 锅炉酸洗结束后，为什么还要用稀柠檬酸溶液进行一次漂洗？

答：用柠檬酸进行漂洗的目的是，利用柠檬酸与铁离子的络合特性，除去酸洗系统内残留的铁离子，以及酸洗后冲洗时可能产生的二次铁锈，为钝化处理提供更有利的条件。另外，还可缩短酸洗后的冲洗时间，降低水耗。

44. 何谓锅炉内沉积物下的腐蚀？如何防止？

答：当锅内金属表面附着有水垢、水渣或金属腐蚀产物时，在其下面会发生严重的腐蚀，这种腐蚀称为锅炉内沉积物下的腐蚀。这种腐蚀和锅炉水的局部浓缩有关，因此也称为介质浓缩腐蚀。

防止这种腐蚀，一般采取下列措施：

（1）对新装锅炉或运行后的锅炉，都应进行必要的化学清洗。

（2）做好给水系统的防腐工作，减少水中的铜、铁含量。

（3）做好停备用锅炉的防腐工作，防止在停备用时期锅炉内发生腐蚀。

（4）提高给水品质，使给水带入锅炉内的腐蚀性成分尽可能地降低。

（5）选用合理的锅炉内水处理方式，调节锅炉水水质，消除或减少锅炉水中的侵蚀性杂质。

45. 何谓协调 pH – 磷酸盐处理？

答： 协调 pH – 磷酸盐处理是一种既严格又合理的锅内水质调节方法。它不仅能防止钙、镁水垢的产生，而且能防止锅炉炉管的腐蚀。这种处理实质上是按照给水硬度和碱度的大小，向锅内加入不同比例的磷酸盐，即磷酸三钠和磷酸氢二钠（或磷酸二氢钠）。加入磷酸氢二钠或磷酸二氢钠主要是为了中和由给水带入锅炉水中的游离氢氧化钠，反应如下

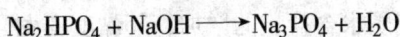

$$Na_2HPO_4 + NaOH \longrightarrow Na_3PO_4 + H_2O$$

而磷酸三钠在水中能按下式建立水解平衡

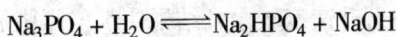

$$Na_3PO_4 + H_2O \Longrightarrow Na_2HPO_4 + NaOH$$

所以，这时加入的磷酸三钠除了可维持锅炉水中有一定量的过剩磷酸根外，还因其水解能产生一定量的氢氧化钠，也可维持锅炉水的 pH 值。当锅炉水产生局部蒸发浓缩时，水解平衡向着生成磷酸三钠的方向进行，这就不会使氢氧化钠浓缩到对金属有危害的程度，即使在很高的热负荷下，也能防止金属被浓碱所腐蚀。

46. 何谓锅炉的排污率？如何计算锅炉的排污率？

答： 单位时间内锅炉的排污量占锅炉蒸发量的百分数，称为锅炉的排污率，即

$$P = \frac{D_p}{D} \times 100\%$$

式中　D_p——锅炉排污水量，t/h；

　　　D——锅炉蒸发量 t/h；

　　　P——锅炉排污率，%。

锅炉排污率的计算一般不按上式计算，而是根据给水带入锅炉中的盐量等于锅炉排污排掉的盐量和饱和蒸汽带走的盐量之和的原则（即盐质平衡原则）进行计算的。其推导出来的计算公式如下

$$P = \frac{\rho_{给} - \rho_{汽}}{\rho_{炉} - \rho_{给}} \times 100\%$$

式中　　$\rho_{给}$——给水中的含盐量或含硅量，mg/L；

　　　　$\rho_{炉}$——炉水中的含盐量或含硅量，mg/L；

　　　　$\rho_{汽}$——饱和蒸汽中的含盐量或含硅量，mg/L；

　　　　P——锅炉排污率，%。

47. 锅炉水的含盐量对蒸汽品质有何影响？

答：锅炉水含盐量未超过某一数值时，对蒸汽品质基本上没影响，但当锅炉水含盐量超过某一数值时，对蒸汽品质的影响明显增加。

（1）随着锅炉水含盐量的增加，其黏度变大，使得水层中的水汽泡不易合并成大汽泡，因此在汽包水室中便充满着小汽泡，而小汽泡在水中上升速度较慢，结果使水位膨胀加剧，汽空间高度减小，不利于汽水分离。

（2）当锅炉水中杂质含量增高到一定程度时，在汽、水分界面处会形成泡沫层，泡沫层会导致汽空间高度减小，影响汽水分离，泡沫层太高时，蒸汽可直接把泡沫带走，引起蒸汽大量带水。

当锅炉水含盐量提高到一定程度时，这两方面的因素都会使汽水分离效果变坏，蒸汽大量带水，造成蒸汽含盐量急剧增加。

48. 锅炉的运行工况对蒸汽品质有何影响？

答：锅炉的负荷、负荷变化的速度和汽包水位等运行工况，对蒸汽品质都有很大影响。

（1）汽包水位。汽包水位过高，汽包上部的汽空间高度就必然减小，这就会缩短水滴飞溅到蒸汽引出管口的距离，不利于自然分离，使蒸汽带水量增加。

（2）锅炉负荷。锅炉负荷增加时，由于汽水混合物的动能增大，机械撞击喷溅所形成的水滴的量和动能也都增大，再加上蒸汽引出汽包的流量增大，流速加快，所以蒸汽运载水分的能力增大，蒸汽带水量也就增大。

（3）锅炉的负荷、水位、压力等的变动。锅炉的负荷、水位、压力变动太剧烈，也会使蒸汽大量带水。例如，当锅炉负荷突然增大，压力骤然下降时，由于水的沸点下降，锅炉水会发生急剧的沸腾，产生大量蒸汽泡。这样就会使汽泡破裂而产生大量的细小水滴，而且水位膨胀也大大加剧，使汽空间减小。这些都会造成蒸汽带水量增加，促使蒸汽含盐量增大。

49. 饱和蒸汽溶解携带杂质有何规律？

答： 饱和蒸汽溶解携带杂质有以下规律：

（1）饱和蒸汽溶解携带杂质的能力与锅炉压力有关。压力愈大，溶解携带能力愈强。

（2）饱和蒸汽溶解携带杂质有选择性。饱和蒸汽对于各种物质的溶解能力不同，如锅炉水中常见的物质，按其在饱和蒸汽中溶解能力的大小，可分为三大类：第一类为硅酸（H_2SiO_3、$H_2Si_2O_5$、H_4SiO_4 等），溶解能力最大；第二类为 $NaCl$、$NaOH$ 等，溶解能力较硅酸低得多；第三类为 Na_2SO_4、Na_3PO_4 和 Na_2SiO_3 等，在饱和蒸汽中很难溶解。

（3）溶解携带量随压力的升高而增大。因为随着饱和蒸汽压力的升高，蒸汽密度也随之增大，各种物质在其中的溶解量也增大。

（4）饱和蒸汽对硅化合物的溶解携带有特性。锅炉水中的硅化合物状态分为：溶解态的硅酸盐和溶液态的硅酸，饱和蒸汽溶解携带的主要是溶液态硅酸，对硅酸盐的溶解能力很小。

50. 过热器内的盐类沉积物是怎样分布的？

答： 饱和蒸汽所携带的各种杂质在过热器内的沉积情况如下：

（1）Na_2SO_4 和 Na_3PO_4。温度愈高，这些杂质的溶解度愈小，因此它们沉积在过热器中（或以固态微粒被蒸汽带往汽轮机）。

（2）NaOH。温度愈高，浴解度愈大，因此它呈浓液滴带往汽轮机。但 NaOH 浓液滴也会粘附在过热器管壁上，与 CO_2 作用生成 Na_2CO_3 而沉积在过热器中。

（3）NaCl。压力大于 9.8MPa 时，它的溶解度很大，常溶解在过热蒸汽中带往汽轮机。

（4）H_2SiO_3 或 H_4SiO_4。两者失水变为 SiO_2，SiO_2 在过热蒸汽中溶解度很大，一般都带往汽轮机。

因此，盐类物质在过热器内的沉积情况总结如下：

（1）中、低压锅炉过热器内的沉积物主要是钠的化合物（如 Na_2SO_4、Na_3PO_4、Na_2CO_3 和 NaCl 等）。

（2）高压锅炉过热器内的沉积物主要是 Na_2SO_4 和 Na_3PO_4，其他钠盐含量很少。

（3）超高压锅炉过热器内的盐类沉积物量很少。

51. 汽轮机内形成沉积物的原因是什么？它有哪些特性？

答： 汽轮机内形成沉积物的原因如下：

（1）过热蒸汽在汽轮机内做功过程中，其压力、温度逐渐降低，钠化合物和硅酸在蒸汽中的溶解度也随之降低，因此它们沉积在汽轮机内。

（2）蒸汽中的微小 NaOH 浓液滴及一些固体微粒附着在汽轮机蒸汽通流部分形成沉积物。

各种杂质在汽轮机内的沉积特性如下：

（1）钠化合物沉积在汽轮机的高压段。

（2）硅酸脱水成为石英结晶，沉积在汽轮机的中、低压段。

（3）铁的氧化物在汽轮机各级叶片上都能沉积。

52. 汽轮机内盐类沉积物的分布情况如何？

答： 汽轮机内盐类沉积物的分布情况为：①不同级中沉积物的量不等；②不同级中沉积物的化学组成不同；③在各级隔板和叶轮上分布不均匀；④供热机组和经常启停的机组内的沉积物量很少。

53. 为了获得清洁的蒸汽，应采取哪些具体措施？

答：要获得清洁的蒸汽，必须采取如下措施：

(1) 尽量减少进入锅炉水中的杂质，其具体措施有：①提高补给水质量；②降低补给水率；③防止给水系统的腐蚀；④及时地对锅炉进行化学清洗。

(2) 加强锅炉的排污，做好连续排污和定期排污工作。

(3) 改进汽包内部装置，包括改进汽水分离装置和蒸汽清洗装置。

(4) 调整锅炉的运行工况，包括调整好锅炉负荷、汽包水位、饱和蒸汽的压力和温度、避免运行参数的变化速率太大，降低锅炉水的含盐量等。

54. 何谓汽包锅炉的热化学试验？热化学试验的目的是什么？

答：热化学试验是通过调节锅炉水的含盐量和变动锅炉运行参数，以确定合理的锅炉水水质标准和保证蒸汽质量良好的锅炉运行方式。换句话说，就是对锅炉的特性和水质情况进行的专门试验。

热化学试验的目的是，通过试验求得水质、汽质与锅炉热力过程、锅炉运行条件，以及设备特性之间的关系；在蒸汽品质良好的情况下，确定锅炉水水质标准和锅炉最佳的运行条件。

55. 在什么情况下，锅炉需要进行热化学试验？

答：在下列情况下，必须进行热化学试验：①新安装的锅炉投入运行一段时间后；②改装后的锅炉；③锅炉运行方式发生变化时，如给水组成或给水水质发生较大的变化；燃烧工况发生变化；提高额定蒸发量；改变锅炉内水处理方式等；④由于蒸汽品质不良而造成过热器和汽轮机内积盐。

56. 何谓应力腐蚀？应力腐蚀的特征有哪些？

答：金属材料在应力和腐蚀介质作用下产生的腐蚀称为应力腐蚀。

应力腐蚀的特征是：断口为脆性断裂，它与机械断裂不同。

断口周围有许多的裂纹，大多数裂纹从介质接触表面向金属基体发展。裂纹因材料、介质的不同，有沿晶缘发展的，也有穿晶的。一般情况下，普通钢材为沿晶缘腐蚀；奥氏体钢为穿晶腐蚀。

57. 怎样判断凝汽器铜管内壁生成了附着物？

答： 凝汽器铜管内壁生成附着物后，一般有下列征状：

（1）系统内水流阻力升高。在相同的水流量下，有附着物的凝汽器的水流阻力与洁净铜管的凝汽器相比，有明显的升高。

（2）冷却水流量减小。由于冷却水系统的阻力增大，当冷却水压力不变时，冷却水的流量减小。

（3）出口端温度增高。由于附着物的导热性差，冷却水出口温度和汽轮机的排汽温度增高。

（4）凝汽器真空度下降。以上各原因都会造成凝汽器内凝结水的温度升高，使凝汽器的真空度下降。

在火力发电厂生产实践中，在汽轮发电机组的电负荷和热负荷相同的条件下，常利用凝汽器真空度下降来判断它内部的生成附着物的多少和是否需要停机清扫。

58. 如何判断凝汽器铜管内有无结垢现象？

答： 铜管内是否有结垢现象，可根据水质分析结果来判断。

（1）根据冷却水的盐类浓缩倍率判断

若
$$\frac{H_{T \cdot 冷}}{H_{T \cdot 补}} = \frac{[Cl^-]_冷}{[Cl^-]_补}$$

式中　$H_{T \cdot 冷}$、$H_{T \cdot 补}$——冷却水和补充水的碳酸盐硬度；

$[Cl^-]_冷$、$[Cl^-]_补$——冷却水和补充水的氯离子含量。

则表示此水在最近时期内没有结垢现象发生。

若
$$\frac{H_{T \cdot 冷}}{H_{T \cdot 补}} < \frac{[Cl^-]_冷}{[Cl^-]_补}$$

则表示在冷却水系统中发生了重碳酸盐的分解，出现了结垢现象。

如冷却水采用氯化处理时，可将 $[Cl^-]_冷$、$[Cl^-]_补$ 改为

$[Na^+]_冷$、$[Na^+]_补$。

（2）用测定冷却水的安定度判断

若 $\qquad A_前 = A_后$ 或 $pH_前 = pH_后$

式中 $A_前$、$A_后$——分别为水通过大理石前、后的碱度；

$pH_前$、$pH_后$——分别为水通过大理石前、后的 pH 值。

则表示在冷却水系统中没有结垢现象发生。

若 $\qquad A_前 > A_后$ 或 $pH_前 > pH_后$

则表示在冷却水系统中存在结垢倾向。

59. 目前我国常用的凝汽器铜管的牌号及其表和其成分是怎样的？

答：目前我国多数电厂所使用的凝汽器铜管的牌号与成分的表示方法，如表 4-7 所示。

表 4-7 常用凝汽器铜管的牌号与成分表

名　　称	牌　　号	主要成分（%）					
		Cu	Al	Sn	Si	As	Zn
普通黄铜管	H_{68}	67~68	—	—	—	—	余量
加砷黄铜管	$H_{68} + A_s$	约 68	—	—	—	微量	余量
70-1 锡黄铜管	H_{sn}-70-1	69~71	—	1.0~1.5	—	—	余量
70-1 加砷锡黄铜管	H_{sn}-70-1 + A_s	约 70	—	约 1.0	—	微量	余量
77-2 铝黄铜管	H_{Al}77-2	76~79	1.75~2.5	—	—	—	余量
77-2 加砷铝黄铜管	H_{Al}77-2 + A_s	约 77	约 2.0	—	—	微量	余量
77-2 加砷加硅铝黄铜管	H_{Al}77-2 + A_s + Si	约 77	约 2.0	—	微量	微量	余量

表中牌号的意义如下：

（1）第一个字母 H 表示黄铜。

（2）H 后面的元素符号（如 Al、Sn 等）表示除了铜、锌以外所加的主要合金元素。

（3）元素符号后面的数字（如 68、70、77 等）是指铜所占的百分含量。

（4）再后面的数字（-1、-2等）为主要合金元素的百分含量。

（5）最后的元素符号（As、Si等）为除铜、锌和主要合金元素外，添加的微量元素。

60. 凝汽器铜管的腐蚀形式有哪些？

答： 凝汽器铜管的腐蚀因凝汽器的构造、材质、使用条件和冷却水水质等因素的不同，其腐蚀形式是多种多样的。一般常见的有：①溃疡腐蚀；②冲击性腐蚀；③脱锌腐蚀；④热点腐蚀；⑤应力腐蚀；⑥腐蚀疲劳；⑦蒸汽侧的氨腐蚀；⑧由于用被污染海水冷却产生的腐蚀等。

61. 凝汽器铜管产生冲击性腐蚀的原因是什么？其腐蚀形式如何？怎样防止？

答： 凝汽器铜管产生冲击腐蚀，主要是由于水在管内流动时剧烈搅动，或者混入气泡、泥砂等，加剧了水的冲击，导致铜管表面局部保护膜脱落，在其脱落的部位便产生了马蹄形的腐蚀坑，腐蚀坑与水流的方向一致，如图4-5所示。

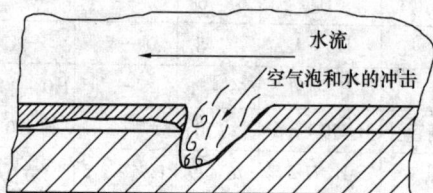

图4-5　冲击性腐蚀

引起这种腐蚀的原因很多，但归纳起来主要有：铜管的材质、冷却水的水质、冷却水的流速和机械作用等因素。

由于产生冲击性腐蚀的原因不同，其冲击性腐蚀的形式可分为以下几种：

（1）在凝汽器铜管入口端，由于水流或水和气泡混合物产生剧烈的紊流引起的腐蚀为入口端冲击腐蚀。其形状如图4-6所示。

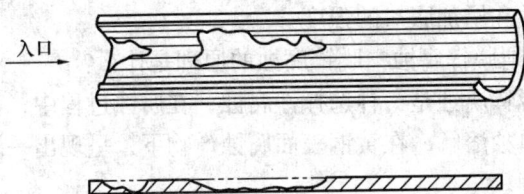

图 4-6　铜管入口端腐蚀部位断面形状

（2）由于冷却水中含有悬浮砂粒，冲刷管壁所引起的铜管腐蚀也属冲击腐蚀，其形状如图 4-7 所示。

（3）由于管内沉积物造成的紊流和旋涡所产生的铜管腐蚀为沉积腐蚀，其形状如图 4-8 所示。

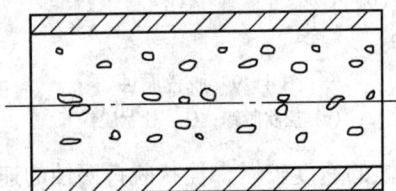

图 4-7　砂粒引起的冲击腐蚀形状

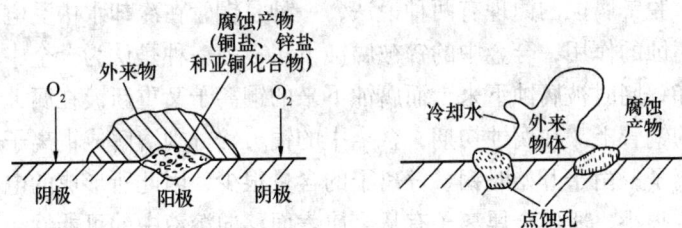

图 4-8　沉积腐蚀形状

防止冲击腐蚀，可采取以下措施：

（1）消除循环冷却水中夹带的空气泡并改善水流状态。

（2）减少循环冷却水中的悬浮物和含砂量。

（3）采用环氧树脂胶涂刷在铜管胀口和冷却水入口端，以防止冲击腐蚀和增加胀口的强度。

62. 何谓脱锌腐蚀？脱锌腐蚀的原理是什么？

答： 脱锌腐蚀是一种选择性腐蚀，在腐蚀过程中，黄铜合金中的锌被单独溶解，在黄铜表面腐蚀产物下，呈现出一层海绵状疏松的紫铜。

脱锌腐蚀有两种状态，一种是层状脱锌；另一种是栓状脱锌，如图4-9所示。

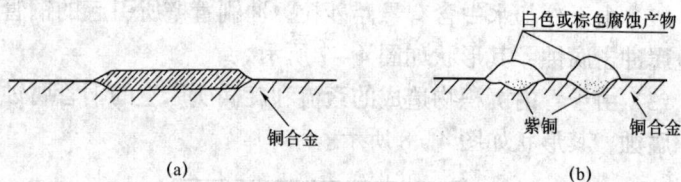

图4-9 脱锌腐蚀
(a) 层状脱锌；(b) 栓状脱锌

层状脱锌腐蚀的速度较慢，栓状脱锌腐蚀的速度较快。一般情况下，用含盐量大的水（或海水）作为冷却水时，容易产生层状脱锌；用淡水作为冷却水时，容易产生栓状脱锌。

脱锌腐蚀的原理有两种说法，一种是铜管在冷却水中受电化学腐蚀的作用，合金中的锌被腐蚀下来；另一种是认为合金中的铜和锌同时被腐蚀下来，而腐蚀下来的铜离子又重新镀在腐蚀区域的铜管上。在腐蚀初期，合金中的铜、锌分别溶解成铜离子和锌离子，由于开始时铜、锌离子的含量很少，因此所形成的电极电位很小，所以金属离子有从金属表面移向溶液中的可能性。当金属表面附近铜、锌离子增多后，$Cu \rightleftharpoons Cu^{2+} + 2e$ 的单电极电位逐渐比黄铜的高，则 $Cu \rightleftharpoons Cu^{2+} + 2e$ 的反应向左进行，铜便析出积聚在黄铜管的表面。这时在黄铜管表面上金属铜和黄铜之间就有了电位差，如图4-10所示。

由于金属铜层具有渗透性，在缺氧的条件下，该处黄铜成为阳极区而继续遭到腐蚀。

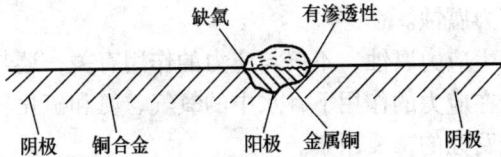

图 4 - 10 黄铜腐蚀原理图

另外，当铜管内部结有水垢时，由于水在水垢间隙中流速小，以致垢下铜离子浓度增加，铜离子得到电子转变为铜，又镀到黄铜管上，这就引起了黄铜管的局部脱锌。锌离子与冷却水中的氢氧根、碳酸根生成白色的锌化物沉淀。

63. 凝汽器铜管在什么情况下容易发生脱锌腐蚀？怎样防止？

答：凝汽器铜管在下列情况下容易发生脱锌腐蚀：

(1) 铜合金组成中含有杂质。若铜、锌合金中含有铁，则会抵消砷对脱锌的抑制作用，加速黄铜管的脱锌腐蚀。另外，黄铜管合金中的夹渣会使该处的脱锌腐蚀相当严重。

(2) 冷却水被污染。冷却水被污染后，水中侵蚀性物质增加，使黄铜管中砷的抗脱锌能力降低，即使黄铜管中含有 0.03% 以上的砷，也会发生脱锌腐蚀。

(3) 冷却水的流动速度太慢。

(4) 凝汽器管壁温度太高。

(5) 铜管内部表面有渗透性的附着物。

防止凝汽器铜管产生脱锌腐蚀，可采用下列措施：

(1) 按冷却水水质选用不同的含砷铜管。

(2) 降低凝汽器的管壁温度。

(3) 加大管内水的流动速度，避免冷却水在管内长期停滞。

(4) 铜管表面采用硫酸亚铁镀膜。

64. 何谓铜管的应力腐蚀？产生的因素有哪些？怎样防止？

答：在应力（特别是拉伸应力）的作用下，加上侵蚀性介质，时间一久沿晶粒边界便产生了腐蚀裂缝，造成管子损坏，这种现象叫应力腐蚀。

铜管产生应力腐蚀，不仅与应力的作用有关，还与其他很多因素有关。在应力的作用下，水中的氧气、氨和硫化氢等物质都是促使应力腐蚀的重要因素。

防止铜管应力腐蚀，一般有下列措施：

(1) 铜管在制造、运输和装配过程中，应注意避免产生应力。存在应力时，使用前对其进行退火处理。

(2) 防止铜管在运行中产生振动。

(3) 选用合适的铜管管材。

(4) 铝黄铜的含砷量不应过高。

65. 运行中怎样检查凝汽器铜管的泄漏？

答： 运行中检查凝汽器铜管泄漏的最常用的方法有以下几种：

(1) 薄膜法。具体做法是，在汽轮机降负荷半面检查时，在凝汽器两端管板上，各压上一块厚度为 $0.02 \sim 0.03\text{mm}$ 的薄膜，由于泄漏的管子内会形成真空，因此可根据管口薄膜往里吸的情况查出泄漏的管子。

(2) U 型管水位法。在汽轮机降负荷半面检查时，打开凝汽器两端的大盖，将一端的管口堵住，在另一端的管口插入带胶塞并装有带色液体的 U 型玻璃管，当该管泄漏时，在 U 型管内便产生了液位差。为了缩短找漏时间，可在凝汽器水室安装水面计，用缓慢排放冷却水的方法，观察凝结水电导率的变化，初步确定泄漏部位后，再用 U 型管确定具体的泄漏部位。

(3) 蜡烛法（或烟法）。在汽轮机降负荷半面检查时，打开凝汽器两端的大盖，将一端的管口堵住，在另一端用一支点燃的蜡烛或香烟沿着管口缓慢移动，泄漏的管子因有真空将火或烟往里吸，即可查出泄漏管子。也可结合本题 (2) 排去水室中的水，初步确定位置后，再用此法确定具体泄漏部位。

(4) 荧光法。在汽轮机降负荷半面检查时，放尽水室中的水，打开凝汽器两端大盖，向凝汽器汽侧注入加有荧光剂的水。

为使荧光液能迅速地从泄漏处渗出，可在汽侧加一定的压力，半小时后，用光源照射。照射时由上往下水平来回移动，在漏处荧光液就会发出黄绿色的亮光。

(5) 仪器法。例如用超声波检漏仪进行查漏。

66. 汽轮机运行过程中如发现凝汽器泄漏，应如何处理？

答： 若发现凝汽器泄漏，可根据凝结水水质恶化程度，采取如下措施：

(1) 高压机组凝结水硬度大于 $2\mu mol/L$，中压机组凝结水硬度大于 $3\mu mol/L$ 时，由于泄漏轻微，可采用冷却水入口加锯沫处理。若是由于铜管胀口不严而引起的水质恶化，可建议汽轮机运行人员提高排汽室温度或降低冷却水压力来减少泄漏的水量。

(2) 如泄漏时间较长，经上述处理后，凝结水水质仍无好转，可停止加锯沫处理，将汽轮机降负荷，进行凝汽器半面检查。查出泄漏点，经堵漏后，再投入运行。

(3) 如凝结水水质恶化严重，影响给水水质时，可根据各电厂的具体情况，采取有效措施。如加强锅炉水和蒸汽品质的监督，调整锅内水处理的加药量，并增大锅炉排污量等。必要时，停机补漏。

67. 怎样防止凝汽器铜管冷却水侧的腐蚀？

答： 防止凝汽器铜管腐蚀，不能采用水净化的方法，因为冷却水的流量太大。一般采用选择合适的管材，进行铜管表面造膜，在水中投加某些化学药品等方法处理，具体措施如下：

(1) 根据冷却水水质，合理地选择凝汽器铜管管材。

(2) 做好铜管投运前的维护、处理和安装工作。

(3) 铜管表面进行硫酸亚铁造膜处理。

(4) 运行中的凝汽器铜管采用阴极保护。

(5) 铜管管端加装保护套管或涂上环氧树脂胶。

(6) 对冷却水进行水质稳定处理。

68. 什么叫反渗透？其基本原理是什么？

答： 若在浓溶液一侧加上一个比渗透压更高的压力，则与自然渗透的方向相反，就会把浓溶液中的溶剂（水）压向稀溶液侧。由于这一渗透与自然渗透的方向相反，所以称为反渗透。在利用反渗透原理净化水时，必须对浓缩水一侧施加较高的电压。

69. 反渗透膜的进水水质通常以什么作为控制指标？如何测定？

答： 以污染指数作为控制指标，测定方法如下：在一定压力下将水连续通过一个小型超滤器（孔径 $0.45\mu m$），由开始通水时，测定流出 500mL 水所需的时间（t_0），通水 15min 后，再次测定流出 500mL 水所需的时间（t_{15}），按下式计算污染指数（FI）

$$FI = \left(1 - t_0 / t_{15}\right) \times 100/15$$

70. 反渗透停用时，如何进行膜的保护？

答： 停用时间较短，如 5 天以下，应每天进行低压力水冲洗。冲洗时，可以加酸调整 pH 值在 5~6，若停用 5 天以上，最好用甲醛冲洗后再投用。如果系统停用 2 星期或更长一些时间，需用 0.25% 甲醛浸泡，以防微生物在膜中生长。化学药剂最好每星期更换一次。

71. 反渗透在何种情况下应考虑进行化学清洗？

答： 当反渗透的淡水流量比初始运行流量下降了 10%，压差平均每个膜元件已达 0.075MPa 时，应考虑进行化学清洗。尽管可能脱盐率还没有明显的下降，也应考虑化学清洗。

72. 在一般情况下，使用超滤的操作运行压力是多少？其除去的物质粒径大约在什么范围？

答： 在一般情况下，超滤的操作运行压力为 $0.1~0.5MPa$，其除去的物质粒径大约在 $0.005~10\mu m$。

73. 如何防止反渗透膜结垢？

答：（1）做好原水的预处理工作，特别应注意污染指数的合格，同时还应进行杀菌，防止微生物在器内滋生。

（2）在反渗透设备运行中，要维持合适的操作压力，一般情况下，增加压力会使产水量增大，但过大又会使膜压实。

（3）在反渗透设备运行中，应保持盐水侧的紊流状态，减轻膜表面溶液的浓差极化，避免某些难溶盐在膜表面析出。

（4）在反渗透设备停运时，短期应进行加药冲洗，长期应加甲醛保护。

（5）当反渗透设备产水量明显减少，表明膜结垢或污染，应进行化学清洗。

74. 试述电导率仪的简单工作原理。

答： 电导率仪是由两根用固定面积、固定距离的铂电极组成的电导池，以及一台测量仪组成的。在测定中，将电导池放入被测溶液中，通过测定溶液的电导率或电阻率，由此确定溶液中电解质相对含量的多少。

75. 以氯化钠为例说明电渗析的工作原理。

答： 电渗析是利用离子交换膜和直流电场，使溶液中电解质中的离子产生选择性迁移。水中一般含有多种盐类，如 $NaCl$ 在水中电离为 Na^+、Cl^-，通电之后，Na^+ 向阴极迁移，Cl^- 向阳极迁移。在迁移过程中，将遇到阴阳树脂制成的交换膜，它们的性质和离子交换树脂相同，将选择性地让阴离子或阳离子通过。结果阳离子膜将通过阳离子而排斥阴离子，反之，亦然。这些受膜控制，由直流电引导的离子运动结果是一组水室的水被除盐，另一组水室的水被浓缩，即形成淡水室、浓水室。

76. 用 pNa 计测定 Na^+ 含量，在电厂生产中具有什么样的重要意义？

答： 因为它能及时准确测定出水、汽系统中的钠盐含量。蒸汽通过测定 Na^+ 含量，可以反映出蒸汽中的含盐量，在电厂中为了避免和减少过热器管与汽轮机内积盐垢，保证热力设备的安全经济运行，对蒸汽质量的要求是相当严格的。所以，通过 pNa 计测定蒸汽的微量钠含量，就可以起到监督和防止在过热器、汽轮机叶片上积盐的作用。另外，测定微量钠含量也可作为检查监督凝汽器漏泄和除盐水系统制水质量的控制等。所以 pNa 计在电厂应用是非常重要的。

77. 如何测定电导率?

答: 溶解在水中的杂质,大多以离子状态存在,即形成电解质溶液。在电解质溶液中插入两只电极,带电的离子在电场的作用下产生移动而传递电子,因此具有导电作用。其导电能力的强弱称为电导度,简称为电导,它反映了溶液中溶解离子的含量大小,以 G 表示。电导率 (k) 与电导 (G) 的关系为

$$k = 1/G$$

式中:k 为电导率,表示长为 1cm,截面积为 $1cm^2$ 导体的电导。就液体(电解质溶液)来说,则表示相距 1cm,面积为 $1cm^2$ 的两个平行电极之间溶液的电导,单位为 S/cm 或 $\mu S/cm$。

对某一给定的电板来说,$1/A$ 是固定的,所以将 $1/A$ 称为电极常数 (Q)。因此,可用 k 的大小来表示溶液导电能力的大小。

同一溶液用不同电极所测出的电导值不同,但电导率是不变的,因此通常用电导率来表示溶液的导电能力。溶液的电导率和电解质的性质、浓度及溶液的温度有关,一般应将测得的电导率换算成 25℃时的电导率来表示。在一定条件下,可用电导率来比较水中溶解物质的含量。

78. 如何用钼蓝比色法测定硅酸根?

答: 在一定酸度下,活性硅与钼酸铵生成稳定的黄色硅钼复盐,然后用氯化亚锡将其还原生成硅钼蓝,此蓝色的深浅决定于硅酸根含量的多少。因此,根据蓝色深浅进行比色,即可求得水样中硅酸根的含量。其反应如下

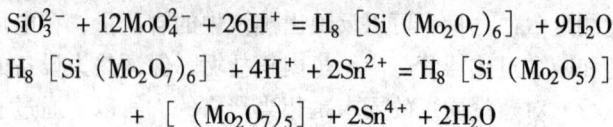

$$SiO_3^{2-} + 12MoO_4^{2-} + 26H^+ = H_8[Si(Mo_2O_7)_6] + 9H_2O$$

$$H_8[Si(Mo_2O_7)_6] + 4H^+ + 2Sn^{2+} = H_8[Si(Mo_2O_5)]$$

$$+ [(Mo_2O_7)_5] + 2Sn^{4+} + 2H_2O$$

参 考 文 献

1　何志．电力用油．第 1 版．北京：水利电力出版社，1986

2　尹世安．电厂燃料．第 1 版．北京：水利电力出版社

3　电力工业部．火力发电厂水、汽试验方法．第 2 版．北京．水利电力出版社，1985

4　邢文卫，田景君．分析化学．第 2 版．北京：化学工业出版社，1993

5　施燮钧．火力发电厂水质净化．第 2 版．北京：水利电力出版社，1993

6　初立杰主编．地方电厂岗位运行培训教材．电厂化学．第 2 版．北京：中国电力出版社，2006

7　电力行业职业技能鉴定指导中心．电厂水处理值班员．北京：中国电力出版社，2002

8　电力行业职业技能鉴定指导中心．油务员．北京：中国电力出版社，2002